新编五年制高等职业教育教材
XINBIAN WUNIANZHI GAODENGZHIYEJIAOYUJIAOCAI

化学

（第4版）

HUAXUE

主　编　高睿君
编　委（按姓氏笔画排序）
方　星　刘秀荣　吴　虹
吴礼丽　郑　杰　胡婉玉
高睿君　蒋成义　程广明
潘孔洲

图书在版编目(CIP)数据

化学/高睿君主编. —4 版. —合肥:安徽大学出版社,2018.8
新编五年制高等职业教育教材
ISBN 978-7-5664-1622-3

Ⅰ. ①化… Ⅱ. ①高… Ⅲ. ①化学—高等职业教育—教材 Ⅳ. ①O6

中国版本图书馆 CIP 数据核字(2018)第 131282 号

化 学(第 4 版) 高睿君 主编

出版发行:北京师范大学出版集团
安徽大学出版社
(安徽省合肥市肥西路 3 号 邮编 230039)
www.bnupg.com.cn
www.ahupress.com.cn
印 刷:合肥远东印务有限责任公司
经 销:全国新华书店
开 本:184mm×260mm
印 张:14
字 数:252 千字
版 次:2018 年 8 月第 4 版
印 次:2018 年 8 月第 1 次印刷
定 价:35.00 元
ISBN 978-7-5664-1622-3

策划编辑:刘中飞 刘 贝
责任编辑:刘 贝 武溪溪
责任印制:赵明炎
装帧设计:李 军
美术编辑:李 军

五年制高职化学是工科类非化工专业高等职业教育的一门基础课程。随着我国初、高中教育与高职教育的改革，五年制高职化学教材也需要适应高职教育的发展，以保证五年制高职学生应有的文化素养，同时也为后续职业技术课程的学习打下必备的基础。为此，安徽大学出版社与安徽省教育厅职成处组织，重新编写了本册五年制高职化学教材。

本教材针对初中毕业生年龄小、起点低、教学课时少的特点，在内容编排上力求贯彻“重视基础、突出应用、适度更新、增加弹性”的原则；在编排形式上由浅入深，图文并茂，具有较强的可读性与趣味性。全书以现代化学的基本原理和知识为基础，渗透与化学密切相关的环境、能源、材料和生命等社会热点内容，为满足不同专业的学生对化学知识的需求，力图融传授知识、培养能力、提高素养为一体。教材中阅读材料与打 * 号的内容作为选修内容，供不同专业学生在学习中选用。

通过本课程的学习，学生能够掌握化学的基本知识，学会科学的思维方式，具备一定的化学素养，达到用化学知识指导实践的培养目标，并为学习各类专业课程打下良好的基础。

参加本教材编写的人员有安徽职业技术学院高睿君、胡婉玉、蒋成义、吴礼丽、方星，安徽化工学校吴虹、潘孔洲，安徽能源学校刘秀荣，安徽省第一轻工业学校程广明，滁州城市职业学院郑杰。其中，高睿君担任本教材主编，负责教材的第一章和第八章及统稿、定稿、内容完善、格式统一等；胡婉玉负责第二章；吴虹负责第三章；潘孔洲负责第四章；刘秀荣负责第五章；程广明负责第六章；郑杰负责第七章；蒋成义负责第九章；吴礼丽负责第十章；方星负责化学实验基础。

本教材初步体现了“重视基础、突出应用、适度更新、增加弹性”的原则，但受编者水平所限，书中难免有一些不足之处，恳请广大从事职业教育的同仁、专家批评指正，以利于今后修改完善。

编　者

2018 年 5 月

目 录

绪 言

第一章 物质的计量与计算

第二章 化学物质分类及其变化

第三章 重要元素及其化合物

第四章

物质结构　元素周期律

第五章

电解质溶液

第六章

电化学基础

第七章
有机化学基础

第八章
化学与生命

第九章
化学与环境

第十章
化学与材料

化学实验基础

绪 言

世界是物质的。丰富多彩的物质世界是人类生存与社会发展的基础。物质的结构与组成决定着物质的性质，物质的变化通常受体系能量、分子结构和反应条件的严格控制，物质的性质与变化决定了物质的应用与制取。化学是研究物质的组成、结构、性质及其变化规律的一门自然科学，也是一门以实验和应用为主的，具有中心性、实用性和创造性的学科。化学的实用性表现在它与人们的生活紧密相连。现代社会的三大支柱（材料、信息、能源）和四大问题（人口、环境、资源、能源）都与化学密切相关。总之，哪里有物质，哪里就有化学。化学在人类的生产和生活中发挥着不可估量的作用。

随着科学技术的迅猛发展，化学学科已经渗透到各个领域，与生命科学、材料科学、能源科学、环境科学、地球科学、工程科学、信息技术、航天技术等领域密切相关。在生命科学中，化学研究生命体系的物质组成和存在形式，研究人类基因组、酶分子作用机理等，与生物学共同探索生命的奥秘；在材料科学中，化学为开发利用天然材料提供科学依据，使人类不断设计、研制出各种新材料；在环境科学中，通过分析检测各种环境物质并对环境质量进行评价，为环境保护、环境治理提供科学依据；在工农业生产中，利用化学研究手段指导生产过程，通过发展绿色化学推动洁净生产；在资源开发利用中，化学更是大显身手，为人类合理利用天然资源、不断开发新资源作出了重大贡献。在日常生活中，人类的衣、食、住、行等物质生活离不开物质，阅读、娱乐、游戏等精神生活同样也离不开物质，人类生活质量的提高是以物质的极大丰富和多样化为前提的。总之，化学是满足人类物质需要的中心学科，已应用到人类社会的各个方面，有力地推动了科技进步和社会发展。

化学与数学、物理等都属于自然科学，是高等工科学校多数专业不可缺少的一门基础课。本教材简明地反映了化学学科的一般原理，并将化学基础知识与其在社会生产、日常生活中的应用有机地结合起来，是一门将传授知识、培养能力和提高素养融为一体的教材。学习本课程，能提高五年制高职学生对物质世界和人类社会及其相互关系的认识，用化学观点来正确理解和分析生产与生活中物质的变化。作为工科应用型人才，如果对材料的组成、性能、应用以及腐蚀与防护等知识不够了解，对合理利用和开发能源与资源的重要性认识不足或知之甚少，就难以对相应的工程项目有正确、全面的认识与决策。作为现代人，如果不具备实用的化学基础知识，在日常生活中就有可能因缺乏必要的知识而流于片面，甚至被伪科学所愚弄和误导。因此，化学是培养全面发展的现代工程技术人员所必需的课程，化学知识是“基础扎实、知识面宽、能力强、素质高”且能够适应21世纪挑战的高级工程技术人才所必须掌握的，也是现代人提高生活品质所必备的。

学好化学，首先要正确理解和掌握化学用语、基本概念和基础理论，以理论为基础，联系实际。如学习物质的性质、制法和用途时，应以物质的性质为核心；学习元素及其化合物的知识时，要以元素周期律、元素周期表理论为依据等。同时，要重视化学实验，在实验过程中要规范操作，细心观察，并运用所学的化学知识分析和解释实验现象，从而进一步理解和巩固所学的化学知识，提高发现问题、解决问题的能力。

第一章

物质的计量与计算

在生产和生活中，我们常常需要对物质进行计量。在化学反应中，参加反应的各种物质不仅具有确定的质量比，而且，原子、分子或离子这些构成物质的微粒也是按一定的个数比进行反应的，然而这些微粒都非常小，肉眼看不到，其质量也无法直接称量。为了将可以称量的物质与组成它们的微粒数目联系起来，国际科学界建议采用“物质的量”这一单位来计量物质。

第一节　物质的量

1-1　物质的量

物质的量是国际单位制(SI)中7个基本物理量之一。物质的量和质量、长度、时间一样，是一个物理量名词。物质的量的符号用 n 表示，单位是摩尔，简称摩，用 mol 表示。

某物质如果包含的基本单元数目和 0.012 kg(12 g)^{12}C 的原子数目相等，这种物质的物质的量就是 1 mol。0.012 kg ^{12}C 所含的原子数目约为 6.02×10^{23} 个，这个数字又叫阿伏加德罗常数，用 N_A 表示。由此可见，物质的量计量的是微观粒子的集合体——6.02×10^{23} 个微粒，这些微粒是构成物质的基本单元，它们可以是分子、原子、离子、电子等，也可以是这些粒子的特定组合。N_A 不能表示宏观的物体。

当某物质所含的基本单元数为阿伏加德罗常数时，该物质的物质的量为 1 mol。例如，

1 mol H 含有 6.02×10^{23} 个氢原子；

1 mol H_2O 含有 6.02×10^{23} 个水分子；

6.02×10^{23} 个 Cl^- 是 1 mol 氯离子；

0.5 mol SO_4^{2-} 含有 3.01×10^{23} 个硫酸根离子；

$5\times6.02\times10^{23}$个O_2是5 mol氧气分子。

物质的量(n)、物质的基本单元数目(N)、阿伏加德罗常数(N_A)之间存在着下述关系：

$$物质的量(mol)=\frac{物质的基本单元数目(个)}{阿伏加德罗常数(个\cdot mol^{-1})}\quad n=\frac{N}{N_A}$$

1-2　摩尔质量

1 mol不同物质中所含的粒子数相同，但不同粒子的质量不同，所以，1 mol不同物质的质量是不同的。1 mol某物质的质量叫作该物质的摩尔质量，用符号M表示，单位为$g\cdot mol^{-1}$。

1 mol ^{12}C原子的质量为12 g，数值上等于其相对原子质量。由于元素的相对原子质量（即原子量）是以一个^{12}C原子的1/12为标准，其他元素原子的相对原子质量是其质量与之比较所得的数值，因此，1 mol任何物质（原子、分子、离子）的质量，以克为单位，数值上等于该物质（原子、分子、离子）化学式的式量。例如，

硫的相对原子质量是32，硫的摩尔质量是$32\ g\cdot mol^{-1}$；

水的相对分子质量是18，水的摩尔质量是$18\ g\cdot mol^{-1}$；

硫酸根的化学式量是96，其摩尔质量是$96\ g\cdot mol^{-1}$。

物质的量(n)、物质的质量(m)、摩尔质量(M)之间存在着下述关系：

$$物质的量(mol)=\frac{物质的质量(g)}{摩尔质量(g\cdot mol^{-1})}\quad n=\frac{m}{M}$$

1-3　物质的量的计算

根据物质的量的定义，可以对物质的量、微粒数、质量进行计算。

例1-1　9 g水大约含有多少个水分子？其物质的量是多少？

解　已知：水的质量$m(H_2O)=9\ g$

水的化学式量是$2\times1+16=18$，$M(H_2O)=18\ g\cdot mol^{-1}$

求：$n(H_2O)=?$　　$N(H_2O)=?$

因为$n=\frac{m}{M}$　　所以$n(H_2O)=\frac{9\ g}{18\ g\cdot mol^{-1}}=0.5\ mol$

$N(H_2O)=n\cdot N_A=0.5\ mol\times6.02\times10^{23}个\cdot mol^{-1}=3.01\times10^{23}个$

答：9 g水大约含有3.01×10^{23}个水分子，其物质的量为0.5 mol。

例1-2　0.1 mol铁大约含有多少个铁原子？其质量是多少？

解　已知：铁的摩尔质量$M(Fe)=55.8\ g\cdot mol^{-1}$

铁的物质的量 $n(Fe)=0.1\ mol$

求：$N(Fe)=?$　　　$m(Fe)=?$

$N(Fe)=n\cdot N_A=0.1\ mol\times6.02\times10^{23}$ 个 $\cdot mol^{-1}=6.02\times10^{22}$ 个

因为 $n=\frac{m}{M}$　　所以 $m(Fe)=n\cdot M=0.1\ mol\times55.8\ g\cdot mol^{-1}=5.58\ g$

答：0.1 mol 铁大约含有 6.02×10^{22} 个铁原子，其质量是 5.58 g。

第二节　气体的摩尔体积

2-1　气体的摩尔体积

我们知道，物质体积的大小取决于构成这种物质的粒子数目、粒子大小和粒子之间的距离。

1 mol 任何物质中的粒子数目都是相同的，即 6.02×10^{23} 个。在粒子数目相同的情况下，物质体积的大小就取决于构成该物质的粒子大小和粒子之间的距离。

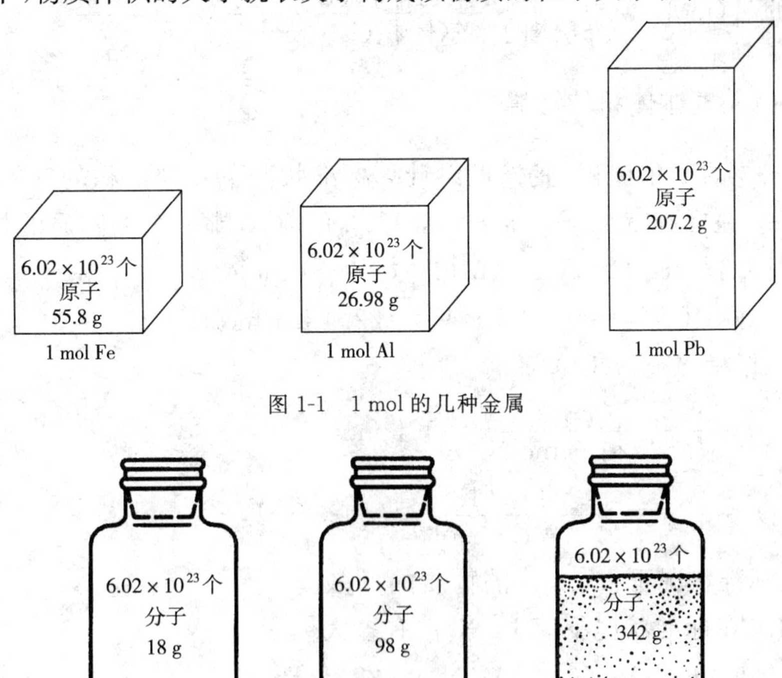

图 1-1　1 mol 的几种金属

图 1-2　1 mol 的几种化合物

1 mol 不同的固态物质或液态物质含有的粒子数相同，由于固态物质或液态物质的粒子之间的距离非常小，因此，其体积主要取决于粒子的大小。根据粒子大小的不同，1 mol 不同的固态物质或液态物质的体积也不同。

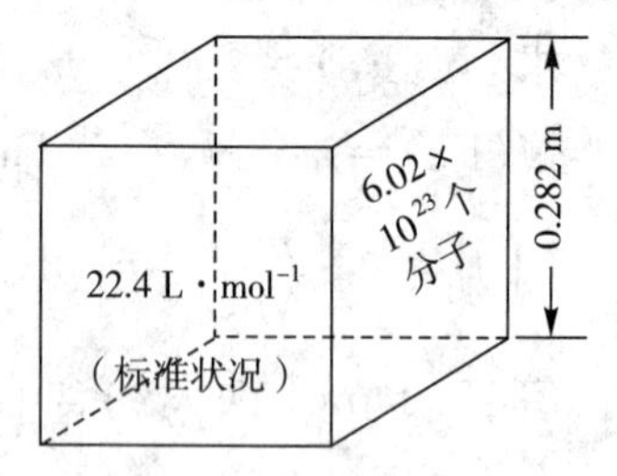

图 1-3　标准状况时的气体摩尔体积示意图

对于气体来说，粒子之间的距离远远大于粒子本身的直径，所以，当粒子数相同时，气体的体积主要取决于气体粒子之间的距离。而在相同的温度和压强下，任何气体粒子之间的距离可以看成是相等的，因此，粒子数相同的任何气体在同样的条件下具有相同的体积。这个结论又叫阿伏加德罗定律。

经过大量实验证明，1 mol 气体在标准状况下（101 kPa，0 ℃）所占的体积约为 22.4 L。我们把它叫作气体的摩尔体积，用符号 V_m 表示，单位是 $L\cdot mol^{-1}$，即：

$$V_m=22.4\ L\cdot mol^{-1}$$

气体的摩尔体积（V_m）、物质的量（n）、气体的体积（V）有以下关系：

$$物质的量(mol)=\frac{气体的体积(L)}{气体的摩尔体积(L\cdot mol^{-1})}\qquad n=\frac{V}{V_m}$$

2-2　有关气体体积的计算

根据气体的摩尔体积，我们可以计算标准状况下一定体积的气体的质量。

例 1-3　在标准状况下，3 g H_2 和 11.2 L CO_2，哪一个的物质的量多？

解　已知：$m(H_2)=3\ g$　$M(H_2)=2\ g\cdot mol^{-1}$

$V(CO_2)=11.2\ L$　$V_m=22.4\ L\cdot mol^{-1}$

求：$n(H_2)=?$　$n(CO_2)=?$

$$n(H_2)=\frac{m}{M}=\frac{3\ g}{2\ g\cdot mol^{-1}}=1.5\ mol$$

$$n(CO_2)=\frac{V}{V_m}=\frac{11.2\ L}{22.4\ L\cdot mol^{-1}}=0.5\ mol$$

答：在标准状况下，3 g H_2 的物质的量多。

例 1-4　在标准状况下，56 g N_2 占有多大体积？

解　已知：$m(N_2)=56\ g$　$M(N_2)=28\ g\cdot mol^{-1}$

$V_m=22.4\ L\cdot mol^{-1}$

求：$n(N_2)=?$　$V(N_2)=?$

$$n(N_2)=\frac{m}{M}=\frac{56\ g}{28\ g\cdot mol^{-1}}=2\ mol$$

$V(N_2)=n \cdot V_m=2\ \text{mol}\times 22.4\ \text{L}\cdot\text{mol}^{-1}=44.8\ \text{L}$

答：在标准状况下，56 g N_2 占有的体积是 44.8 L。

第三节　物质的量浓度

在生产、生活和科学实验中，许多化学反应是在溶液中进行的，我们使用的一些化学试剂和化工产品也是溶液。所以，在化学生产和实践中要对溶液的浓度进行测定、表示和计算。浓度的表示方法有很多种，较为常用的是物质的量浓度和质量百分浓度（质量分数）。使用物质的量表示化学反应中各物质的关系最为方便，因此，用物质的量浓度对溶液中溶质的物质的量或质量进行计算最为简便。

3-1　物质的量浓度

以单位体积溶液中所含溶质的物质的量来表示溶液的浓度，叫作物质的量浓度。物质的量浓度用符号 c 表示，单位是 $\text{mol}\cdot\text{L}^{-1}$。

物质的量浓度（c）与溶质的物质的量（n）、溶液的体积（V）之间有以下关系：

$$\text{物质的量浓度}(\text{mol}\cdot\text{L}^{-1})=\frac{\text{溶质的物质的量(mol)}}{\text{溶液的体积(L)}}\qquad c=\frac{n}{V}$$

公式中溶液的体积以升（L）计算，体积的换算关系：

$$1\ \text{m}^3=1\ \text{kL}=10^3\ \text{L}=10^6\ \text{mL}=10^6\ \text{cm}^3$$

3-2　物质的量浓度的计算

例 1-5　配制 500 mL 0.1 $\text{mol}\cdot\text{L}^{-1}$ 的 NaOH 溶液，需称取 NaOH 多少克？

解　已知：溶液体积 $V=500\ \text{mL}=0.5\ \text{L}$

溶液浓度 $c(\text{NaOH})=0.1\ \text{mol}\cdot\text{L}^{-1}$

求：$m(\text{NaOH})=?$

NaOH 的摩尔质量 $M(\text{NaOH})=40\ \text{g}\cdot\text{mol}^{-1}$

因为 $c=\dfrac{n}{V}=\dfrac{m/M}{V}=\dfrac{m}{M\cdot V}$

所以 $m(\text{NaOH})=c\cdot M\cdot V=0.1\ \text{mol}\cdot\text{L}^{-1}\times 40\ \text{g}\cdot\text{mol}^{-1}\times 0.5\ \text{L}=2\ \text{g}$

答：需称取 NaOH 2 g。

例 1-6 将 5.58 g NaCl 溶解于水中,配成 400 mL 溶液,该溶液的物质的量浓度是多少?

解 已知:$m(\mathrm{NaCl})=5.58\ \mathrm{g}$ $V(\mathrm{NaCl})=400\ \mathrm{mL}=0.4\ \mathrm{L}$

求:溶液浓度 $c(\mathrm{NaCl})=?$

NaCl 的摩尔质量 $M(\mathrm{NaCl})=55.8\ \mathrm{g\cdot mol^{-1}}$

因为 $c=\dfrac{n}{V}=\dfrac{m/M}{V}=\dfrac{m}{M\cdot V}$

所以 $c(\mathrm{NaCl})=\dfrac{5.58\ \mathrm{g}}{55.8\ \mathrm{g\cdot mol^{-1}}\times 0.4\ \mathrm{L}}=0.25\ \mathrm{mol\cdot L^{-1}}$

答:该溶液的物质的量浓度是 $0.25\ \mathrm{mol\cdot L^{-1}}$。

3-3 溶液的稀释

在生产和实验中,我们经常要将浓溶液稀释成稀溶液。稀释后的溶液中溶质的物质的量不会改变,而溶液的体积增大。

因为 $c=\dfrac{n}{V}$,所以,溶质的物质的量 $n=c\cdot V$。设稀释前溶液的物质的量浓度为 c_1,体积为 V_1,稀释后溶液的物质的量浓度为 c_2,体积为 V_2,那么:

$$n=c_1\cdot V_1=c_2\cdot V_2 \qquad \frac{c_1}{c_2}=\frac{V_2}{V_1}$$

这个公式叫作稀释定律,它表明稀释时溶液的浓度与体积成反比。在物质的量浓度计算中,使用的溶液体积单位为升(L),使用稀释定律公式时体积 V_1、V_2 的单位一致,这样可以给计算带来很大方便。

例 1-7 将物质的量浓度为 $4\ \mathrm{mol\cdot L^{-1}}$ 的 NaCl 溶液 50 mL 加水稀释至 1000 mL,稀释后的 NaCl 溶液的物质的量浓度是多少?

解 已知:$c_1=4\ \mathrm{mol\cdot L^{-1}}$ $V_1=50\ \mathrm{mL}$ $V_2=1000\ \mathrm{mL}$

求:$c_2=?$

因为 $c_1\cdot V_1=c_2\cdot V_2$

所以 $c_2=\dfrac{c_1\cdot V_1}{V_2}=\dfrac{4\ \mathrm{mol\cdot L^{-1}}\times 50\ \mathrm{mL}}{1000\ \mathrm{mL}}=0.2\ \mathrm{mol\cdot L^{-1}}$

答:稀释后的 NaCl 溶液的物质的量浓度是 $0.2\ \mathrm{mol\cdot L^{-1}}$。

例 1-8 配制 1.5 L 浓度为 $2\ \mathrm{mol\cdot L^{-1}}$ 的盐酸溶液,需取浓度为 $12\ \mathrm{mol\cdot L^{-1}}$ 的盐酸多少毫升?

解 已知:$c_1=12\ \mathrm{mol\cdot L^{-1}}$ $c_2=2\ \mathrm{mol\cdot L^{-1}}$ $V_2=1.5\ \mathrm{L}$

求:$V_1=?$

因为 $c_1\cdot V_1=c_2\cdot V_2$

所以 $V_1=\dfrac{c_2\cdot V_2}{c_1}=\dfrac{2\ \text{mol}\cdot\text{L}^{-1}\times1.5\ \text{L}}{12\ \text{mol}\cdot\text{L}^{-1}}=0.25\ \text{L}=250\ \text{mL}$

答：需取浓度为 12 mol·L^{-1}的盐酸 250 mL。

3-4　物质的量浓度 c 与质量百分浓度 $A\%$ 的换算

在我们经常使用的一些化学试剂中，有的是用质量百分浓度表示其浓度。例如，市售的浓硫酸瓶上标的浓度为质量百分浓度 $A\%=98\%$，密度 $\rho=1.82\ \text{g}\cdot\text{mL}^{-1}$。要计算样品中溶质的物质的量浓度，就要对它们进行换算。

密度 ρ 表示 1 mL 溶液的质量，其中含有的溶质为 $A\%$，1 L 溶液中溶质的质量是 $1000\times\rho\times A\%$，物质的量浓度 c 表示 1 L 溶液中溶质的物质的量，即：

$$c=\frac{1000\times\rho\times A\%}{M}$$

公式中 M 表示溶质的摩尔质量。该公式可以通过质量百分浓度 $A\%$ 和密度 ρ 对溶质的物质的量浓度进行计算。

市售浓硫酸的质量百分浓度 $A\%=98\%$，密度 $\rho=1.82\ \text{g}\cdot\text{mL}^{-1}$，计算其物质的量浓度：

硫酸的摩尔质量 $M(H_2SO_4)=98\ \text{g}\cdot\text{mol}^{-1}$

$$c=\frac{1000\times\rho\times A\%}{M}=\frac{1000\times1.82\ \text{g}\cdot\text{mL}^{-1}\times98\%}{98\ \text{g}\cdot\text{mol}^{-1}}=18.2\ \text{mol}\cdot\text{L}^{-1}$$

例 1-9　要配制 6 mol·L^{-1} HNO_3溶液 250 mL，需取密度为 1.42 g·mL^{-1}、质量百分浓度为 63%的浓 HNO_3溶液多少毫升？

解　已知：$c_2=6\ \text{mol}\cdot\text{L}^{-1}$　$V_2=250\ \text{mL}$

$\rho=1.42\ \text{g}\cdot\text{mL}^{-1}$　$A\%=63\%$

$M(HNO_3)=63\ \text{g}\cdot\text{mol}^{-1}$

稀释前 HNO_3的物质的量浓度 c_1：

$$c_1=\frac{1000\times\rho\times A\%}{M}=\frac{1000\times1.42\ \text{g}\cdot\text{mL}^{-1}\times0.63}{63\ \text{g}\cdot\text{mol}^{-1}}$$

$$=14.2\ \text{mol}\cdot\text{L}^{-1}$$

求：$V_1=?$

$$V_1=\frac{c_2\times V_2}{c_1}=\frac{6\ \text{mol}\cdot\text{L}^{-1}\times250\ \text{mL}}{14.2\ \text{mol}\cdot\text{L}^{-1}}\approx105.6\ \text{mL}$$

答：需取浓 HNO_3溶液 105.6 mL。

*第四节　化学反应中的计算

以摩尔为单位，用物质的量对物质进行计量，给化学计算带来了极大的方便。在化学反应式中，各物质的系数可以表示各物质的物质的量的关系。反应中的反应物、生成物的系数比与它们的物质的量比相等。根据系数可以计算出反应物、生成物的物质的量和质量，以及气体的体积、溶液的浓度等。

例 1-10　制取 2.14 g $Fe(OH)_3$，需 $FeCl_3$ 和 NaOH 各多少克？

解　设需 $FeCl_3$ 和 NaOH 分别为 x g 和 y g

	$FeCl_3$ +	3NaOH ══	$Fe(OH)_3\downarrow$ +	3NaCl
物质的量 n	1	3	1	3
摩尔质量 $M(g\cdot mol^{-1})$	162.5	40	107	
质量 m(g)	x	y	2.14	

$$x=\frac{162.5\ g\cdot mol^{-1}\times 2.14\ g}{107\ g\cdot mol^{-1}}=3.25\ g$$

$$y=\frac{3\times 40\ g\cdot mol^{-1}\times 2.14\ g}{107\ g\cdot mol^{-1}}=2.40\ g$$

答：需 $FeCl_3$ 3.25 g，NaOH 2.40 g。

例 1-11　490 g $KClO_3$ 在 MnO_2 的催化下加热完全分解，可获得的氧气的物质的量是多少？在标准状况下的体积是多少？

解　已知：$m(KClO_3)=490\ g$　$M(KClO_3)=122.5\ g\cdot mol^{-1}$

求：$n(O_2)=?$　$V(O_2)=?$

根据 $KClO_3$ 的质量求 $KClO_3$ 的物质的量 $n(KClO_3)$：

$$n(KClO_3)=\frac{m}{M}=\frac{490\ g}{122.5\ g\cdot mol^{-1}}=4\ mol$$

根据反应：

$$2KClO_3 \xrightarrow[\triangle]{MnO_2} 2KCl+3O_2\uparrow$$

$$2 \qquad : \qquad 3$$

$$n(KClO_3) \qquad : \qquad n(O_2)$$

由系数比求氧气的物质的量 $n(O_2)$：

$2:3=n(KClO_3):n(O_2)$

$n(O_2) = \frac{4\ \text{mol} \times 3}{2} = 6\ \text{mol}$

$V(O_2) = n(O_2) \cdot V_m = 6\ \text{mol} \times 22.4\ \text{L} \cdot \text{mol}^{-1} = 134.4\ \text{L}$

答：获得的氧气的物质的量是 6 mol，在标准状况下的体积是 134.4 L。

例 1-12 用 250 mL 1.6 $\text{mol} \cdot \text{L}^{-1}$硫酸与铁屑充分反应，制得的氢气在标准状况下有多少升？若将反应生成的 $FeSO_4$配成 400 mL 溶液，则 $FeSO_4$溶液的浓度是多少？

解 已知：$V(H_2SO_4) = 250\ \text{mL} = 0.25\ \text{L}$

$V(FeSO_4) = 400\ \text{mL} = 0.4\ \text{L}$

$c(H_2SO_4) = 1.6\ \text{mol} \cdot \text{L}^{-1}$

$n(H_2SO_4) = c \cdot V = 1.6\ \text{mol} \cdot \text{L}^{-1} \times 0.25\ \text{L} = 0.4\ \text{mol}$

因为参与反应的铁是足量的，所以，在反应中生成的 $FeSO_4$的物质的量由硫酸的物质的量决定。

求：$V(H_2) = ?$　$c(FeSO_4) = ?$

$Fe + H_2SO_4 = FeSO_4 + H_2 \uparrow$

n(mol)　0.4　　0.4　0.4

$V(H_2) = n \cdot V_m = 0.4\ \text{mol} \times 22.4\ \text{L} \cdot \text{mol}^{-1} = 8.96\ \text{L}$

$c(FeSO_4) = \frac{n}{V} = \frac{0.4\ \text{mol}}{0.4\ \text{L}} = 1\ \text{mol} \cdot \text{L}^{-1}$

答：制得的氢气在标准状况下有 8.96 L，$FeSO_4$溶液的浓度是 1 $\text{mol} \cdot \text{L}^{-1}$。

阅读材料

诺贝尔及诺贝尔奖

瑞典化学家诺贝尔（1833—1896 年）出生在瑞典首都斯德哥尔摩，他的父亲是一位机械师兼建筑师。1837 年，诺贝尔随同全家迁居芬兰，后来到俄国的圣彼得堡，1859 年又迁回瑞典。

诺贝尔八岁开始读书，他精通英文、法文、俄文和德文。1850 年，他去美国学习机械两年。1859 年回国后，因成功研究气量计而获得一项专利，后来又专心研究炸药。1862 年夏，他成功研制出硝化甘油引爆方法。1864 年 9 月 3 日，诺贝尔实验室发生爆炸，他的弟弟和四位助手当场身亡，但这并未动摇诺贝尔研究炸药的决心。市内不允许做实验，他就把实验室迁到离斯德哥尔摩3 km外的马拉湖中的一艘平底船上。不久，他就发明了雷管。他还在硝化甘油中加入甲醇并以3∶1的比例与硅藻土混合，从而制成了稳定并且爆炸力又非常强的黄色炸药。1867年7月14日，诺贝尔在英国的一个矿山上，当着政府官员、产业界要人和许多工人的面演示了他的黄色炸药。这种炸药不怕火烧、捶击和强力震动，证明其稳定性极好，但用雷管引爆后炸得地动山摇。因此，诺贝尔的黄色炸药和雷管在实业界赢得了极大的声誉。1875年，诺贝尔把硝化纤维与硝化甘油混合，制成了胶质炸药。1887年，诺贝尔又研制出无烟炸药。

诺贝尔把他的一生献给了科学事业，终生未娶，他一生发明很多，获专利355项，他的炸药厂和炸药公司获利最多，累计30亿瑞典币，所以，他也是一位亿万富翁。但是诺贝尔并未以此去享乐，他说："金钱这东西，只要能够解决本人的生活就行了，若是过多了，它会成为遏制人类才能的祸害。""有儿女的人，父母只要留给他们教育费就行了，如果给予除教育费用以外的多余的财产，那就是错误的，那就是鼓励懒惰，那会使下一代不能发展个人的独立生活能力和聪明才干。"

1895年11月27日，诺贝尔在逝世前拟定了遗嘱，遗嘱中郑重写道："我的整个遗产不动产部分，可以做以下处理：由指定遗嘱执行人进行安全可靠的投资，并作为一笔基金，每年将其利息以奖金的形式分配给那些在前一年中对人类作出贡献的人。奖金分为五份，即一份给在物理学领域内有重要发现或发明的人；一份给在化学上有重要发现或改进的人；一份给在生理学或医学上有重要发现或改进的人；一份给在文学领域内有理想倾向、有杰出著作的人；最后一份给在促进民族友爱、取消或裁减常备军队及支持和平事业上作出杰出贡献的人。"接着，诺贝尔委托了五种奖金的评选单位：物理学奖和化学奖由瑞典皇家科学院颁发；生理学或医学奖由瑞典卡罗琳斯卡医学院颁发；文学奖由斯德哥尔摩的瑞典文学院颁发；和平奖由挪威国会选派五人组成的委员会颁发。奖金发给那些经严格审查确定符合条件的人。

1969年，诺贝尔基金会为了纪念诺贝尔，又增设了经济学奖。

诺贝尔奖从1901年开始，每年12月10日颁发。在诺贝尔奖颁发的一百多年来，有许多世界一流的学者获奖，诺贝尔奖已成为科学界的最高荣誉之一。

习　　题

1.填空。

(1) 12 g ^{12}C所含的原子数目约为6.02×10^{23}个,这个数目又叫________常数,用符号________表示。1 mol 物质含有________粒子。物质的量表示的基本单元必须是________________和其他粒子,或是这些粒子的特定组合。

(2) 1 mol 任何气体在标准状况下所占的体积大约都是________________。我们将它叫作____________,用符号____________表示,单位是____________。

(3) 以单位体积溶液中所含溶质的物质的量来表示溶液的浓度,叫作________,用符号________表示,单位是________。

(4) 稀释后溶液中溶质的物质的量________,而溶液的体积________。稀释时溶液的浓度与体积________。

*(5) 在化学反应式中,各物质的系数可以表示________的关系。反应中的反应物、生成物的系数比与它们的物质的量比________。

2.计算下列各物质的摩尔质量。

(1) Fe　(2) HNO_3　(3) $Ca(OH)_2$　(4) $CuSO_4$　(5) $CuSO_4\cdot H_2O$

3.计算下列各物质的物质的量。

(1) 1 kg Al　(2) 22 g CO_2　(3) 20 g NaOH　(4) 11.2 L O_2(在标准状况下)

(5) 5.85 g NaCl

4.计算下列各物质的质量。

(1) 1.5 mol Zn　(2) 44.8 L NH_3　(3) 0.1 mol $Mg(OH)_2$

(4) 3 mol SO_2　(5) 100 L O_2(在标准状况下)　(6) 2 mol 蔗糖($C_{12}H_{22}O_{11}$)

5.配制 500 mL 0.5 $mol\cdot L^{-1}$ KCl 溶液,需称取 KCl 多少克?

6.将物质的量浓度为 18 $mol\cdot L^{-1}$的硫酸溶液 50 mL 稀释成 3 $mol\cdot L^{-1}$的稀硫酸,稀释后溶液的体积是多少?

7.用 12 $mol\cdot L^{-1}$浓盐酸多少毫升可以配成 0.2 $mol\cdot L^{-1}$稀盐酸 250 mL?

8.市售盐酸的质量百分浓度为 37%,密度 $\rho=1.19\ g\cdot mL^{-1}$,求其物质的量浓度。

9.配制 0.2 $mol\cdot L^{-1}$ $FeSO_4$溶液 50 mL,需要用 $FeSO_4\cdot H_2O$ 晶体多少克?

*10.煅烧多少千克纯度为 95%的 $ZnCO_3$,才能得 4.07 kg ZnO 粉?若实际消耗了6.89 kg 纯度为 95%的 $ZnCO_3$,原料利用率是多少?($ZnCO_3\xlongequal{高温}ZnO+CO_2\uparrow$)

第二章

化学物质分类及其变化

第一节　物质的分类

在生产和生活中，常常需要把大量的事物进行分类处理，例如，商场将成千上万种商品进行分类陈列，以便于人们快速地挑选出自己所需的物品。同理，对数以千万计的化学物质和化学反应进行分类也是十分必要的。

1-1　化学物质的分类

根据物质的组成是否单一，可以把物质分为纯净物和混合物。纯净物有一定的性质和固定的组成，而混合物中各物质仍保持其独立的性质。对于纯净物，我们还可以按其组成元素进行分类。例如，由同种元素组成的物质叫作单质，由不同种元素组成的物质叫作化合物；由氧元素和另一种元素组成的化合物叫作氧化物；碳氢化合物及其衍生物称为有机物，而其他所有元素组成的单质和化合物称为无机物。

对同一种物质可以按照不同的标准分类(交叉分类法)。例如，Na_2CO_3，按照其组成的阳离子分类，属于钠盐；按照其组成的阴离子分类，属于碳酸盐。

此外，还可以通过树状分类法对同类物质进行再分类(如图 2-1 所示)。例如，在初中化学中，我们把化合物分为酸、碱、盐和氧化物。

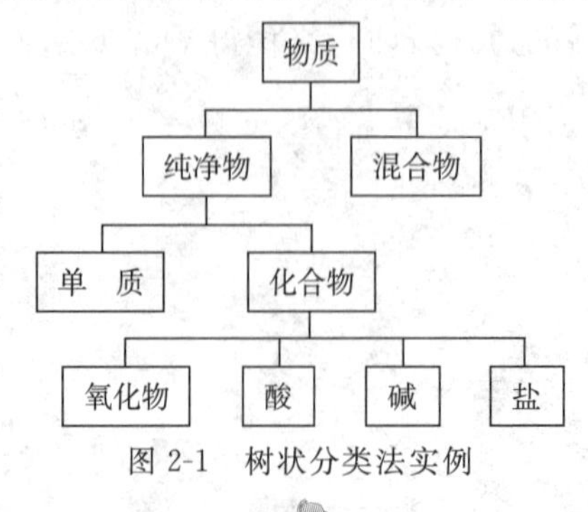

图 2-1　树状分类法实例

1-2　分散系及其分类

我们在生产和生活中接触到的很多物质都是混合物。把一种（或多种）物质分散在另一种（或多种）物质中所得到的体系，叫作分散系。前者属于被分散的物质，称作分散质；后者起容纳分散质的作用，称作分散剂。按照分散质和分散剂的状态（气态、液态、固态），它们之间可以有9种组合方式（如图2-2所示）。

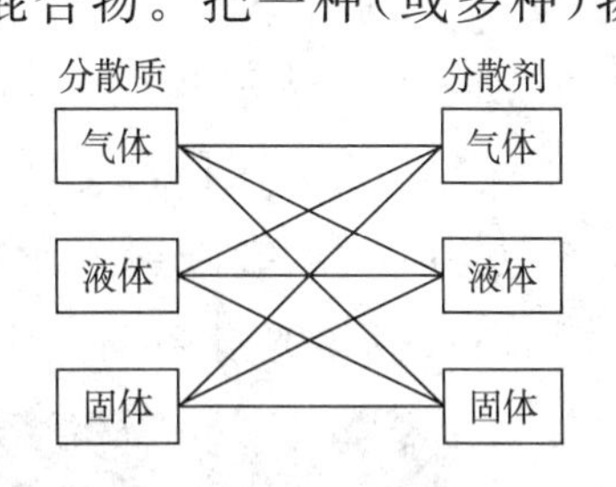

图2-2　9种分散系

上述各种组合中，当分散剂是水或其他液体时，如果按照分散质粒子的大小进行分类，就可以把分散系分别称为溶液、胶体和浊液（如表2-1所示）。其中，溶液和胶体在生产和生活中应用最多。

表2-1　溶液、胶体和浊液的比较

分散系类型	分散质粒子的大小	分散质粒子的特点	分散系特征
溶液	<1 nm	能通过滤纸	均一、稳定
胶体	$1\sim100$ nm	能通过滤纸	均一、较稳定
浊液	>100 nm	不能通过滤纸	不均一、不稳定

【课堂演示2-1】　取3个小烧杯，分别加入25 mL蒸馏水、25 mL $CuSO_4$溶液和25 mL泥水。将烧杯中的蒸馏水加热至沸腾，向沸水中逐滴加入5～6滴$FeCl_3$饱和溶液，继续煮沸至溶液呈红褐色时停止加热。观察制得的$Fe(OH)_3$胶体，比较三种分散系的状况。

把盛有$CuSO_4$溶液和$Fe(OH)_3$胶体的烧杯置于暗处，分别用激光笔（或手电筒）照射烧杯中的液体，在与光束垂直的方向进行观察，并记录现象。

将$Fe(OH)_3$胶体和泥水分别进行过滤，观察并记录现象。

$CuSO_4$溶液

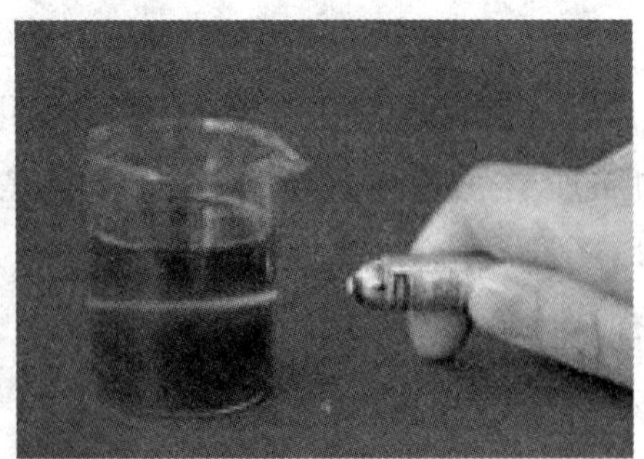

$Fe(OH)_3$胶体

图2-3　光束通过溶液和胶体时的现象

通过实验可以看到，用过滤的方法可以将浊液中的分散质分离出来，但不能将溶液和胶体中的分散质分离出来。当光束通过 $Fe(OH)_3$ 胶体时，可以看到一条光亮的“通路”，而光束通过 $CuSO_4$ 溶液时，则看不到此现象。这条光亮的“通路”是胶体粒子对光线散射（光波偏离原来方向而分散传播）形成的，这种现象叫作丁达尔效应。利用丁达尔效应可以区分胶体与溶液。

丁达尔效应在日常生活中随处可见。例如，当日光从窗隙射入暗室，或者光线透过树叶间的缝隙射入密林中时，可以观察到丁达尔效应（如图 2-4a 所示）；夜晚时，体育场聚光灯射向空中形成的光柱也属于丁达尔效应（如图2-4b 所示）。

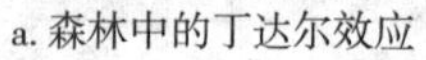
a. 森林中的丁达尔效应

b. 丁达尔效应的实际应用

图 2-4　日常生活中的丁达尔效应

第二节　氧化还原反应

2-1　氧化还原反应

在我们学过的木炭还原氧化铜的化学反应中，氧化铜失去氧变成单质铜，发生了还原反应；而碳得到氧变成了二氧化碳，发生了氧化反应。因此，氧化反应和还原反应是同时发生的，这样的反应称为氧化还原反应。

$$2CuO + C \xlongequal{\text{高温}} 2Cu + CO_2\uparrow$$

在上面的反应中，碳元素和铜元素化合价在反应前后发生了变化。由此可见，物质所含元素化合价升高的反应是氧化反应，物质所含元素化合价降低的反应是还原反应。

再看铁与硫酸铜溶液的反应：

化合价升高，氧化反应

$$\overset{0}{Fe} + \overset{+2}{Cu}SO_4 \xlongequal{\quad} \overset{+2}{Fe}SO_4 + \overset{0}{Cu}$$

化合价降低，还原反应

从上面的反应可以看出，并非只有得氧、失氧的反应才是氧化还原反应，凡是有元素化合价升降的化学反应都是氧化还原反应。

在氧化还原反应中，元素化合价的变化反映了原子之间在重新组合时原子结构的变化。例如，在钠与氯气的反应中，钠原子失去了最外电子层上的1个电子，成为带1个单位正电荷的钠离子（Na^+），钠元素的化合价从0价升高到+1价；氯原子得到1个电子，成为带1个单位负电荷的氯离子（Cl^-），氯元素的化合价从0价降低到−1价：

失去$2e^-$，化合价升高，氧化反应

$$2\overset{0}{Na} + \overset{0}{Cl_2} \xlongequal{点燃} 2\overset{+1}{Na}\overset{-1}{Cl}$$

得到$2e^-$，化合价降低，还原反应

又如，氯气与氢气反应生成氯化氢，氯原子与氢原子通过共用1对电子形成氯化氢分子。由于共用电子对偏离氢原子而偏向氯原子，因而使氢元素的化合价从0价升高到+1价，氯元素的化合价从0价降低到−1价。

由此可见，在氧化还原反应中，元素化合价变化的实质是电子转移（得失或偏移）。由此可以得出结论：凡是有电子转移的反应都是氧化还原反应；氧化反应是元素的原子失去（或偏离）电子的变化，表现为该元素的化合价升高；还原反应是元素的原子获得（或偏向）电子的变化，表现为该元素的化合价降低。

2-2　氧化剂与还原剂

在氧化还原反应中，得到电子（或电子对偏向）的物质叫作氧化剂，失去电子（或电子对偏离）的物质叫作还原剂。氧化剂在反应中得到电子的性质称为氧化性；还原剂在反应中失去电子的性质称为还原性。氧化剂得到电子发生还原反应，生成的产物叫还原产物；还原剂失去电子发生氧化反应，生成的产物叫氧化产物。如铁与硫酸铜溶液的反应：

$2e^-$

$$Fe + CuSO_4 = FeSO_4 + Cu$$

还原剂　氧化剂　　氧化产物　还原产物

被氧化　被还原

通常，物质失去电子的能力越强，还原性就越强；获得电子的能力越强，氧化性也就越强。在实际应用中，常用的还原剂有Al、Zn、Fe、C、H_2和CO等；常用的氧化剂有O_2、Cl_2、H_2O_2、浓硫酸、HNO_3、$KMnO_4$和$KClO_3$等。

第三节　化学反应的能量变化

3-1　焓变与反应热

物质在发生化学反应前后，各物质的质量总和不变，但常常伴随着能量的变换。化学反应中的能量变换，通常主要表现为热量的变化——吸热或放热。有些反应是放热反应，如各种燃料的燃烧反应；有些反应是吸热反应，如碳与二氧化碳作用生成一氧化碳的反应。反应过程中吸收或放出的热都属于反应热。

在生产和生活中，许多反应通常是在敞口容器中进行的，也就是说，反应是在恒压条件下进行的。此时反应的热效应用焓变（ΔH）表示，ΔH 的单位是 $kJ \cdot mol^{-1}$。焓（H）是与内能有关的物理量，焓变（ΔH）就是生成物与反应物的焓值差。当生成物的焓值低于反应物的焓值时，ΔH 为“－”，反应是放热反应；当生成物的焓值高于反应物的焓值时，ΔH 为“＋”，反应是吸热反应。即：

ΔH 为“－”或 $\Delta H<0$ 时，为放热反应；

ΔH 为“＋”或 $\Delta H>0$ 时，为吸热反应。

3-2　热化学方程式

表示化学反应及其热效应的化学方程式称为热化学方程式。热化学方程式的写法一般是在配平的化学方程式的右边加上反应的热效应，并注明各种物质的状态（g、l、s 分别表示气态、液态、固态）。例如，在 25 ℃、101 kPa 时，由 H_2 和 O_2 化合生成 1 mol 气态水：

$$H_2(g)+\frac{1}{2}O_2(g)=\!=\!=H_2O(g) \quad \Delta H=-241.8\ kJ \cdot mol^{-1}$$

而生成 1 mol 液态水的热化学方程式为：

$$H_2(g)+\frac{1}{2}O_2(g)=\!=\!=H_2O(l) \quad \Delta H=-285.8\ kJ \cdot mol^{-1}$$

两个反应释放的能量不同，原因是液态水蒸发为气态水时要吸收热量。所以，在热化学方程式中要注明各种物质的状态。如果参加反应的物质的化学计量数增大 1 倍，那么反应热 ΔH 也增大 1 倍：

$$2H_2(g)+O_2(g)=\!=\!=2H_2O(g) \quad \Delta H=-483.6\ kJ \cdot mol^{-1}$$

根据热化学方程式可以计算一些反应的反应热。例如，根据氢气在氧气中

燃烧反应的热化学方程式可知：1 mol 氢气完全燃烧生成液态水将放出 285.8 kJ 的热量，10 g 氢气完全燃烧放出的热量是：

$$\frac{10\ \mathrm{g}}{2\ \mathrm{g\cdot mol^{-1}}}\times 285.8\ \mathrm{kJ\cdot mol^{-1}}=1429\ \mathrm{kJ}$$

3-3　化学方程式的分类

化学反应可以按照不同的标准进行分类。例如，根据反应物与生成物的类别和反应前后物质种类的多少，可以将化学反应分为化合反应、分解反应、置换反应和复分解反应；根据反应中是否有电子转移，可以将化学反应分为氧化还原反应和非氧化还原反应；还可以根据反应中的能量变化将化学反应分为放热反应与吸热反应。

第四节　化学反应速率

在前面的学习中，我们认识了多种形式的化学反应，知道化学反应往往需要在一定的条件下才能进行。不同的反应进行的快慢千差万别，即使是同一个反应，在不同的条件下，反应的快慢也不相同。化学反应进行的快慢用“反应速率”表示。我们常常需要通过反应条件来控制或影响化学反应的速率。

4-1　化学反应速率

化学反应速率(υ)通常用单位时间内某种反应物浓度的减少量或某种生成物浓度的增加量来表示。浓度常以 $\mathrm{mol\cdot L^{-1}}$ 为单位，时间常以 min 或 s 为单位，化学反应速率的单位相应为 $\mathrm{mol\cdot L^{-1}\cdot min^{-1}}$ 或 $\mathrm{mol\cdot L^{-1}\cdot s^{-1}}$。

例如，二氧化硫氧化生成三氧化硫的反应：

$$2SO_2+O_2\xlongequal[\text{催化剂}]{\text{高温}}2SO_3$$

假设某一时刻测得 SO_2 的浓度为 $2\ \mathrm{mol\cdot L^{-1}}$，反应 2 min 后测得 SO_2 的浓度为 $1.6\ \mathrm{mol\cdot L^{-1}}$。则以二氧化硫的浓度变化来表示该反应在这 2 min 内的平均反应速率为：

$$\upsilon(SO_2)=\frac{(2-1.6)\ \mathrm{mol\cdot L^{-1}}}{2\ \mathrm{min}}=0.2\ \mathrm{mol\cdot L^{-1}\cdot min^{-1}}$$

如果以 O_2 或 SO_3 的浓度变化来表示该反应在 2 min 内的平均反应速率，根据化学方程式可以得出，O_2 的浓度变化量是 SO_2 浓度变化量的 1/2，而 SO_3 浓

度的变化量等于 SO_2浓度的变化量。即：

$$\upsilon(SO_2)=\upsilon(SO_3)=2\upsilon(O_2)$$

这种比例关系由反应的计量数决定。

4-2　影响化学反应速率的因素

在化学实验中，我们常采取一些措施来调控反应速率，如加热、搅拌、增大反应物浓度和使用催化剂等。在日常生活中，使用冰箱存放食物、控制燃料燃烧时的通风条件、汽车加大油门和使用抗氧化剂等，都能有效地改变反应速率。影响化学反应速率的因素首先是反应物的本性，其次是浓度、温度和催化剂等外界条件。

1. 浓度对反应速率的影响

木条和硫黄在空气中燃烧和在氧气中燃烧的现象表明，反应物中氧气浓度越大，燃烧反应就越剧烈；汽车加大油门能够提供更多的燃烧热能也表明，增大燃料（汽油）的浓度，可以增大汽油燃烧的反应速率。大量实验表明，其他条件不变时，增大任何一种反应物的浓度，都可以使反应速率增大；反之，降低反应物浓度可使反应速率减小。

2. 压强对反应速率的影响

对于有气体参加的化学反应，反应速率会受到压强的影响，这是因为在一定的温度下，一定量的气体所占的体积与压强成反比。也就是说，在相同温度下，压强越大，一定量的气体所占体积越小，单位体积内气体的分子数越多。所以，对气体反应来说，增大压强相当于同时增大反应物和生成物的浓度，从而使反应速率加快；减小压强相当于减小反应物的浓度，从而使反应速率减慢。

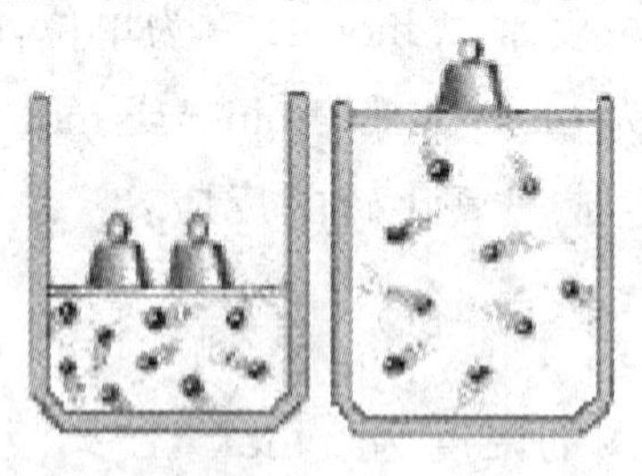

图 2-5　压强对气体体积的影响

由于固体与液体的体积几乎不受压强变化的影响，因此，对只有固体或液体参加的反应，压强的变化对反应速率的影响可以忽略不计。

3. 温度对反应速率的影响

我们知道，夏天气温较高时，食物变质的速度较快；将食物放入冰箱中，在

较低的温度下，变质就慢了许多。许多实验结果表明，其他条件相同时，升高温度使反应速率增大，降低温度使反应速率减小。因此，我们常采用控制温度的办法来控制反应速率。

4. 催化剂对反应速率的影响

在初中化学的学习中，我们知道，催化剂是一种能改变其他物质的化学反应速率，而自身的质量和化学性质在反应前后保持不变的物质。催化剂在化学反应中所起的作用叫催化作用。选用适当的催化剂是改变化学反应速率的常用的有效方法之一。对在给定条件下反应物之间能够同时发生多个反应的情况，理想的催化剂还可以大幅度地提高目标产物在最终产物中的比例。催化剂的这种特性称作它的选择性。催化作用可以为工业生产带来巨大的经济效益，在现代化学工业中应用十分普遍，据统计，现代化工生产中约有85%的化学反应需要使用催化剂。

除了上述因素外，光辐照、放射线辐照、超声波、磁场和固体反应物的表面积等，也能对一些化学反应的速率产生影响。

第五节　化学反应限度

化学反应是按照化学方程式中的计量关系进行的。但实际上，按计量比投入反应物，通常不能完全转化为产物，说明很多反应在进行时存在反应的限度，就像物质溶解达到饱和时存在溶解的限度一样。

5-1　可逆反应与不可逆反应

一定温度时，晶体在某溶剂中形成饱和溶液后，溶液中固体溶质的质量不再发生变化，但晶体的外形却仍然能够发生变化。由此可见，溶质的溶解存在溶解的限度（溶解度），当溶液达到饱和状态后，溶液中固体溶质的溶解过程和已溶解的溶质分子（或离子）的结晶过程一直在进行，而且这两种相反过程的速率相等，因此，饱和溶液的浓度和固体溶质的质量都保持不变。我们把这类在同一条件下能同时向两个相反方向进行的过程称为可逆过程。

$$\text{固体溶质} \underset{\text{结晶}}{\overset{\text{溶解}}{\rightleftharpoons}} \text{溶液中的溶质}$$

很多化学反应都具有可逆性，即正向反应（反应物→生成物）和逆向反应（生成物→反应物）同时进行。这种在同一条件下正向反应和逆向反应均能进行的化学反应称为可逆反应。表示可逆反应时，用“$\rightleftharpoons$”代替化学方程式中的

“$\rightleftharpoons$”。例如，二氧化碳与水的反应可表示为：

$$H_2O+CO_2 \rightleftharpoons H_2CO_3$$

把从左向右的反应称作正反应，把从右向左的反应称作逆反应。

有些化学反应在同一条件下，两个相反方向的反应进行的趋势相差很大，逆方向反应倾向很小的反应可以作为不可逆反应。例如，$HCl+NaOH = NaCl+H_2O$，$H_2+Cl_2 \xlongequal{光照或点燃} 2HCl$ 等。

5-2　化学平衡状态

可逆反应进行到最后是怎样的结果呢？可逆反应在开始进行时，正反应速率大于逆反应速率，随着反应的进行，正反应速率逐渐减小，逆反应速率逐渐增大；当反应进行到一定程度时，正反应速率与逆反应速率相等，反应物的浓度与生成物的浓度不再改变，达到一种表面静止的状态。

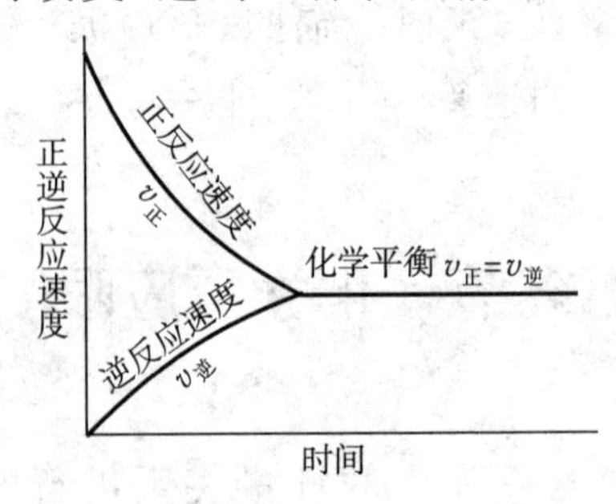

图 2-6　可逆反应中正、逆反应速率变化示意图

在可逆过程中，当两个相反过程的速率不相等时，常常只能观察到某个方向的变化。如果正反应速率大于逆反应速率，结果是单位时间内反应物转化为产物较多，表现为反应向正方向进行；如果正反应速率小于逆反应速率，结果是单位时间内产物转化为反应物较多，表现为反应向逆方向进行。当两个相反过程的速率相等时，实际观察到的现象是这两个相反过程似乎都“停止了”。

我们把溶质在溶液中形成饱和溶液时的状态称作溶解平衡状态，可逆反应进行到正反应速率与逆反应速率相等时的状态称作化学平衡状态。与饱和溶液的浓度保持不变相似，可逆反应达到化学平衡状态时，反应体系中各种反应物与生成物的质量或浓度保持不变，也就是说反应达到了“限度”。由此可见，化学平衡状态是可逆反应的最大限度。在可逆反应中，反应物不能完全转化为产物。

5-3　化学平衡常数

一定条件下的可逆反应无论从何种状态开始进行，最终结果都会达到正、逆反应速率相等的化学平衡状态。例如，H_2和I_2的反应在457.6 ℃时，反应体系中各物质浓度的有关数据如下：

$$H_2(g)+I_2(g)\xrightleftharpoons{高温}2HI(g)$$

起始时各物质的浓度 (mol·L⁻¹)			平衡时各物质的浓度 (mol·L⁻¹)			平衡常数
H_2	I_2	HI	H_2	I_2	HI	$\frac{c^2(HI)}{c(H_2)\cdot c(I_2)}$
1.197×10^{-2}	6.944×10^{-3}	0	5.617×10^{-3}	5.936×10^{-4}	1.270×10^{-2}	48.38
1.228×10^{-2}	9.964×10^{-3}	0	3.841×10^{-3}	1.524×10^{-3}	1.687×10^{-2}	48.61
1.201×10^{-2}	8.403×10^{-3}	0	4.580×10^{-3}	9.733×10^{-4}	1.486×10^{-2}	49.54
0	0	1.520×10^{-2}	1.696×10^{-3}	1.696×10^{-3}	1.181×10^{-2}	48.48
0	0	1.287×10^{-2}	1.433×10^{-3}	1.433×10^{-3}	1.000×10^{-2}	48.70
0	0	3.777×10^{-2}	4.213×10^{-3}	4.213×10^{-3}	2.934×10^{-2}	48.50
化学平衡常数平均值						48.70

从上面表中的数据可以得出以下结论：在一定温度下，可逆反应无论从正反应开始，还是从逆反应开始，也不论反应物起始浓度的大小，最后都能达到平衡。这时各生成物浓度以其化学计量数为幂之积与各反应物浓度以其化学计量数为幂之积的比值是一个常数，这个常数就是该反应的化学平衡常数，简称平衡常数，用符号 K 表示。

对于一般的可逆反应，即：

$$mA(g)+nB(g)\rightleftharpoons pC(g)+qD(g)$$

在一定条件下达到平衡时，其平衡常数表达式为：

$$K=\frac{c^p(C)\cdot c^q(D)}{c^m(A)\cdot c^n(B)}$$

平衡常数的大小受温度影响，与反应物或生成物的浓度无关。平衡常数的大小可以表示可逆反应进行的程度。平衡常数大，说明生成物的平衡浓度较大，反应物的平衡浓度相对较小，即表明反应进行得较完全。

5-4　影响化学平衡的因素

我们知道，不同温度下物质的溶解度不同，当温度升高或降低时，溶解与结晶的速率不再相等，溶解平衡状态被打破，表现为固体溶质继续溶解或析出，直至溶解与结晶的速率再次相等，并达到新的温度下的溶解平衡状态。同样，化学平衡状态也是建立在一定条件下的。当外界条件改变时，正、逆反应速率随之变化而不再相等，化学平衡状态被打破，表现为正反应或逆反应继续进行，直至正、逆反应的速率再次相等，并达到新的条件下的化学平衡状态。

外界条件的改变，使可逆反应从原来的平衡状态变为新的平衡状态的过程叫作平衡的移动。浓度、压强、温度等因素都可使平衡发生移动。

1. 浓度对化学平衡的影响

【课堂演示 2-2】 向盛有 30 mL 蒸馏水的烧杯中滴入 $FeCl_3$ 溶液和 0.1 $mol \cdot L^{-1}$ KSCN 溶液各 10 滴，溶液呈红色。

溶液中存在下述平衡：

$$FeCl_3 + 3KSCN \rightleftharpoons \underset{\text{红色}}{Fe(SCN)_3} + 3KCl$$

将红色溶液分别倒入 3 支试管中，向一支试管中滴入几滴饱和 $FeCl_3$ 溶液，充分振荡；向另一支试管中滴入几滴 1 $mol \cdot L^{-1}$ KSCN 溶液。比较 3 支试管中溶液的颜色，并分析原因。

实验表明，在平衡混合物中加入较浓的 $FeCl_3$ 溶液或 KSCN 溶液，都能使红色加深。这说明增大任何一种反应物浓度，都能促使平衡向正反应方向移动。

增大反应物浓度，正反应速率加快，平衡向正反应方向移动；增大生成物浓度，逆反应速率加快，平衡向逆反应方向移动。在工业生产中，适当增大廉价反应物的浓度，使化学平衡向正反应方向移动，提高价格较高原料的转化率；不断移走产物，也能使化学平衡向正反应方向移动，提高原料的转化率。

2. 压强对化学平衡的影响

对于有气体参加的可逆反应，改变压强相当于改变气体反应物的浓度。如果反应前后气体的分子计量数不相等，增大或减小压强会使平衡发生移动。例如，

$$2SO_2 + O_2 \underset{\text{催化剂}}{\overset{\text{高温}}{\rightleftharpoons}} 2SO_3$$

增大压强可以使三种气体物质的浓度都增大，由于正反应的参加反应的气体体积比逆反应大，因此，正反应速率增大更多，平衡会向正反应方向移动；反之，减小压强，气体物质的浓度减小，正反应速率减小更多，平衡会向逆反应方向移动。

由此可见，其他条件不变时，增大压强，化学平衡向着气体体积减小的方向移动；减小压强，化学平衡向着气体体积增大的方向移动。

对于反应前后气体总体积相等的可逆反应（如 $CO+NO_2 \rightleftharpoons CO_2+NO$），压强的改变对正、逆反应的速率影响相同，此时改变压强不能使化学平衡移动。固体和液体的体积受压强的影响很小，可忽略不计。因此，平衡混合物都是固体或液体时，改变压强不能使平衡移动。

3. 温度对化学平衡的影响

【课堂演示 2-3】 如图 2-7 所示，将盛有 NO_2 的烧瓶浸泡在冰水、热水中，观察烧瓶的颜色变化。

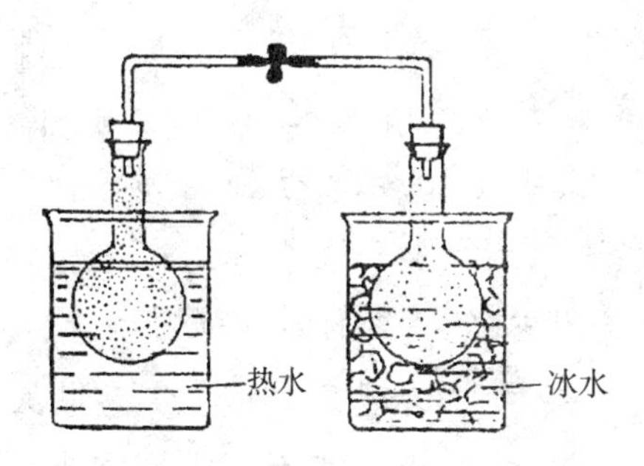

图 2-7　温度对化学平衡的影响

$$2NO_2(g) \rightleftharpoons N_2O_4(g) \quad \Delta H=-56.9\ kJ\cdot mol^{-1}$$

这是一个放热反应，浸泡在冰水中的 NO_2 烧瓶的红棕色明显变浅（NO_2 的浓度减小，N_2O_4 的浓度增大），浸泡在热水中的 NO_2 烧瓶的红棕色明显加深（NO_2 的浓度增大，N_2O_4 的浓度减小）。这说明升高温度时平衡向着吸热反应方向移动，降低温度时平衡向着放热反应方向移动。

5-5　平衡移动原理

综上所述，改变反应条件可以使化学平衡发生移动，从而改变平衡体系的组成，以提高反应的产率或抑制反应的进程。法国化学家勒夏特列就此总结出一条经验规律：如果改变影响平衡的条件之一（如温度、压强及参加反应的化学物质的浓度等），平衡将向着能够减弱这种改变的方向移动，这就是著名的勒夏特列原理，也叫作平衡移动原理。勒夏特列原理是经过反复验证的一条科学规律，在化学工业和环境保护技术中有着十分重要的实际应用。

由于催化剂能同等程度地影响正反应速率和逆反应速率，因此，催化剂对化学平衡的移动没有影响。也就是说，催化剂不能改变达到化学平衡状态的反应混合物的组成，只能改变反应达到平衡所需的时间。

阅读材料

溶液的渗透压

人的体液不仅有一定的成分，还有一定的分布和容量，它们对维持人体正常生理功能和身体健康有着重要的作用，而决定体液正常分布的重要因素之一就是溶液的渗透压。很多疾病、创伤等均可导致这方面失调，严重时可威胁到生命。在临床抢救和治疗过程中常需要及时给病人补液，这也涉及有关溶液的渗透压问题。

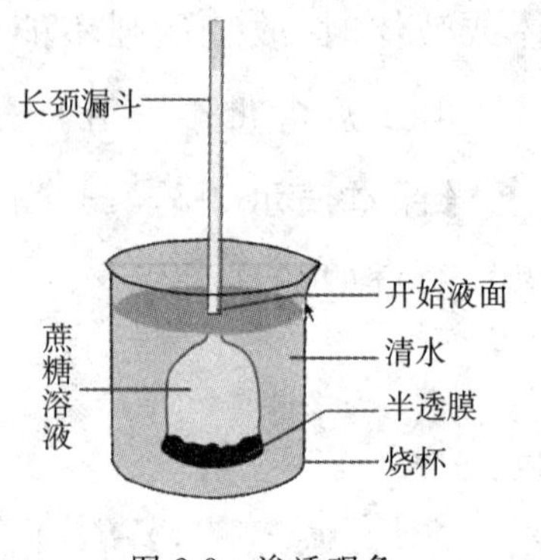

图 2-8　渗透现象

当溶液与溶剂之间或浓溶液与稀溶液之间用半透膜隔开时，会出现渗透现象。这种溶剂分子通过半透膜由纯溶剂进入溶液或由稀溶液进入浓溶液的扩散现象，称为渗透现象，简称渗透。

产生渗透现象必须具备两个条件：一是有半透膜；二是半透膜两侧溶液的浓度不相等。

渗透的结果缩小了膜两侧的浓度差。随着渗透的进行，浓溶液液面逐渐上升至某一高度，静水压使单位时间内通过膜两侧的水分子数目相等，这种能阻止溶剂分子透过而需在溶液上方施加的额外压力，称为该溶液的渗透压。

溶液的渗透压是溶液自身的一个重要的性质，凡是溶液都有渗透压。渗透压的单位是Pa（帕斯卡），常用kPa（千帕）来表示，如正常人的血浆渗透压为720～800 kPa。

在相同温度下，渗透压相等的溶液互为等渗溶液。若两种溶液的渗透压不相等，相比较而言，则渗透压高的溶液称为高渗溶液，渗透压低的溶液称为低渗溶液。在医学上，等渗、低渗或高渗溶液是以人体血浆渗透压作为比较标准的。在37 ℃时，正常人血浆的渗透压为720～800 kPa，相当于血浆中能产生渗透作用的各种电解质离子和各种非电解质离子的总粒子浓度（渗透浓度）为280～320 $mmol \cdot L^{-1}$所产生的渗透压。在此范围内或接近此范围的溶液就可认为是临床上的等渗溶液。

溶液是否等渗在医学上有重要意义。临床治疗为病人大量补液时，应使用等渗溶液。若忽视补液浓度，则会使体液内水分的调节发生紊乱

及细胞发生变形。例如，红细胞在等渗溶液中才能保持正常形态及生理活性，在高渗或低渗溶液中则会发生溶血(膨胀)而破裂或皱缩而聚沉。

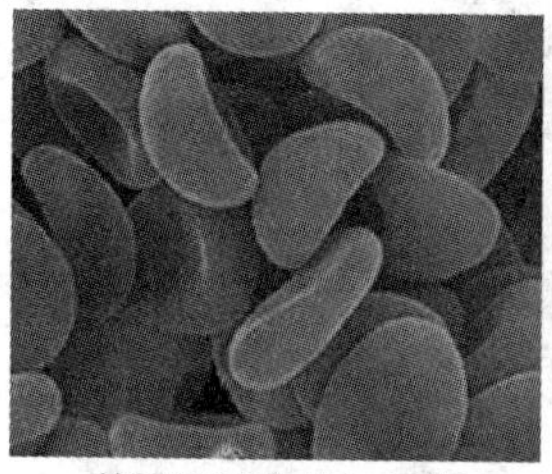

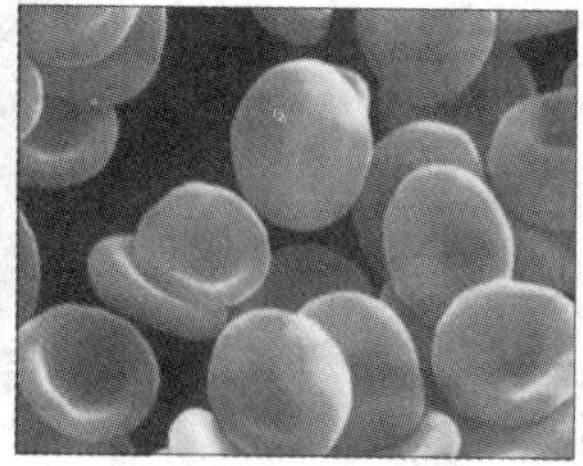

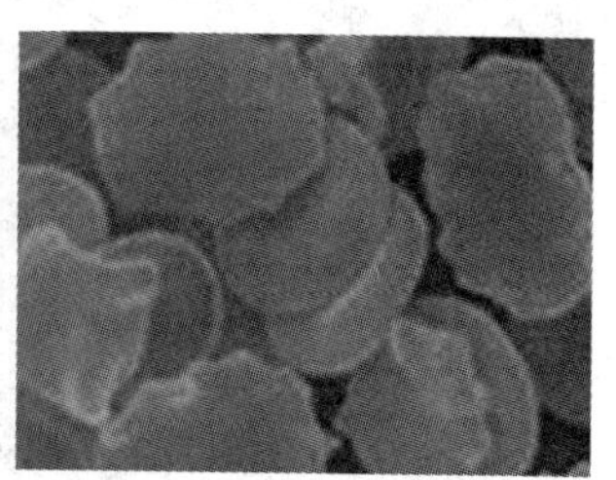

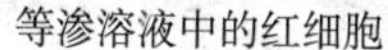

等渗溶液中的红细胞　　低渗溶液中的红细胞　　高渗溶液中的红细胞

图 2-9　溶液浓度对红细胞的影响

临床上常用的等渗溶液有 0.154 mmol · L^{-1}(0.9%)NaCl 溶液(生理盐水)和 0.278 mmol · L^{-1}(5%)葡萄糖溶液。

人体血浆渗透压包括晶体渗透压和胶体渗透压。由低分子晶体物质(如氯化钠、碳酸氢钠和葡萄糖等)产生的渗透压叫晶体渗透压，由大分子物质(如蛋白质等)产生的渗透压叫胶体渗透压。人体内的细胞膜和毛细血管壁等都是半透膜。由于低分子晶体物质的离子和大分子胶体物质(如蛋白质等)对这些半透膜的通透性不同，因此，晶体渗透压和胶体渗透压的功能不同，前者对维持细胞内外水分的相对平衡起重要作用，而后者对维持血容量和血管内外水分的相对平衡起重要作用。

胶体及其应用

胶体的种类很多，按分散剂状态不同可分为气溶胶(如烟、云和雾等)、液溶胶(如蛋白溶液和淀粉溶液等)和固溶胶(如有色玻璃和烟水晶等)。

胶体在自然界中普遍存在，它与人类的生活及环境有着密切的联系。胶体的应用很广，且随着技术的不断进步，其应用领域还在不断地扩大。工农业生产和日常生活中的许多重要材料和现象，都在某种程度上与胶体有关。例如，在金属、陶瓷和聚合物等材料中加入固态胶体粒子，不仅可以改进材料的耐冲击强度、耐断裂强度和抗拉强度等机械性能，还可以改进材料的光学性质，如有色玻璃就是由某些胶态金属氧化物分散于玻璃中制成的。医学中越来越多地利用高度分散的胶体来检验或治疗疾病，如胶态磁流体治癌术是将磁性物质制成胶体粒子，作为药物的载体，在磁场作用下将药物送到病灶，从而提高疗效。另外，血液本身就是由血细胞在血浆中形成的胶体分散系，与血液有关的疾病的诊断和治疗就是利用了胶体的性质，如血液透析、血清纸上电泳等。土壤中的许多物质，如黏土、腐殖质等常以胶体形式存在，所以，土壤中发生的一些化学过程也与胶体有关。冶金工业上的选矿、石油原油的脱水、塑料橡胶及合成纤维等的制造过程都会用到胶体知识。在日常生活中,也会经常接触并应用胶体知识,如食品中的牛奶、豆浆等都与胶体有关。

习 题

1. 现有10种物质:①H_2O、②空气、③Fe、④CaO、⑤H_2SO_4、⑥$Ca(OH)_2$、⑦$CuSO_4 \cdot 5H_2O$、⑧$NaHCO_3$、⑨碘酒、⑩CH_4。其中,属于混合物的是________;属于氧化物的是________;属于酸的是__________;属于碱的是____________;属于盐的是____________;属于有机物的是__________。

2. 当光束通过下列分散系时,能观察到丁达尔效应的是( )。

A. NaCl溶液　　B. $Fe(OH)_3$胶体　　C. 盐酸　　D. 豆浆

3. 如何用实验的方法鉴别溶液和胶体?

4. 在化学反应中,有元素化合价发生变化的反应属于________反应,元素化合价升高,表明该元素的原子________电子,含该元素的物质发生________反应,这种物质是________剂;元素化合价降低,表明该元素的原子________电子,含该元素的物质发生________反应,这种物质是________剂。

5. 用化学方程式表示下列碳元素的单质与化合物之间的转化关系。

$$C \xrightarrow{②} CO \underset{④}{\overset{③}{\rightleftharpoons}} CO_2 \underset{⑥}{\overset{⑤}{\rightleftharpoons}} CaCO_3 \quad (①: C \rightarrow CO_2)$$

6. 指出上述反应中哪些是氧化还原反应,并指出氧化还原反应中的氧化剂和还原剂。

7. 下列关于氧化还原反应的叙述中,正确的是( )。

A. 一定有氧元素参加　　B. 氧化剂发生氧化反应

C. 一定有电子转移(得失或偏移)　　D. 还原剂发生氧化反应

8. 下列四种类型的反应中,一定是氧化还原反应的是( )。

A. 化合反应　　B. 分解反应　　C. 置换反应　　D. 复分解反应

9. 已知1 mol C(s)与适量$H_2O(g)$反应生成CO(g)和$H_2(g)$,吸收131.3 kJ的热量,写出反应的热化学方程式。

10. 已知:$C(s)+O_2(g)=CO_2(g)$　$\Delta H=-393.5\ kJ \cdot mol^{-1}$,计算30 g C在$O_2$中完全燃烧生成$CO_2$,放出多少热量?

11. 化学反应速率通常用____________表示。其常用单位是______或______。

12. 将等物质的量的H_2和I_2充入密闭容器中进行反应:$H_2(g)+I_2(g) \rightleftharpoons 2HI(g)$,反应进行2 min时测得$v(HI)=0.1\ mol \cdot L^{-1} \cdot min^{-1}$,$I_2(g)$的浓度为$0.4\ mol \cdot L^{-1}$,试确定:

(1)H_2和I_2的反应速率为____________。

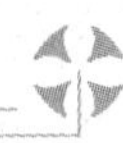

(2)H_2和I_2的起始浓度为________________。

(3)2 min末 HI的浓度为________________。

13.举例说明加快反应速率的方法有哪些。

14.对可逆反应:$A(g)+3B(g) \rightleftharpoons 2C(g)$ $\Delta H<0$,下列叙述错误的是(　　)。

A.升高温度,v(正)、v(逆)都增大,但v(正)增得更大

B.增大压强,v(正)、v(逆)都增大,但v(正)增得更大

C.增大A的浓度,v(正)会增大,但v(逆)会减小

D.使用催化剂,一般v(正)、v(逆)同时增大,而且增大的倍数相同

15.对可逆反应:$C(s)+H_2O(g) \rightleftharpoons CO(g)+H_2(g)$ $\Delta H>0$,下列说法正确的是(　　)。

A.达到平衡时,反应物的浓度和生成物的浓度相等

B.达到平衡时,反应物和生成物的浓度不随时间的变化而变化

C.由于反应前后分子数相等,因此,增加压强对平衡没有影响

D.加入正催化剂可以加快反应达到平衡的速度

E.升高温度使v(正)增大,v(逆)减小,结果平衡向右移动

16.某一温度时,反应$2SO_2(g)+O_2(g) \rightleftharpoons 2SO_3(g)$达平衡,是指(　　)。

A.SO_2不再发生反应

B.2 mol SO_2和1 mol O_2反应,生成2 mol SO_3

C.SO_2、O_2、SO_3浓度相等

D.SO_2和O_2生成SO_3的速度等于SO_3分解的速度

17.对放热反应:$2SO_2+O_2 \rightleftharpoons 2SO_3$,根据勒夏特列原理和生产的实际要求,在硫酸生产中,下列哪一个条件是不适宜的(　　)。

A.选用V_2O_5作催化剂　　B.空气过量

C.适当的压强和温度　　D.低压、低温

18.已知:$2SO_2+O_2 \rightleftharpoons 2SO_3$,反应达平衡后,加入$V_2O_5$催化剂,则$SO_2$的转化率(　　)。

A.增大　　B.不变　　C.减小　　D.无法确定

19.下列因素对转化率无影响的是(　　)。

A.温度　　B.浓度　　C.压强(对气相反应)　　D.催化剂

20.增大压强和升高温度对下面处于平衡状态的化学反应有什么影响?说明原因。

(1)$2SO_2(g)+O_2(g) \rightleftharpoons 2SO_3(g)$　$\Delta H<0$

(2)$N_2(g)+O_2(g) \rightleftharpoons 2NO(g)$　$\Delta H>0$

21.$CO(g)+NO_2(g) \rightleftharpoons CO_2(g)+NO(g)$ $\Delta H<0$,反应在达到平衡时,①升高温度;②容器容积扩大到10倍,平衡将分别受到什么影响?

22.对于反应:$C(s)+H_2O(g) \rightleftharpoons CO(g)+H_2(g)$ $\Delta H>0$,为了提高C(s)的转化率,可采取哪些措施?

扫一扫,获取参考答案

第三章

重要元素及其化合物

第一节 金 属

在人类已发现的100多种元素中，大约有4/5是金属元素。地壳中含量最多的金属是铝(7.73%)，第二位是铁(4.75%)。金属在工业、农业、国防和日常生活中都有广泛的应用。工业上，金属常分为黑色金属(包括铁、铬、锰及其合金)和有色金属(除黑色金属以外的金属)。

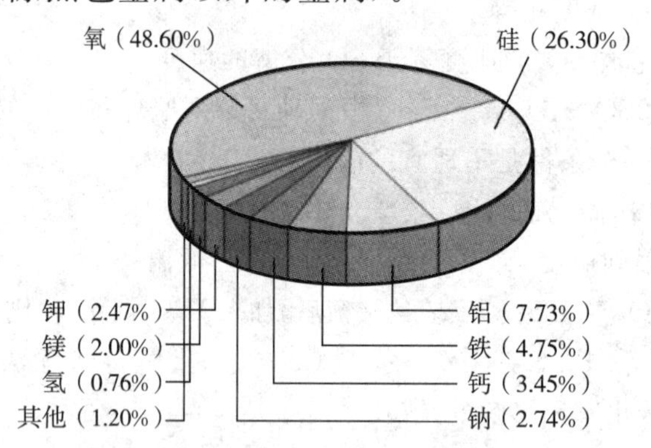

图3-1 地壳中各元素的含量

金属具有许多共同的物理性质，如不透明，具有金属光泽及良好的导电性、导热性和延展性等。多数金属的化学性质比较活泼，因此，绝大多数金属元素在自然界中都是以化合态形式存在，但也有以游离态形式存在的金属(如Ag、Cu、Au和Pt等)。

金属元素的最外层电子数目较少，在化学反应中，金属单质易失去电子被氧化，具有还原性。与金属发生反应的氧化剂可以是非金属、水、酸或盐溶液中的阳离子等，反应的难易程度取决于金属的化学活性。本节我们将认识几种具有代表性的金属。

1-1　钠的性质与用途

1. 钠与非金属反应

金属钠最外电子层只有1个电子，极易在化学反应中失去这个电子而成为+1价阳离子，其化学性质非常活泼，具有很强的还原性，是一种强还原剂。

【课堂演示3-1】　用镊子从煤油中取出一小块钠，用滤纸吸干其表面的煤油，放在培养皿中，用小刀切割，观察新切面的颜色、钠块断层的变化。再把金属钠放在燃烧匙里加热，观察反应现象。

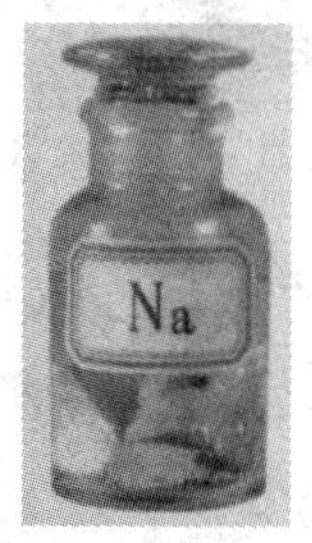

图3-2　保存在煤油中的钠

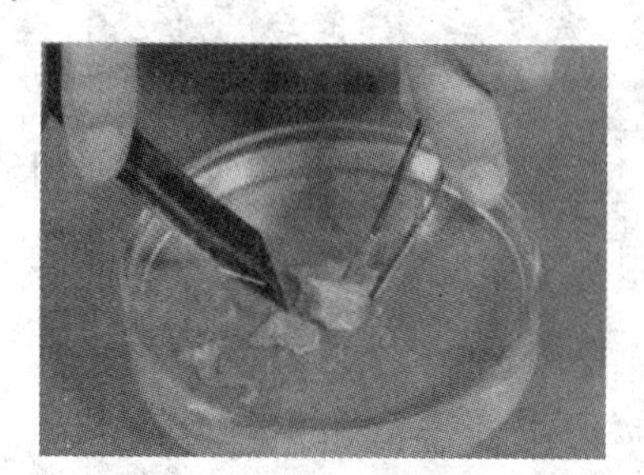

图3-3　金属钠的断面变暗

金属钠能用小刀切开，说明钠的硬度小。钠的新切面呈银白色，有金属光泽。

实验中可以看到，金属钠的断面变暗，失去光泽。这是因为钠与空气中的氧气作用，生成氧化钠。

$$4Na + O_2 = 2Na_2O$$

稍加热即可使固体钠熔化成球状，说明钠的熔点低。钠在空气中燃烧，产生黄色火焰，生成淡黄色的过氧化钠固体。

$$2Na + O_2 \xlongequal{\triangle} Na_2O_2$$

许多金属及它们的化合物在灼烧时都会使火焰呈现特有的颜色，化学上称之为焰色反应。焰色反应常用来检验金属元素的存在。

表3-1　一些金属(或金属离子)焰色反应的颜色

金属(或其离子)	钠	钾	钙	锶	钡	铜(没卤素)
颜色	黄	紫	砖红	洋红	黄绿	浅蓝

军事上用的各种信号弹以及节日燃放的焰火都是根据这个原理制成的。

钠还能与其他非金属直接化合，如氯气、硫等。

$$2Na + Cl_2 \xlongequal{点燃} 2NaCl$$

钠和硫单质反应很剧烈，甚至可以发生爆炸，生成Na_2S。

$$2Na + S \xlongequal{研磨} Na_2S$$

2. 钠与水反应

【课堂演示 3-2】 向盛水的小烧杯里滴入几滴酚酞，然后切下绿豆大小的钠投入烧杯，观察反应现象。

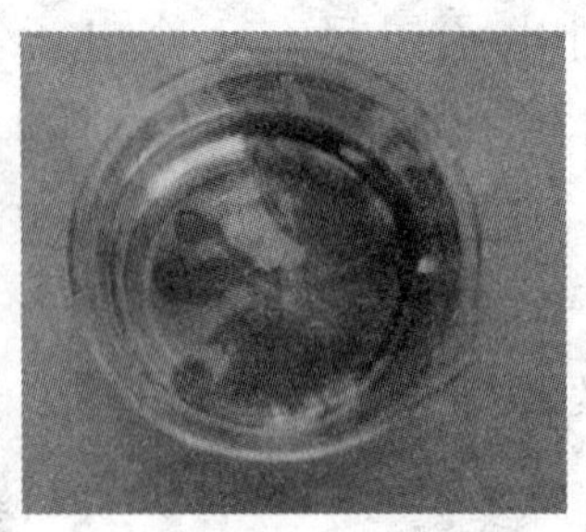

图 3-4 金属钠与水的反应

反应放出的热把钠熔成小球，说明钠的熔点低，钠会浮在水面上说明钠的密度比水小。

钠与水反应生成氢氧化钠和氢气。

$$2Na + 2H_2O = 2NaOH + H_2\uparrow$$

钠在自然界中以化合态形式存在，主要存在于 $NaCl$、Na_2SO_4 等物质中。由于钠的性质活泼，因此，金属钠必须密闭保存，少量钠可保存在煤油中。

3. 钠的用途

钠有广泛的用途，可以作还原剂、化工原料、制造合金。例如，钠铅合金可用于生产汽油抗爆剂，钠钾合金是核反应堆的导热剂和热交换剂。

1-2 铝的性质与用途

铝是银白色的轻金属，其主要特性是密度小，密度（$2.7\ g \cdot cm^{-3}$）只有钢铁的 1/3，熔点为 660 ℃；铝还具有很好的导电性、导热性及良好的延展性。

1. 铝与非金属反应

铝原子最外电子层上有 3 个电子，在化学反应中较容易失去 3 个电子，是比较活泼的金属，也是典型的两性元素。

在常温下，铝在空气中能与氧气反应，生成一层致密而坚固的氧化物薄膜，从而阻止铝继续被氧化，所以，铝具有抗腐蚀能力。

铝粉在氧气中燃烧，放出大量的热，同时发出耀眼的白光。

$$4Al + 3O_2 \xlongequal{点燃} 2Al_2O_3$$

【课堂演示 3-3】 用坩埚钳夹住一块铝箔(厚度约 0.1 mm)在酒精灯上加热至熔化,并轻轻晃动。

图 3-5　加热铝箔

实验现象:铝逐渐熔化,失去光泽,但不滴落。原因是铝的熔点为660 ℃,氧化铝的熔点为2054 ℃,铝表面的致密氧化膜包在铝的外面,所以,熔化了的液态铝不会落下。

【课堂演示 3-4】 用坩埚钳夹住一块用砂纸打磨过的铝箔在酒精灯上加热至熔化,并轻轻晃动。

实验现象:熔化的铝仍不滴落。原因是磨去氧化膜的铝箔在空气中很快又形成一层新的氧化膜。金属表面的氧化物有的疏松(如铁等),有的致密(如镁、铝等),前者不能保护内层金属,后者则可以保护内层金属。

铝除了能与氧气反应外,还能与其他非金属如卤素、硫等反应。

$$2Al+3Cl_2 \xlongequal{点燃} 2AlCl_3$$

$$2Al+3S \xlongequal{\triangle} Al_2S_3$$

铝与氧结合的能力很强,它能从许多金属氧化物中夺取氧,而且放出的大量热可使游离出来的金属熔化。此原理在冶金工业上可应用于制取铁、锰、铬、钒等金属,如 $Cr_2O_3+2Al \xlongequal{高温} Al_2O_3+2Cr$,这种方法叫铝热法。

2. 铝与酸、碱反应

铝能与酸(冷的浓硫酸、浓硝酸除外)反应生成盐和氢气,也能与碱反应生成盐和氢气。

$$2Al+6HCl \xlongequal{} 2AlCl_3+3H_2\uparrow$$

$$2Al+2NaOH+2H_2O \xlongequal{} \underset{偏铝酸钠}{2NaAlO_2}+3H_2\uparrow$$

铝既能与酸反应,也能与碱反应,是典型的两性元素。因此,铝锅一般不宜存放酸性、碱性较强的物质。冷的浓硝酸、浓硫酸能使铝钝化,在其表面形成一层致密的氧化物保护膜,使反应不再继续进行,所以,工业上使用铝制容器盛放浓硫酸、浓硝酸。

3. 铝的用途

铝常用于制造电缆及各种热交换器、散热材料和炊具等。铝有良好的延展性，能抽成细丝，还能制成薄于 0.01 mm 的铝箔，用于包装香烟等。铝合金质轻而坚韧，某些铝合金的机械强度甚至超过结构钢，是制造飞机、汽车和火箭的优良材料。

1-3 铁的性质与用途

1. 铁与非金属反应

铁是一种中等活泼的金属。在常温下，铁在干燥的空气中很稳定，与氧气、氯气、硫等非金属几乎不发生反应。但铁在氧气中灼烧，可生成四氧化三铁。

$$3Fe + 2O_2 \xlongequal{点燃} Fe_3O_4$$

加热时，铁也能与其他非金属如硫、氯气反应，分别生成硫化亚铁和氯化铁。

$$Fe + S \xlongequal{\triangle} FeS$$

$$2Fe + 3Cl_2 \xlongequal{点燃} 2FeCl_3$$

因为氯气是强氧化剂，所以，铁原子与其作用失去 3 个电子，变为 +3 价的铁，而铁原子与一般氧化剂如硫作用失去 2 个电子，变为 +2 价的铁。

2. 铁与水和酸反应

在常温下，铁与水不起反应，但铁在潮湿的空气中容易生锈，红热的铁可与水蒸气发生反应，生成四氧化三铁和氢气。

$$3Fe + 4H_2O(g) \xlongequal{\triangle} Fe_3O_4 + 4H_2\uparrow$$

铁能与盐酸或稀硫酸发生反应，生成 +2 价的亚铁盐，并放出氢气。

$$Fe + 2HCl \xlongequal{} FeCl_2 + H_2\uparrow$$

但在常温下，铁不与浓硫酸和浓硝酸发生反应，这是因为在这些浓酸中铁表面发生了钝化，因此，铁制容器可用来储存浓硫酸或浓硝酸。

3. 铁的用途

铁的最大用途是用于炼钢，也大量用于制造铸铁和锻铁。铁可用于建筑、桥梁、器械、车辆、飞机和生活用具等方面。

1-4　金属的化学性质

金属单质的化学性质(如表 3-2 所示),主要表现为较强的还原性。越容易失去电子的金属,它们的金属性越强,化学性质越活泼,越易与非金属、水、酸、盐溶液等反应,反之亦然。

表 3-2　金属化学性质和金属活动顺序关系

	K　Ca　Na	Mg　Al	Zn Fe Sn Pb	H	Cu Hg Ag	Pt　Au
失电子能力	强 ——————→ 弱					
与氧气反应	常温	常温下形成保护膜	加热被氧化		强热	不被氧化
与水反应	冷水反应剧烈	热水反应缓慢	高温,生成 H_2 和氧化物		不反应	
	生成 H_2 和对应碱					
与酸　弱氧化性酸	置换出 H_2				不反应	
与酸　强氧化性酸	与 HNO_3 和浓 H_2SO_4 发生复杂的氧化还原反应					只和王水反应
与盐溶液反应	先与水反应	强置换弱				

第二节　几种重要的金属化合物

2-1　钠的化合物

钠的化学性质很活泼,它不能以游离态存在于自然界,主要以无机盐的形式(如氯化钠、碳酸钠、硫酸钠、硝酸钠和硼酸钠等)存在于自然界。钠的重要化合物除了氢氧化钠和氯化钠外,还有氧化物与碳酸盐。

1. 氧化钠和过氧化钠

氧化钠(Na_2O)为白色固体,是一种碱性氧化物,具有碱性氧化物的通性。在缺氧的空气中,钠与氧气反应可得到氧化钠,一般用过氧化钠来制备氧化钠。

$$Na_2O_2 + 2Na \xlongequal{} 2Na_2O$$

氧化钠与水作用生成氢氧化钠。

$$Na_2O + H_2O \xlongequal{} 2NaOH$$

过氧化钠(Na_2O_2)为白色至淡黄色粉末,它不是碱性氧化物,具有强氧化性,与其他易燃品放置在一起会发生燃烧。Na_2O_2 可与空气中的 CO_2 作用放出氧气,因此,常用在缺乏空气的场合,如矿井、坑道、潜水和宇宙飞船等,以供人们呼吸应急时使用。

$$2Na_2O_2+2CO_2 = 2Na_2CO_3+O_2$$

Na_2O_2与水反应产物是 NaOH 和 O_2。

$$2Na_2O_2+2H_2O = 4NaOH+O_2\uparrow$$

Na_2O_2在工业上常用作漂白剂、杀菌剂、消毒剂、去臭剂和氧化剂等。

2. 碳酸钠和碳酸氢钠

碳酸钠（Na_2CO_3）俗称纯碱、苏打，易溶于水，受热不分解。碳酸钠通常以 $Na_2CO_3\cdot 10H_2O$ 形式存在，它是无色晶体，易风化失水变为白色粉末 Na_2CO_3。

碳酸氢钠（$NaHCO_3$）俗名小苏打，是一种细小的白色晶体，易溶于水，受热易分解。

$$2NaHCO_3 \overset{\triangle}{=} Na_2CO_3+CO_2\uparrow+H_2O$$

碳酸钠和碳酸氢钠的水溶液都呈碱性。碳酸钠和碳酸氢钠都能与盐酸反应并放出二氧化碳。

$$Na_2CO_3+2HCl = 2NaCl+CO_2\uparrow+H_2O$$

$$NaHCO_3+HCl = NaCl+CO_2\uparrow+H_2O$$

碳酸钠是重要的化工原料，用于玻璃、纺织品、洗涤剂等的生产。碳酸氢钠是发酵粉的主要成分，也是制造灭火剂、焙粉和清凉饮料等的原料，在橡胶工业中作发泡剂。

钠的其他重要化合物如 $Na_2SO_4\cdot 10H_2O$，俗称芒硝，为无色晶体，主要分布于盐湖、海水中，用于制造玻璃、造纸、染色和纺织等领域，在医药上用作缓泻剂。

2-2　铝的化合物

自然界中的铝以化合态形式存在，其中最常见的是铝硅酸盐类，如长石、云母和高岭石等。

1. 氧化铝

氧化铝（Al_2O_3）是一种难熔又不溶于水的白色固体。天然存在的纯净的 Al_2O_3称为刚玉，其硬度仅次于金刚石。天然刚玉常因含少量杂质而显不同颜色，俗称宝石。如含有微量二价铁和四价钛时呈蓝色，称为蓝宝石；含有微量三价铬时呈红色，称为红宝石。

刚玉的硬度大，耐高温（2000 ℃以上），是贵重的装饰品，在精密仪器工业中用作轴承及钟表的钻石。

氧化铝既能与酸反应生成铝盐和水，也能与碱反应生成偏铝酸盐和水，是一种两性氧化物。

$$Al_2O_3+6HCl \xlongequal{} 2AlCl_3+3H_2O$$

$$Al_2O_3+2NaOH \xlongequal{} 2NaAlO_2+H_2O$$

2. 氢氧化铝

氢氧化铝[$Al(OH)_3$]是难溶于水的固体。和氧化铝一样，氢氧化铝既能与酸反应生成铝盐，又能与强碱反应生成偏铝酸盐，是两性氢氧化物。

$$Al(OH)_3+3HCl \xlongequal{} AlCl_3+3H_2O$$

$$Al(OH)_3+NaOH \xlongequal{} NaAlO_2+2H_2O$$

实验室用铝盐溶液与氨水反应来制备氢氧化铝。

$$Al_2(SO_4)_3+6NH_3\cdot H_2O \xlongequal{} 2Al(OH)_3\downarrow+3(NH_4)_2SO_4$$

$Al(OH)_3$的碱性不强，不会对胃壁产生强烈的刺激或腐蚀作用，但可与胃酸反应，因此，在医药上常被用作胃酸的中和剂；此外，$Al(OH)_3$能凝聚水中的悬浮物，吸附色素等，也常用作净水剂。

3. 明矾

明矾[$KAl(SO_4)_2\cdot 12H_2O$]无色透明，易溶于水，溶于水后发生水解反应，生成的 $Al(OH)_3$ 具有吸附性，可吸收水中的杂质。因此，明矾常用作净水剂，也可用于裱糊纸张、澄清油脂、去油脂臭、除色，还可用作媒染剂等。

2-3　铁的化合物

铁能稳定地与其他元素结合，常以氧化物的形式存在，如赤铁矿（主要成分是 Fe_2O_3）、磁铁矿（主要成分是 Fe_3O_4）等。

1. 铁的氧化物

铁的氧化物有氧化亚铁（FeO）、氧化铁（Fe_2O_3）和四氧化三铁（Fe_3O_4）。氧化亚铁是一种黑色粉末，不稳定，在空气中加热时生成四氧化三铁。氧化铁是一种红棕色粉末，可用作油漆的颜料等。四氧化三铁是有磁性的黑色晶体，其中有 1/3 是二价铁，2/3 是三价铁，可以将其看成是氧化亚铁和氧化铁组成的化合物。

铁的氧化物都不溶于水，也不与水发生反应。氧化亚铁和氧化铁都能与酸反应，分别生成亚铁盐和铁盐。

$$FeO+2HCl \xlongequal{} FeCl_2+H_2O$$

$$Fe_2O_3+6HCl \xlongequal{} 2FeCl_3+3H_2O$$

2.铁的氢氧化物

铁的氢氧化物有两种，即氢氧化亚铁[$Fe(OH)_2$]和氢氧化铁[$Fe(OH)_3$]。$Fe(OH)_2$易被空气中的氧气氧化，迅速从白色变成灰绿色，最后变成红褐色的 $Fe(OH)_3$。

$$4Fe(OH)_2+O_2+2H_2O=\!=\!=4Fe(OH)_3$$

$Fe(OH)_2$和 $Fe(OH)_3$都不溶于水，$Fe(OH)_3$受热分解为氧化铁。

$$2Fe(OH)_3\overset{\triangle}{=\!=\!=}Fe_2O_3+3H_2O$$

3.铁盐

含有7个结晶水的硫酸亚铁（$FeSO_4\cdot 7H_2O$），俗称绿矾，常用于木材防腐、净水、制造墨水及治疗贫血等。

无水氯化铁（$FeCl_3$）在潮湿空气中易潮解，易溶于水和有机溶剂（如丙酮、酒精和乙醚等）。

工业上常用 $FeCl_3$的酸性溶液进行金属刻蚀，如在铁制部件上刻蚀字样，无线电工业上用 $FeCl_3$溶液刻蚀铜。

$$2FeCl_3+Fe=\!=\!=3FeCl_2$$

$$2FeCl_3+Cu=\!=\!=2FeCl_2+CuCl_2$$

可以看出，Fe^{3+}可以转化成 Fe^{2+}，Fe^{2+}也可以转化为 Fe^{3+}，例如，

$$2FeCl_2+Cl_2=\!=\!=2FeCl_3$$

4.Fe^{3+}的检验

实验室中常利用无色的硫氰化钾（KSCN）溶液来检验可溶性铁盐。在铁盐溶液中滴入几滴 KSCN，可生成血红色的硫氰化铁[$Fe(SCN)_3$]溶液。

$$FeCl_3+\underset{\text{无色}}{3KSCN}=\!=\!=\underset{\text{血红色}}{Fe(SCN)_3}+3KCl$$

第三节　氯　气

非金属元素在自然界中分布很广，空气、水都是由非金属元素构成的，几乎所有的化合物中都含有非金属元素。据统计，氧几乎占地壳总质量的一半，为48.6%，居第二位的硅占地壳总质量的26.3%。所以，地球物质的大部分都是由非金属元素组成的。

非金属元素的物理性质差别很大，在许多方面与金属相反。在常温下，非金属有气态、液态和固态，大多数非金属（除碘等少数几种外）没有光泽，非金

属一般不易传热、导电，只有石墨、晶体硅等少数几种有一定的导电性，非金属的密度通常比金属小，没有延展性。

非金属元素的化学性质差别很大。稀有气体很难与其他元素化合，而氟、氧和硫等非常活泼，氟极易与其他元素化合，但它的单质很难制取。

氯元素最外电子层有 7 个电子，在化学反应中容易得到 1 个电子，表现为典型的非金属性。

3-1　氯气的化学性质

氯气是一种黄绿色的有毒气体，有刺激性气味。氯气的化学性质非常活泼，具有很强的氧化性，可以和金属、非金属、水等反应。

1. 氯气与金属反应

钠在氯气中剧烈燃烧，产生大量的白烟。

$$2Na+Cl_2 \xlongequal{点燃} 2NaCl$$

【课堂演示 3-5】 用坩埚钳夹住一束铜丝，灼热后立刻放入充满氯气的集气瓶里，观察现象。然后把少量的水注入集气瓶里，用玻璃片盖住瓶口并振荡，观察溶液的颜色。

红热的铜丝在氯气中燃烧，产生大量的棕黄色的烟，向集气瓶中加水，得到蓝绿色溶液。

$$Cu+Cl_2 \xlongequal{点燃} CuCl_2$$

2. 氯气与非金属反应

氯气能与大多数非金属化合，如氢气、磷和硫等。

纯净的氢气可以在氯气中安静地燃烧，发出苍白色火焰，生成有刺激性气味的 HCl 气体（极易溶于水），在空气中与水蒸气结合产生白雾。氯气和氢气混合见光可发生爆炸。

$$H_2+Cl_2 \xlongequal{点燃} 2HCl$$

氯化氢水溶液即盐酸，盐酸是强酸，具有酸的通性。

3. 氯气与水反应

氯气溶于水成为“氯水”。在常温下，1 体积水溶解 2 体积氯气。溶于水的一部分氯气能与水缓慢反应，生成盐酸和次氯酸。

$$Cl_2+H_2O \rightleftharpoons \underset{盐酸}{HCl}+\underset{次氯酸}{HClO}$$

次氯酸具有弱酸性，不稳定，容易分解放出氧气，光照时分解加快。次氯酸也是一种强氧化剂，能杀菌消毒，自来水常用氯气来杀菌消毒；此外，因其强

氧化性能使某些染料和有机色素褪色，故可用作漂白剂。

4. 氯气与碱反应

$$Cl_2 + 2NaOH \xlongequal{} NaCl + NaClO + H_2O$$

该反应常用于实验室制取氯气时吸收多余的氯气。

次氯酸盐比次氯酸稳定，容易贮运，可用作漂白剂和消毒剂。漂白粉的有效成分就是次氯酸钙，工业上常用氯气与消石灰来制备漂白粉。

$$2Cl_2 + 2Ca(OH)_2 \xlongequal{} CaCl_2 + Ca(ClO)_2 + 2H_2O$$

漂白粉在酸性溶液中可以生成次氯酸。

$$Ca(ClO)_2 + CO_2 + H_2O \xlongequal{} CaCO_3 \downarrow + 2HClO$$

用氯气消毒的水可能有臭味，长期食用用氯气处理的食物（白面粉等）可能导致人体摄入的不饱和脂肪酸活性减弱，产生活性毒素，从而对人体造成潜在危害。

3-2 氯气的实验室制法

在实验室中，可以用浓盐酸与二氧化锰反应来制取氯气（如图 3-6 所示）。

$$MnO_2 + 4HCl(浓) \xlongequal{\triangle} MnCl_2 + Cl_2 \uparrow + 2H_2O$$

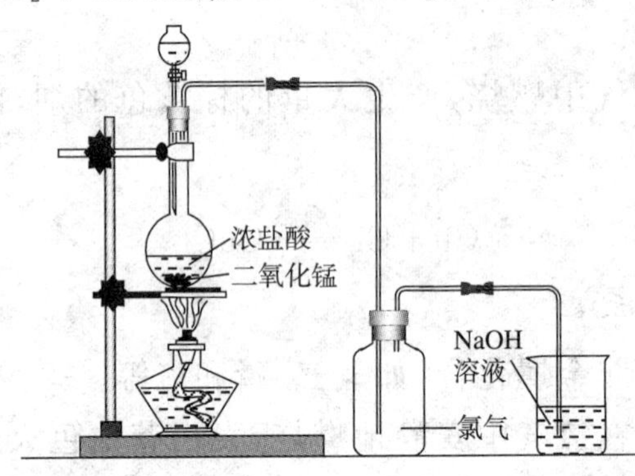

图 3-6 氯气的实验室制法

3-3 氯离子的检验

氯气能与很多金属反应生成盐，其中大多数盐能溶于水并电离出氯离子。对于可溶性氯化物中氯离子的检验，可以先在被检验的溶液中滴入少量稀硝酸，将其酸化，再滴入 $AgNO_3$ 溶液，如产生白色沉淀，则可判断该溶液中含有氯离子。

【课堂演示 3-6】 向分别盛有稀盐酸、NaCl 溶液、Na_2CO_3 溶液的 3 支试管中，各加入几滴 $AgNO_3$ 溶液，振荡，观察现象。再滴入几滴稀硝酸时有什么变化？

$$HCl + AgNO_3 = AgCl\downarrow(白色) + HNO_3$$

$$NaCl + AgNO_3 = AgCl\downarrow(白色) + NaNO_3$$

$$Na_2CO_3 + 2AgNO_3 = Ag_2CO_3\downarrow(白色) + 2NaNO_3$$

前2支试管中生成的白色沉淀不溶于稀硝酸。Ag_2CO_3虽也是白色不溶物，但其溶于稀硝酸。

3-4　氯气的用途

氯气的用途很广，除用于消毒、制造盐酸和漂白粉外，在有机化工中也有很多用途，如用于制造氯丁橡胶、聚氯乙烯塑料、人造纤维、农药和有机溶剂等，是一种重要的化工原料。

第四节　硫和氮的氧化物

4-1　硫及其氧化物

1. 硫元素的性质

硫俗称硫黄，为淡黄色晶体，存在于火山口附近或地壳的岩层中，不溶于水，微溶于酒精，易溶于二硫化碳(CS_2)。

硫原子最外电子层有6个电子，化学反应中易得到2个电子而表现出氧化性，显−2价。硫的化学性质比较活泼，能与金属、氧气、氢气及其他非金属反应。

$$2Cu + S \xlongequal{\triangle} Cu_2S$$

$$Fe + S \xlongequal{\triangle} FeS$$

$$O_2 + S \xlongequal{点燃} SO_2$$

$$H_2 + S \xlongequal{\triangle} H_2S$$

硫化氢(H_2S)是一种有臭鸡蛋气味的无色气体，剧毒，是常见的大气污染物；能溶于水，其水溶液称为氢硫酸，属于弱酸。硫化氢中的硫为−2价，具有还原性。

$$2H_2S + 3O_2 \xlongequal{充分燃烧} 2H_2O + 2SO_2$$

$$2H_2S + SO_2 = 2H_2O + 3S\downarrow$$

很多在空气中很稳定的金属(如银、镍等)会被硫化氢腐蚀。

2.二氧化硫

二氧化硫（SO_2）是无色、有刺激性气味的有毒气体，密度比空气大，是常见的大气污染物，易液化，易溶于水，与水反应生成亚硫酸（不稳定的弱酸）。

$$SO_2+H_2O \rightleftharpoons H_2SO_3$$

二氧化硫具有漂白性，能使品红溶液褪色，常用于漂白纸浆和草帽等。二氧化硫的漂白作用是由于它能与某些有色物质生成无色物质，这种无色物质不稳定，容易分解，一段时间后又恢复原来的颜色。

二氧化硫中硫元素的化合价是+4价，可以升高也可以降低，表现为氧化与还原两重性。

$$SO_2+2H_2S = 3S\downarrow+2H_2O$$

$$2SO_2+O_2 \underset{\text{催化剂}}{\overset{\triangle}{\rightleftharpoons}} 2SO_3$$

三氧化硫是无色固体，溶于水，与水反应生成硫酸，同时放出大量的热。

$$SO_3+H_2O = H_2SO_4$$

工业上利用这两个反应生产硫酸。

4-2　氮及其氧化物

氮气约占空气总体积的78%，是无色无味气体，难溶于水，比空气稍轻，溶沸点低。

氮气分子的结构很稳定，通常情况下，其化学性质很不活泼，不易发生反应，但在放电条件下能与氧气反应，生成一氧化氮（NO）。

$$N_2+O_2 \overset{\text{放电}}{=} 2NO$$

一氧化氮不溶于水，在常温下很容易与空气中的氧气反应，生成二氧化氮（NO_2）。

$$2NO+O_2 = 2NO_2$$

二氧化氮是红棕色、有刺激性气味的有毒气体，密度比空气大，是常见的大气污染物，易液化，易溶于水，与水反应生成硝酸和一氧化氮。

$$3NO_2+H_2O = 2HNO_3+NO$$

工业上利用这个反应生产硝酸。

4-3　二氧化硫和二氧化氮对大气的污染

二氧化硫来源于煤和石油等燃料的燃烧，含硫矿石的冶炼，以及硫酸厂、

硝酸厂、发电厂的废气。在机动车内燃机中燃料燃烧产生的高温条件下，空气中的氮气可以与氧气反应，所以，汽车尾气中含有一氧化氮。

二氧化硫和二氧化氮是主要的大气污染物。它们能直接危害人体健康，引起呼吸道疾病，严重时还会使人死亡。二氧化硫在氧气和水的作用下形成酸雾；空气中的硫氧化物、氮氧化物含量过多会形成酸雨（$pH<5.6$）。酸雨可使土壤酸化、农业减产、地表水质酸化，毒害鱼类及水生生物，腐蚀建筑物及破坏名胜古迹等，不仅阻碍了农业、水产养殖业的发展，而且给生态系统造成了重大危害。

二氧化硫和二氧化氮都是有用的化工原料，但排放到大气中就成了难以处理的污染物。因此，必须对二氧化硫和二氧化氮进行净化处理，避免资源浪费和空气污染。

第五节　硫酸、硝酸和氨

5-1　硫酸和硝酸

1. 硫酸和硝酸的氧化性

稀硫酸具有酸的通性，与比较活泼的金属反应生成盐和氢气。

$$Zn+H_2SO_4(稀)=\!=\!=ZnSO_4+H_2\uparrow$$

在这个反应里，氢元素化合价从+1降低到0，稀硫酸（H^+）是氧化剂。稀硫酸不能氧化金属活动顺序中排在氢以后的金属。

浓硫酸除了具有酸的通性外，还具有吸水性、脱水性和强氧化性，能与很多金属和非金属发生氧化还原反应，但不生成氢气。

$$Cu+2H_2SO_4(浓)\xlongequal{\triangle}CuSO_4+SO_2\uparrow+2H_2O$$

在这个反应里，浓硫酸氧化了铜（Cu从0价升高到+2价），而本身被还原成二氧化硫（S从+6价降低到+4价），因此，浓硫酸是氧化剂，铜是还原剂。

浓硫酸还能与某些非金属（如碳等）反应。

$$C+2H_2SO_4(浓)\xlongequal{\triangle}CO_2\uparrow+2SO_2\uparrow+2H_2O$$

浓硫酸有强烈的腐蚀性，当皮肤不慎沾上浓硫酸时，应立即用大量水连续冲洗。

硝酸是挥发性酸，能以任意比例与水混合。质量分数为90%～97.5%的浓硝酸通常叫作“发烟硝酸”。稀硝酸和浓硝酸都具有强氧化性。

$$3Cu+8HNO_3(稀)\!=\!=\!=3Cu(NO_3)_2+2NO\uparrow+4H_2O$$

$$Cu+4HNO_3(浓)\!=\!=\!=Cu(NO_3)_2+2NO_2\uparrow+2H_2O$$

$$C+4HNO_3(浓)\overset{\triangle}{=\!=\!=}CO_2\uparrow+4NO_2\uparrow+2H_2O$$

在上面的反应中,起氧化作用的是硝酸中的 NO_3^-,而不是硝酸中的氢离子。除了金、铂外,所有金属都能被硝酸氧化。浓硝酸和浓盐酸的混合物(体积比为 1∶3)叫“王水”,其氧化能力更强,能氧化金和铂。

在常温下,可以用铁、铝制容器来盛装浓硫酸或浓硝酸。这是因为在常温下铁、铝的表面迅速氧化,形成了一层致密的氧化物保护膜,使反应无法继续进行。

2. 硫酸根离子的检验

用可溶性钡盐(氯化钡、硝酸钡等)溶液和盐酸(或稀硝酸)可以检验硫酸根离子,钡离子与硫酸根离子结合生成的硫酸钡白色沉淀,不溶于盐酸(或稀硝酸)。

$$H_2SO_4+BaCl_2\!=\!=\!=BaSO_4\downarrow+2HCl$$

$$Na_2SO_4+BaCl_2\!=\!=\!=BaSO_4\downarrow+2NaCl$$

$$Na_2CO_3+BaCl_2\!=\!=\!=BaCO_3\downarrow+2NaCl$$

3. 硫酸和硝酸的用途

硫酸和硝酸都是实验室中最常用的化学试剂,也是重要的化工原料,可用于制造化肥、炸药、医药和染料等。

5-2 氨

氨是重要的化工产品,是氮肥工业、有机合成工业及工业生成硝酸等的原料。另外,氨还常用作制冷剂。

工业上用煤和天然气等原料制成含氢和氮的粗原料气,再对粗原料气进行净化处理,将纯净的氢、氮混合气在高温、高压和催化剂的作用下合成氨。

$$N_2+3H_2\underset{催化剂}{\overset{高温、高压}{\rightleftharpoons}}2NH_3\quad \Delta H=-92.4\ kJ\cdot mol^{-1}$$

氨的合成是一个放热、气体总体积缩小的可逆反应。根据化学反应速率的知识可知,升高温度、增大压强及使用催化剂都可以使合成氨的化学反应速率增大。但压强增大,动力及设备要求也会相应提高,这就增加了生产成本,因此,我国合成氨厂一般采用的压强为 20～50 MPa。较低温度有利于氨的合成,但温度过低,反应速率会很小,故实际生产中一般选用温度为 500 ℃。催化剂铁触媒在 500 ℃时活性最大,这也是合成氨选用 500 ℃的原因。

1. 氨的物理性质

氨是无色、具有刺激性气味的气体，密度小于空气，易液化(常作制冷剂)。氨极易溶于水，在常温常压下，1 体积水大约可溶解 700 体积氨，其水溶液又称氨水。

2. 氨的化学性质

(1) 氨溶于水生成氨水，能部分电离产生 OH^-，所以，氨水呈弱碱性。

$$NH_3 + H_2O \rightleftharpoons NH_3 \cdot H_2O \rightleftharpoons NH_4^+ + OH^-$$

(2) 氨与酸反应生成铵盐。

$$NH_3 + HCl = NH_4Cl$$

铵盐都易溶于水，受热易分解。

$$NH_4Cl \xlongequal{\triangle} NH_3\uparrow + HCl\uparrow$$

$$NH_4HCO_3 \xlongequal{\triangle} NH_3\uparrow + H_2O + CO_2\uparrow$$

(3) 氨的催化氧化。

氨在有催化剂存在并加热的情况下与氧气反应，生成一氧化氮，进而氧化成二氧化氮，用来制造硝酸(硝酸的工业制法)。

$$4NH_3 + 5O_2 \underset{\triangle}{\overset{催化剂}{\rightleftharpoons}} 4NO + 6H_2O$$

3. 氨的实验室制法

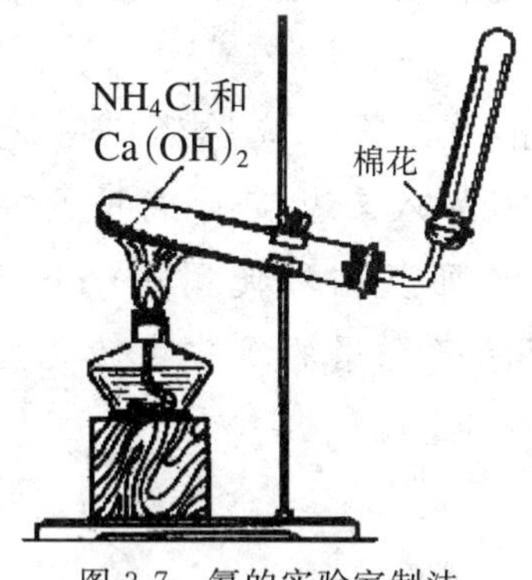

图 3-7　氨的实验室制法

$$2NH_4Cl + Ca(OH)_2 \xlongequal{\triangle} CaCl_2 + 2NH_3\uparrow + 2H_2O$$

铵盐与碱反应，生成的氨气可以使湿润的红色石蕊试纸变蓝，可用于铵离子的检验。

目前，农业上使用最多的氮肥，如尿素、硝酸铵和碳酸氢铵等，大多是以合成的氨为原料生产的。例如，将氨与二氧化碳反应生成氨基甲酸铵，再使氨基甲酸铵脱水得到尿素(H_2NCONH_2)；利用氨催化氧化生产的硝酸，与氨反应生产硝酸铵。

$$NH_3+CO_2 \rightleftharpoons NH_2COONH_4 \rightleftharpoons NH_2CONH_2+H_2O$$

$$NH_3+HNO_3 = NH_4NO_3$$

4. 氨的用途

氨是重要的化工原料。氨不仅是氮肥工业的基础，也是制造硝酸、铵盐和纯碱等的重要原料，还是纤维、塑料和染料等有机合成工业的常用原料，液氮也是一种制冷剂。

阅读材料

侯氏制碱法

同学们知道图 3-8 中的这个人吗？他是我国最有名的化工专家之一，是著名的“侯氏制碱法”的发明人侯德榜先生。“侯氏制碱法”是中国近代第一项打破洋人技术垄断，令国人扬眉吐气的化工技术。

纯碱是工业中不可缺少的重要原料，当时我国所需纯碱均从英国进口。为了打破洋人的垄断，侯德榜全身心地投入到制碱工艺和设备的改进上，终于确定了具有自己独立特点的新的制碱工艺。1943，中国化学工程师学会一致同意，将这种新的联合制碱法命名为“侯氏联合制碱法”，又称“侯氏制碱法”。

“侯氏制碱法”提出将氨厂和碱厂建在一起，联合生产。氨厂提供碱厂需要的氨和二氧化碳，加入食盐使母液里的氯化铵结晶出来，作为化工产品或化肥，食盐溶液又可以循环使用……这一工艺使食盐的利用率从70%提高到 96%，也使原来无用的氯化钙转化成氯化铵化肥，解决了氯化钙占地毁田、污染环境的难题。

图 3-8　侯德榜

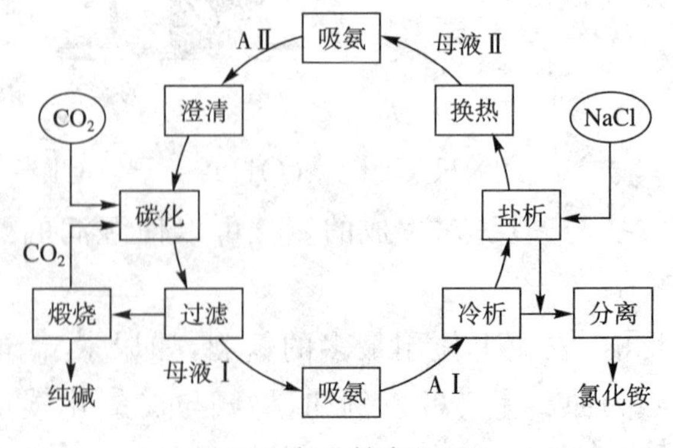

图 3-9　侯氏制碱法过程

这项新工艺很快在国际上引起强烈反响，侯德榜也因此荣获英国皇家学会、美国化工学会会员称号。自此，中国化工技术一跃登上世界舞台。

功过是非的诺贝尔奖得主哈伯

1918年，诺贝尔化学奖授予了德国化学家哈伯，这引起了英法等国一些科学家的公然反对，他们认为哈伯没有资格获得这一荣誉。这究竟是为什么？

随着世界人口增长，全球对粮食的需求也日趋增大。早在19世纪以前，一些有远见的化学家就指出：考虑到将来的粮食问题，必须实现大气固氮。哈伯就是从事合成氨的工艺条件实验和理论研究的化学家之一。他成功地设计出一套适于高压的装置和合成氨的工艺流程：在炽热的焦炭上方吹入水蒸气，得到二氧化碳和氢气混合气体。然后在一定压力下将混合气体溶于水，吸收除去二氧化碳，从而制得较纯净的氢气。同样将水蒸气和适量的空气混合，通过红热的炭，空气中的氧和炭生成的一氧化碳和二氧化碳被吸收除去，从而得到需要的氮气。氮气和氢气的混合气体在600 ℃、200个大气压和用金属锇作催化剂的条件下，得到产率约为8%的合成氨。1909年，哈伯又用原料气循环使用的方法成功解决了氨、氮混合气率不高的问题。1911年，德国建成世界上第一座日产30 t合成氨的工厂，人们称这种合成氨方法为“哈伯-博施法”。这是具有世界意义的人工固氮技术，是化工生产实现高温、高压、催化反应的第一个里程碑。这种方法结束了人类完全依靠天然氮肥的历史，给世界农业发展带来了福音；为工业生产、军工需要大量硝酸、炸药解决了原料问题；在化工生产上推动了高温、高压、催化反应等一系列的技术进步。因此，哈伯获得了1918年诺贝尔化学奖。

但哈伯也给平民百姓带来了灾难、战争和死亡。在第一次世界大战中，哈伯担任了化学兵工厂厂长，首先研制出军用毒气——氯气。大战时，德法两军反复争夺比利时伊普雷地区，对峙不下，德军采用了哈伯的建议，揭开了世界上第一次化学战的帷幕。德军在长达6 km的战线上秘密安放了数以千计的氯气罐，借助有利的风速以突袭的方式将180 t氯气吹放至法军阵地。刹那间，在6 km长的正面形成2 m高的黄色气体幕墙滚滚向前推进，纵深为10～15 km，致使5000多人死亡，1.5万多人受伤。哈伯因此受到德皇嘉奖。同年，他又研制出新毒气——光气，在伊普雷战线中使用。从此以后，西方各国竞相研制、使用化学武器，一发不可收拾。化学武器在第一次世界大战中造成了近130万人伤亡，占大战伤亡总人数的4.6%，在历史上留下了极不光彩的一页，哈伯成了制造化学武器的鼻祖，也成了人类的罪人。

使用毒气进行化学战这种不人道的行径，在欧洲各国遭到人民的一致谴责。鉴于这一点，英、法等国科学家理所当然地反对授予哈伯诺贝尔化学奖。

习　题

一、选择题

1. 金属钠放置在空气中，最后生成的产物是（　　）。

A. Na_2O　　B. Na_2O_2　　C. NaOH　　D. Na_2CO_3

2. 在呼吸面具和潜水艇里，过滤空气的最佳物质是（　　）。

A. 苛性钠　　B. 纯碱　　C. 过氧化钠　　D. 小苏打

3. 下列物质可以治疗胃酸的是（　　）。

A. 氢氧化钙　　B. 氢氧化铝　　C. 氧化钙　　D. 碳酸钡

4. Cl_2用来消毒生活用水的原因是（　　）。

A. Cl_2能杀灭细菌　　B. Cl_2是氧化性很强的气体

C. Cl_2有毒　　D. Cl_2与水反应生成的 HClO 有强氧化性，可杀灭水中的细菌

5. 飘尘是物质燃烧时产生的粒状漂浮物，其颗粒很小，不易沉降。它与空气中的 SO_2 和 O_2接触时，SO_2会部分转化为 SO_3，使空气的酸度增加，环境污染更为严重。其中飘尘所起的作用可能是（　　）。

A. 氧化剂　　B. 还原剂　　C. 催化剂　　D. 载体

6. 全社会都在倡导诚信，然而总是有一部分不法商贩在背道而驰。例如，有些商贩为了使银耳增白，就用硫黄（燃烧硫黄）熏制银耳，但用这种方法制取的洁白的银耳对人体是有害的。这些不法商贩制取银耳利用的是（　　）。

A. S 的漂白性　　B. S 的还原性　　C. SO_2的漂白性　　D. SO_2的还原性

7. 酸雨给人类带来了种种灾祸，严重地威胁地球的生态环境，下列有关减少或者防止酸雨形成的措施中可行的是（　　）。

①对燃煤进行脱硫；②对含 SO_2、NO_2等工业废气进行无害处理后，再排放到大气中；③人工收集雷电作用所产生的氮的氧化物；④飞机、汽车等交通工具采用清洁燃料，如天然气、甲醇等。

A. ①②③④　　B. ①②③　　C. ①②④　　D. ①③④

8. 20 世纪 80 年代后期，人们逐渐认识到，NO 在人体内起着多方面的重要的生理作用。下列关于 NO 的说法，错误的是（　　）。

A. NO 是具有刺激性的红棕色气体

B. NO 是汽车尾气的有害成分之一

C. NO 在人体的血管系统内具有传送信号的功能

D. NO 能够与人体血红蛋白结合，造成人体缺氧中毒

二、填空题

1. Al_2O_3和 $Al(OH)_3$既可以与__________反应，又可以与__________反应，它们分别是________氧化物和________氢氧化物。

2. 铁元素的氢氧化物有两种，分别为__________和__________。其中，不稳定的是________，在空中易被氧化为________。这两种氧化物均________溶于水、碱，能溶于________。在 Fe^{2+}、Fe^{3+} 中，具有较强氧化性的离子是________，另一种离子的还原性较强。

3. 硫酸的性质有：A. 高沸点；B. 强酸性；C. 吸水性；D. 脱水性；E. 强氧化性。在下列硫酸的用途或化学反应中，硫酸可能表现上述的一个或者多个性质，试用字母填空。

(1)实验室制取氢气__________。

(2)实验室干燥氢气__________。

(3)浓硫酸与金属铜的反应__________。

(4)实际生产中，浓硫酸可用钢瓶贮运__________。

(5)浓硫酸使蔗糖变黑，且有刺激性气味的气体产生__________。

三、简答题

1. 写出实现下列变化的化学方程式。

(1) $Fe \rightarrow FeCl_2 \rightarrow FeCl_3 \rightarrow Fe(OH)_3 \rightarrow Fe(NO_3)_3$。

(2) $N_2 \rightarrow NH_3 \rightarrow NO \rightarrow NO_2 \rightarrow HNO_3 \rightarrow NH_4NO_3$。

(3) $S \rightarrow H_2S \rightarrow SO_2 \rightarrow SO_3 \rightarrow H_2SO_4$。

2. 写出下列反应的化学方程式，指出氧化剂和还原剂，并标出电子转移的方向和总数。

(1)实验室中用浓盐酸与二氧化锰反应制取氯气。

(2)铜与浓硫酸反应。

3. 如何鉴别氯化钠、碳酸钠、碳酸氢钠三种固体？写出反应的化学方程式。

四、计算题

1. 0.1 mol 金属钠和足量的水完全反应，生成的氢氧化钠恰好能和 50 mL 某浓度的盐酸全部中和，求该盐酸的物质的量浓度。

2. 在印刷线路板时，若腐蚀掉 12.7 g 铜，则需 $FeCl_3$ 多少克？

3. 用氢氧化钙和氯化铵各 10 g，在标准状况下可以制得多少升的氨气？如果把这些氨气配成 500 mL 氨水，这种溶液的物质的量浓度是多少？

4. SO_2 是一种大气污染物，它可以在一定条件下经反应

$$2CaCO_3 + 2SO_2 + O_2 = 2CaSO_4 + 2CO_2$$

消除。某工厂的燃料煤中硫的质量分数为 0.32%，该工厂每天燃烧这种煤 100 t。计算：

(1)如果煤中的硫全部转化为 SO_2，每天可产生 SO_2 的质量是多少？

(2)这些 SO_2 在标准状况下的体积是多少？

(3)当消除这些 SO_2 时，生成 $CaSO_4$ 的质量是多少？

扫一扫，获取参考答案

第四章

物质结构　元素周期律

世界是由物质组成的，物质变化的根本原因在于其内部的结构。物质在不同的条件下表现出来的各种性质，都与它的结构有关。在一般的化学反应中，只是原子核外电子的运动状态发生了变化。本章主要介绍原子结构和分子结构、元素周期表中元素的结构与性质的递变规律及化学键的类型与物质化学性质的关系。

第一节　原子结构与元素的性质

1-1　原子的组成

原子是由原子核和核外电子组成的。原子非常小，其直径大约有千万分之一毫米。原子核位于原子中心，由质子和中子组成，其半径只有原子半径的万分之一，电子绕着原子核做高速运动。原子中质子带有一个单位正电荷，电子带有一个单位负电荷，原子的质子数与核外电子数相等，所以，原子不显电性。

质子和中子的质量与相对原子质量标准比较，均约等于 1，电子的质量远远小于质子和中子的质量，所以，原子的质量主要由原子核决定，电子的质量可以忽略不计。原子质量的相对质量的近似整数值简称质量数，用 A 表示，为质子数(Z)与中子数(N)之和。即：

$$质量数(A)=质子数(Z)+中子数(N)$$

元素的种类由其原子核内的质子数决定，质子的数目又叫作原子序数。

$$原子序数(Z)=核电荷数=核内质子数=核外电子数$$

构成原子的主要基本粒子之间的关系可以表示为：

$$原子{}^{A}_{Z}X\begin{cases}原子核\begin{cases}质子(Z)个\\中子(N=A-Z)个\end{cases}\\核外电子(Z)个\end{cases}$$

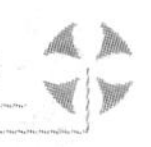

若元素符号为 X，元素符号的左下角标记核电荷数 Z，左上角标记质量数 A，则 ${}^{A}_{Z}X$ 可以表示原子的组成。

例如，已知氯原子的原子序数为 17，质量数为 35，计算该氯原子的质子数、核电荷数、电子数、中子数和质量数，并用符号表示该氯原子的原子结构。

因为氯原子序数 $Z=17$，所以，质子数＝核电荷数＝电子数＝17。

质量数 $A=35$，中子数 $N=A-Z=35-17=18$。

该氯原子的原子结构为 ${}^{35}_{17}Cl$。

1-2　核外电子的排布

在化学反应中，发生变化的只是核外电子。因此，我们需要了解核外电子的运动状态及其规律。

电子的质量和体积都极小，并且绕核做高速运动。目前，还无法探知原子内每个电子运动的具体轨迹。例如，氢原子只有 1 个电子，这个电子运动的瞬间空间位置是毫无规律的，但用统计学的方法将无数次的瞬间位置叠加，就可得到如图 4-1 所示的图像。人们将这种统计学图像称为电子云，它表示的是一个电子运动的区域，也称为原子轨道。电子云也可以用电子云界面图表示，如图 4-2 所示。

图 4-1　氢原子的电子云示意图

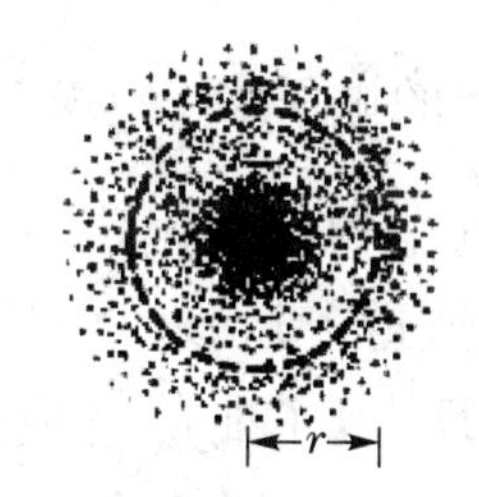

图 4-2　氢原子的电子云界面图

电子和原子核具有不同的电性，电子必须具有一定的能量，才能绕核做高速运动。在含有多个电子的原子中，电子的能量并不相同，能量较低的电子在离核较近的区域运动，能量较高的电子在离核较远的区域运动。因此，我们可以将核外电子看作是分层排布的。按目前已知的能量状态可分为 7 层，能量越低的电子离核越近，能量越高的电子离核越远。电子层(n)的序数用数字 1、2、3……表示，对应的符号为：

电子层序数(n)	1	2	3	4	5	6	7
电子层符号	K	L	M	N	O	P	Q
能量	低	→	→	→	→	→	高

在多电子原子中，同一电子层上电子的能量不相同，而且电子云的形状也不

相同。因此，一个电子层又可以分为一个或几个电子亚层。电子亚层通常用 s、p、d、f 等符号表示，不同亚层能量按 s、p、d、f 次序逐渐升高。

前 4 个电子层所具有的亚层如下：

电子层	K	L	M	N
电子亚层	s	s p	s p d	s p d f

不同亚层的轨道数不同，同一亚层的不同轨道具有不同的伸展方向（如图 4-3、4-4 所示），每个轨道最多可以容纳 2 个自旋方向不同的电子。

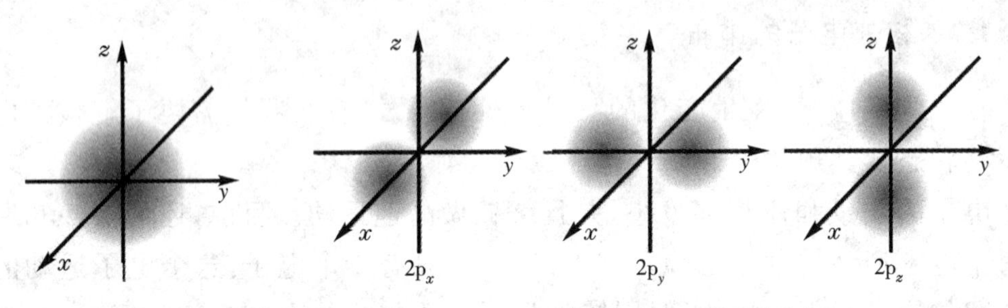

图 4-3　s 原子轨道伸展方向　　　图 4-4　p 轨道的三种不同取向

各电子亚层的轨道数和能够容纳的电子数如下：

电子亚层	s	p	d	f
轨道数	1	3	5	7
可以容纳的电子数	2	6	10	14

若一个电子的能量确定，则电子层、电子亚层也就确定了。电子只能在特定的、分立的轨道上运动，各个轨道上的电子具有分立的能量，这些能量值即能级，用电子层、电子亚层组成的符号表示。例如，3s 表示第三电子层的 s 亚层，4d 表示第四电子层的 d 亚层。不同电子层的不同电子亚层能量有交错，例如，3d＞4s，4d＞5s，4f＞5d等。若将能量相近的能级归入一组，则可以分为 7 个能级组，即每个能级组内各亚层轨道的能量差别较小，而相邻能级组之间的能量差别较大。能级组是元素周期表划分周期的依据。能级从低到高的排列及进入每个周期的顺序为：

第一能级组	1s			
第二能级组	2s	2p		
第三能级组	3s	3p		
第四能级组	4s	3d	4p	
第五能级组	5s	4d	5p	
第六能级组	6s	4f	5d	6p
第七能级组	7s	5f	6d	7p

处在能量最低状态的原子称为基态原子，其核外电子总是优先进入能量最低的能级，随着原子序数的递增，从能量低的能级逐步向能量高的能级排布，如图 4-5 所示。

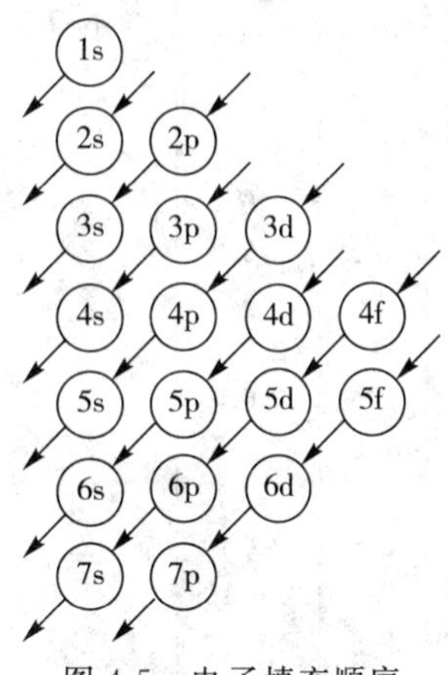

图 4-5　电子填充顺序

例如，基态氯原子核外 17 个电子的填充顺序为 1s→2s→2p→3s→3p，其电子排布可表示为 $1s^2 2s^2 2p^6 3s^2 3p^5$，原子结构示意图为(+17) 2 8 7。而基态钾原子的电子排布可表示为 $1s^2 2s^2 2p^6 3s^2 3p^6 4s^1$，原子结构示意图为(+19) 2 8 8 1。

表 4-1　部分元素的基态原子的电子排布

周期	原子序数	元素符号	元素名称	电子层						
				K	L	M	N	O	P	Q
				1s	2s2p	3s3p3d	4s4p4d4f	5s5p5d5f	6s6p6d	7s
1	1	H	氢	1						
	2	He	氦	2						
2	3	Li	锂	2	1					
	4	Be	铍	2	2					
	5	B	硼	2	2 1					
	6	C	碳	2	2 2					
	7	N	氮	2	2 3					
	8	O	氧	2	2 4					
	9	F	氟	2	2 5					
	10	Ne	氖	2	2 6					
3	11	Na	钠	2	2 6	1				
	12	Mg	镁	2	2 6	2				
	13	Al	铝	2	2 6	2 1				
	14	Si	硅	2	2 6	2 2				
	15	P	磷	2	2 6	2 3				
	16	S	硫	2	2 6	2 4				
	17	Cl	氯	2	2 6	2 5				
	18	Ar	氩	2	2 6	2 6				

续表

周期	原子序数	元素符号	元素名称	电子层						
				K	L	M	N	O	P	Q
				1s	2s2p	3s3p3d	4s4p4d4f	5s5p5d5f	6s6p6d	7s
4	19	K	钾	2	2 6	2 6	1			
	20	Ca	钙	2	2 6	2 6	2			
	21	Sc	钪	2	2 6	2 6 1	2			
	22	Ti	钛	2	2 6	2 6 2	2			
	23	V	钒	2	2 6	2 6 3	2			
	24	Cr	铬	2	2 6	2 6 5	1			
	25	Mn	锰	2	2 6	2 6 5	2			
	26	Fe	铁	2	2 6	2 6 6	2			
	27	Co	钴	2	2 6	2 6 7	2			
	28	Ni	镍	2	2 6	2 6 8	2			
	29	Cu	铜	2	2 6	2 6 10	1			
	30	Zn	锌	2	2 6	2 6 10	2			
	31	Ga	镓	2	2 6	2 6 10	2 1			
	32	Ge	锗	2	2 6	2 6 10	2 2			
	33	As	砷	2	2 6	2 6 10	2 3			
	34	Se	硒	2	2 6	2 6 10	2 4			
	35	Br	溴	2	2 6	2 6 10	2 5			
	36	Kr	氪	2	2 6	2 6 10	2 6			

由电子排布可知，每个电子层最多可以容纳的电子数是 $2n^2$ 个，n 表示电子层序数。例如，$n=3$，即 M 层最多可容纳 $2\times3^2=18$ 个电子；$n=4$，即 N 层最多可容纳 $2\times4^2=32$ 个电子。最外层电子数不会超过 8 个（K 层只能容纳 2 个），次外层电子数不会超过 18 个。

第二节　元素周期律与元素周期表

2-1　元素周期律

元素的单质及其化合物的性质随着原子序数的递增而呈现周期性变化的规律叫作元素周期律。元素周期律有力地论证了事物变化由量变引起质变的普遍规律。

2-2　元素周期表

现在常用的元素周期表的编排原则是：将电子层数相同的元素按原子序

数递增的顺序从左向右排成一个横行，将原子最外层电子数相同的元素按电子层数递增的顺序从上到下排成竖行，由此排列得到的表就是元素周期表。元素周期表是我们学习化学的重要工具。

2-3　元素周期表的结构

1. 周期

具有相同的电子层数，并按原子序数递增的顺序排列的一系列元素，称为周期。元素周期表有 7 个横行，即 7 个周期。各周期的序数就是该周期中元素的电子层数。

各周期中元素的数目不一定相同，第 1 周期只有 2 种元素；第 2、3 周期各有 8 种元素；第 4、5 周期各有 18 种元素；第 6 周期有 32 种元素。第 1、2、3 周期叫短周期，而含有较多元素的第 4、5、6 周期叫长周期。第 7 周期至今尚未填满，叫不完全周期。除第 1 和第 7 周期外，每个周期的元素都是从碱金属元素开始，到稀有气体结束。

2. 族

元素周期表有 18 个竖行，除第 8、9、10 三行叫作第Ⅷ族元素外，其余的每个竖行为一族，共 16 个族。

族可以分为主族和副族，分别用 A 和 B 表示。由短周期元素和长周期元素共同构成的族叫作主族，完全由长周期元素构成的族叫作副族。族的序数通常用罗马数字表示，如ⅡA、ⅣB 分别表示第 2 主族、第 4 副族。表中最右竖行是稀有气体元素。通常情况下，稀有气体难以与其他元素发生化学反应，一般将它们的化合价看作 0，将稀有气体元素叫作 0 族元素①。因此，元素周期表中共有 16 个族，即 7 个主族、7 个副族、0 族、第Ⅷ族。同一主族元素的最外层电子排列完全相同，而且族序数等于最外层电子数。

从第 6 周期的 57 号镧(La)到 71 号镥(Lu)元素以及第 7 周期的 89 号锕(Ac)到 103 号铹(Lr)元素，各有 15 种元素，它们的电子层结构和性质非常相似，因此，分别被称为镧系元素和锕系元素。为了使周期表的结构紧凑，将它们放在周期表的一格内，并按原子序数的递增顺序，将它们列在表的下方。它们都属于副族元素。

---

① 有的元素周期表将 0 族称为第ⅧA 族，第Ⅷ族称为第ⅧB 族。

第三节　元素性质的周期性变化

同一周期的元素，质子数渐增；同一族的元素，电子层数逐渐增加，元素的性质有明显的周期性变化。

3-1　原子半径

在同一周期的主族元素中，周期表中从左到右的质子数逐渐增加，原子核对电子的吸引力逐渐增加，半径逐渐减小；最后一个元素是稀有气体，原子的最外层是稳定的电子结构，原子半径较大。在同一族的元素中，周期表中从上到下的电子层数逐渐增加，原子核对最外层电子的吸引力逐渐减弱，原子的半径逐渐增大。

副族元素从左到右，虽然质子数逐渐增加，但仅是内层的电子在增加，对半径的影响不大，所以，半径变化不大。

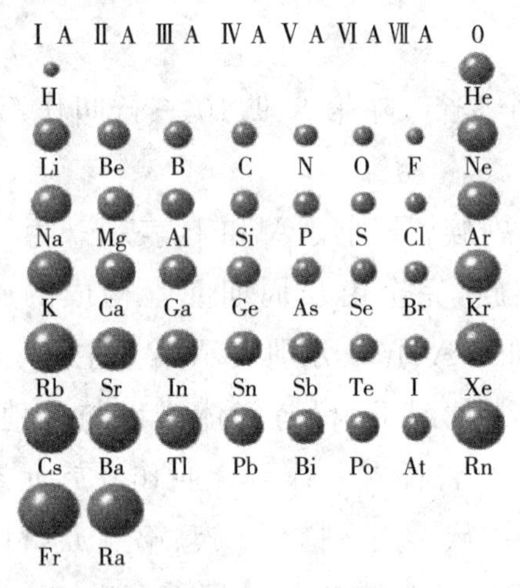

图 4-6　主族原子半径示意图

3-2　金属性和非金属性

元素的金属性和非金属性，主要是指元素的原子失去电子和得到电子的能力。原子半径越大，核电荷数越少，原子核对其最外层电子的吸引力就越弱，原子最外层就越容易失去电子，金属性就越强；原子的半径越小，核电荷数越多，原子核对最外层电子的吸引力就越强，原子最外层得到电子的能力就越强，非金属性也就越强。

周期表中同一周期的主族元素从左到右，质子数逐渐增加，原子核对电子的吸引力逐渐增大，原子半径逐渐减小，所以，周期表中同一周期的主族元素从左到右金属性逐渐减弱，非金属性逐渐增强。0 族元素最外层是稳定的电子结构，性质稳定，因此，又称为惰性元素。

周期表中同一主族元素原子的最外层电子数相同，元素的性质相似。但随着电子层数的增加、半径增大，原子核对外层电子的吸引力减弱，失电子能力逐渐增强，得电子能力逐渐减弱。因此，周期表中同一主族元素从上到下金属性逐渐增强，非金属性逐渐减弱。

例如，ⅠA 族元素锂(Li)、钠(Na)、钾(K)、铷(Rb)和铯(Cs)的氢氧化物都是易溶于水的强碱，因而统称为碱金属。它们的原子最外层电子只有 1 个，因此，它们性质相似。锂、钠、钾、铷和铯与氧气、水等起反应，但随着核电荷数逐渐增大，电子层逐渐增多，原子半径逐渐增大，它们的金属性逐渐增强，钾、铷、铯与氧气、水的反应比钠更剧烈。

ⅦA 族元素氟(F)、氯(Cl)、溴(Br)、碘(I)和砹(At)，称为卤族元素，简称卤素。它们的最外电子层都有 7 个电子，在原子结构和元素性质上具有一定的相似性。卤族元素随着核电荷数、电子层逐渐增多，原子半径逐渐增大，非金属性逐渐减弱，与氢气、水反应的剧烈程度逐渐减弱。非金属性强的卤族元素能把非金属性弱的元素从其卤化物中置换出来。

$$Cl_2 + 2KBr = Br_2 + 2KCl$$

$$Cl_2 + 2KI = I_2 + 2KCl$$

$$Br_2 + 2KI = I_2 + 2KBr$$

副族元素都是金属元素，最外层电子都是 1～2 个，不同的是内层的电子数和排列方式，因此，它们的性质差别不大，但比较复杂。

3-3　化合价

同一周期的主族元素从左到右，最外层电子数逐渐增加，并且最高正价与它的最外层电子数相等；氧和氟的非金属性极强，难以失电子而除外。非金属元素的最高正价与最低负价的绝对值之和等于 8。

主族元素：最外层电子数＝最高正价＝8－|最低负价|

副族元素都是金属元素，没有负化合价。副族元素的电子排布较复杂，多数有可变的化合价，但也有与族数相等的最高正价(ⅠB 族除外)。

表 4-2　主族元素化合价的变化

族数	ⅠA	ⅡA	ⅢA	ⅣA	ⅤA	ⅥA	ⅦA
最高正价	+1	+2	+3	+4	+5	+6	+7
最低负价				−4	−3	−2	−1
气态氢化物通式				RH_4	RH_3	H_2R	HR
最高价氧化物通式	R_2O	RO	R_2O_3	RO_2	R_2O_5	RO_3	R_2O_7

第四节　分子结构与性质

分子是保持物质化学性质的最小微粒，是进行化学反应的最小单元。物质的性质是由分子的性质决定的，而分子的性质是由分子的内部结构决定的。因此，研究分子的结构对了解物质的性质、掌握化学反应规律有极其重要的作用。

4-1　化学键

从化学反应中能量变化的事实可知，相邻的原子（离子）之间存在着强烈的相互作用，这也是原子或离子之间发生作用的主要因素，要破坏这种作用，需要消耗很多能量。这种相邻的两个或多个原子（离子）之间强烈的相互作用力叫作化学键。

根据化学键中原子（离子）之间的相互作用力的性质不同，化学键主要有离子键、共价键和金属键三种基本类型。化学键的类型和强弱是决定物质化学性质的重要因素。

1. 离子键

正离子、负离子以静电引力作用形成的化学键叫作离子键。

金属钠在氯气中燃烧，产生氯化钠的过程，就是离子键形成的典型例证。

钠是活泼的金属元素，原子最外层的 1 个电子很容易失去，形成带一个单位正电荷的离子；氯是活泼的非金属元素，氯原子得到 1 个电子，形成带一个单位负电荷的离子。在燃烧过程中，氯得到钠失去的电子，形成的正负离子之间的静电引力使它们结合形成 NaCl。

$$Na - e^- \longrightarrow Na^+ \qquad Cl + e^- \longrightarrow Cl^- \qquad Na^+ + Cl^- \longrightarrow NaCl$$

NaCl 分子的形成用电子式可以表示为：

$$\mathrm{Na}\times + \cdot\ddot{\underset{\cdot\cdot}{\mathrm{Cl}}}: \longrightarrow \mathrm{Na}^{+}[\overset{\times}{\cdot}\ddot{\underset{\cdot\cdot}{\mathrm{Cl}}}:]^{-}$$

离子键的本质是离子之间的静电引力，它属于离子之间较强的吸引力。带有正负电荷的原子团，都可以以离子键结合形成离子化合物。离子的电荷越大，离子之间的距离越小，离子之间的吸引力越强。离子化合物一般具有硬度较高、密度较大、熔沸点较高、难压缩和难挥发等特点。

2. 共价键

原子之间通过共用电子对而形成的化学键叫作共价键。

非金属元素的原子之间得失电子的能力相差不大或相同，但是也能形成稳定的化学键。例如，在氢气分子中，两个原子得失电子的能力相同，当两个氢原子相互靠近时，两个电子形成共用电子对，绕两个原子核运动，使两个原子核靠近。当两个原子的相互靠近作用与两核的排斥作用达到平衡时，就形成了稳定的共价键。由此可见，共用电子对的本质是成键电子的电子云发生了重叠。电子云重叠得越多，共价键就越牢固。原子轨道只有沿着电子云密度大的方向重叠形成的共价键才是最稳定的，所以，共价键具有方向性，而且通过共价键形成的分子有一定的几何形状。例如，水分子是折线型的，氨气分子是四面体型的。

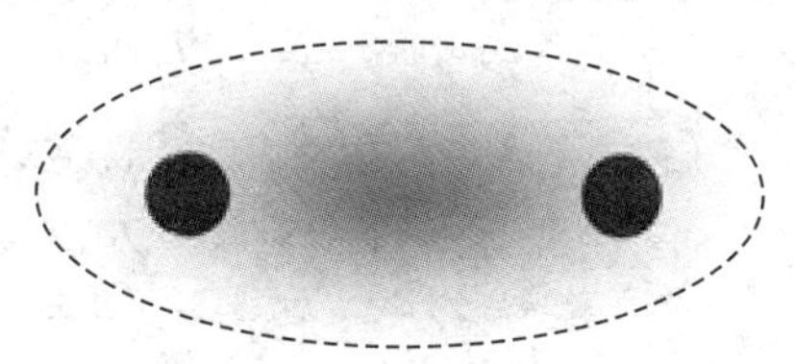

图 4-7　氢气分子的共价键

氢气分子的形成用电子式表示为：

$$\mathrm{H}\times + \cdot\mathrm{H} \longrightarrow \mathrm{H}\overset{\times}{\cdot}\mathrm{H}$$

共价键是通过共用电子对形成的，原子之间的作用力是共用电子对与两个原子核之间的静电引力，与离子键有本质上的区别。

共价键的性质可以通过一些物理量来描述，这些物理量叫作键参数。例如，用键长、键能可以描述键的强弱，键角可以描述共价键的方向，进而决定着分子的构型。键长是指成键的两个原子核之间的平均距离，键长越短，键越牢固。键角是指分子中一个原子与相邻的两个原子成键的夹角，它是确定分子空间结构的重要依据。键能是指气态基态原子形成 1 mol 化学键所释放的能量，键能越大，化学键越牢固，含有该键的分子越稳定。

表 4-3　一些共价键的键长和键能

共价键	键长(pm)	键能($kJ \cdot mol^{-1}$)	共价键	键长(pm)	键能($kJ \cdot mol^{-1}$)
H—H	74	436.0	C—H	109	413.4
C—C	154	347.7	C—N	147	308
N—N	145	170	N—H	101	390.8
O—O	148	145	O—H	96	366
Cl—Cl	198	242.7	S—H	135	339.3
Br—Br	228	192.9	C=C	134	614
I—I	227	151.8	C≡C	120	839
S—S	205	226	N≡N	110	945

共价键可以分为极性共价键和非极性共价键。在两个相同原子之间形成的共价键，由于两个原子核吸引电子的能力相同，共用电子对不发生偏移，因而这样的共价键称为非极性键；而两个不同原子之间形成的共价键，由于两个原子核对共用电子对的吸引力大小不同，共用电子对发生偏移，因而这样的共价键称为极性键。极性键中的两个键合原子，一个相对显正电性，为正极；另一个相对显负电性，为负极。

如果是双原子分子，键的极性与分子的极性一致。例如，H_2分子、N_2分子、O_2分子中的共价键为非极性共价键，分子也没有极性。多原子分子的极性是键极性的矢量和，不仅要看键的极性，还要看分子的对称性。在水分子中，H—O之间为极性共价键，H—O—H的键角为105°，分子是V型的，分子中正负电荷的重心不能重合，所以，水是极性分子。在二氧化碳分子中，C=O之间也是极性共价键，但O=C=O的键角为180°，分子是直线型的，两个键的极性互相抵消，分子的正负电荷重心重合，所以，二氧化碳分子是非极性分子。

3. 金属键

金属原子的结构特点是最外层电子较少，原子半径较大，最外层电子受原子核的吸引力较弱。金属晶体内含有很多可以自由运动的电子，又叫作自由电子。自由电子并不固定在某一个金属原子或离子附近，而是在整个晶体内运动。自由电子对所有原子或离子的原子核都有吸引作用，这种吸引作用力叫作金属键。自由电子的运动，使金属具有良好的导电性、导热性和机械加工性能等特性。

4-2　分子间作用力

1. 分子间作用力

水蒸气可以凝聚成水，水可以凝固成冰，这说明分子之间存在着作用力。

分子间作用力又叫作范德华力，是分子间存在的一种较弱的相互作用，其结合能比分子内相邻原子间的相互作用(化学键能)小1～2个数量级。分子的相对质量越大，分子间作用力越大；分子的极性越大，分子间作用力也越大。分子间作用力对物质的物理性质起着重要作用，如物质的熔点、沸点、汽化热、溶解度、熔化热和硬度等与分子间作用力密切相关。

表 4-4　一些分子的分子间作用力

分子	分子间力($kJ \cdot mol^{-1}$)
Ar	8.49
Xe	17.41
CO	8.75
HI	26.01
HBr	23.13
HCl	21.14

表 4-5　卤素单质的熔、沸点

单质	熔点(℃)	沸点(℃)
F_2	－219.6	－188.1
Cl_2	－101.0	－34.0
Br_2	－7.2	58.8
I_2	113.5	184.4

2. 氢键

氢原子与原子半径小、非金属性很强的原子X共价结合时，共用电子对强烈地偏向X的一边，使氢原子带有部分正电荷，而能再与另一个非金属性很强、原子半径小的原子Y产生静电作用力，这种作用力叫作氢键。氢键可以用符号X—H…Y表示。与F、O、N原子共价结合的H都可以与F、O、N原子形成氢键。

氢键比化学键弱，但比分子间作用力稍强。分子之间有氢键存在时可以使分子之间的作用力增强，要破坏氢键需要消耗更多的能量。因此，能形成氢键的分子的性质与同类型的其他分子相比有很大差别。例如，HF分子之间有氢键，酸性比其他氢卤酸的酸性弱；水分子的氢键使水分子缔合，水的沸点远高于同族其他元素的氢化物；NH_3极易溶于水，原因之一是NH_3和水分子之间可以形成氢键。

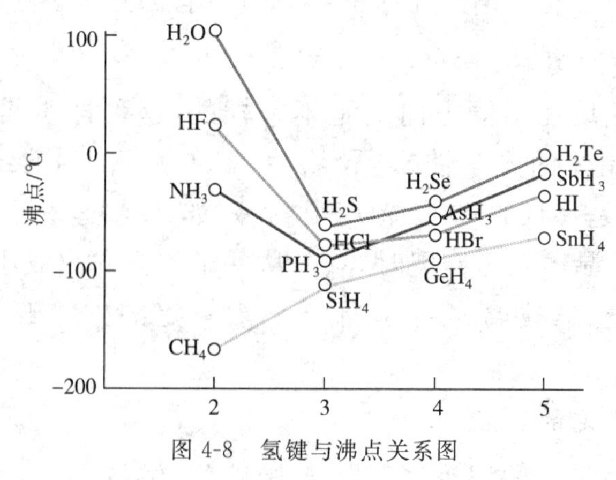

图 4-8　氢键与沸点关系图

第五节　晶体的类型与性质

固体物质一般可以分为晶体和非晶体两大类。晶体是指由物质的质点(分子、原子和离子等)在空间有规则地排列而成的，晶体的外表特征是具有一定规则的整齐的几何外形，如图 4-9 所示。晶体的外形是内部结构的反映。在晶体内部，构成晶体的质点有规则地、周期性地排列在一定的点上，把这些点连成的格子叫作晶格。晶格上每一个质点的位置叫作晶格点，晶格中最小的重复单位或者说能体现晶格一切特征的最小单元称为晶胞，如图 4-10 所示。

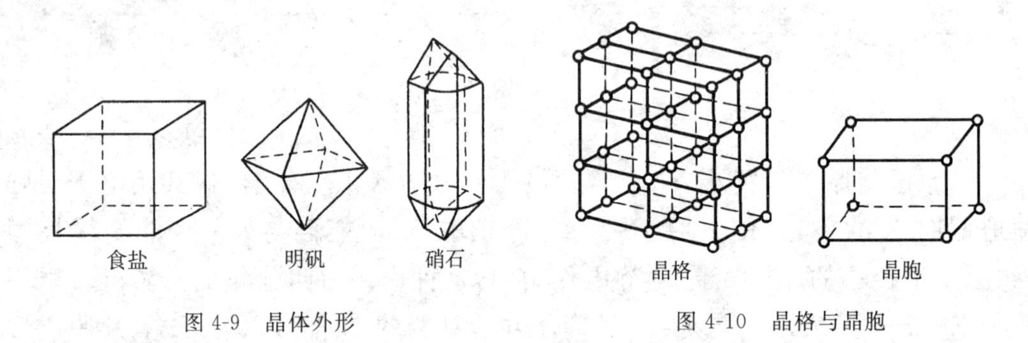

图 4-9　晶体外形　　图 4-10　晶格与晶胞

5-1　晶体的基本特征

1. 晶体具有一定的几何外形

组成晶体的结构粒子(分子、原子、离子)在三维空间有规则地排列在一定的晶格点上，使晶体具有整齐的有规则的几何外形。我们吃的盐是氯化钠的结晶，味精是谷氨酸钠的结晶，冬天窗户玻璃上的冰花和天上飘下的雪花是水的结晶。非晶体则没有一定的几何形状，如玻璃、沥青等。

2. 晶体具有各向异性

晶体的物理性质在不同方向上是不一样的，这种性质叫作各向异性。从不同的方向测定晶体的光学性质、导热性、解理性，得到的结果是不一样的。例如，云母的晶体是片状的，层层剥离很容易，如果从垂直于层状的方向切断，就很困难；NaCl 的晶体受压碎裂时，只能从一定的方向裂成小立方体。非晶体是各向同性的，如普通玻璃碎裂时，不会沿着一定的方向破裂，而是产生不同形状的碎片。

3. 晶体具有固定的熔点

将晶体加热到一定的温度时晶体开始熔化，继续加热，温度保持不变，直

到晶体全部熔化，温度才继续上升。这说明晶体有固定的熔点。通过测定晶体的熔点，可以分辨不同的晶体。玻璃等非晶体在加热过程中，先变软，然后逐渐熔化为液态，也就是说，它们没有固定的熔点，而只是在某一温度范围内发生软化，这个范围称为软化区。沥青的熔化就是一个典型的例子。

5-2　晶体的基本类型及性质

根据晶格点上组成晶体的微粒，以及微粒之间的作用力，晶体可以分为以下几种类型：

1. 离子晶体

在晶格点上，按一定的规则排列着的质点是阳离子和阴离子，阳离子和阴离子以静电引力即离子键互相作用，结合形成的晶体叫作离子晶体。在离子晶体中，阳离子与阴离子之间的静电引力作用很强，所以，离子晶体的化合物有较高的熔点和沸点。离子晶体在固态时有离子，但不能自由移动，不能导电；它们在熔融状态和水溶液中都可以导电。大多数离子晶体的化合物易溶于极性溶剂，而难溶于非极性溶剂。

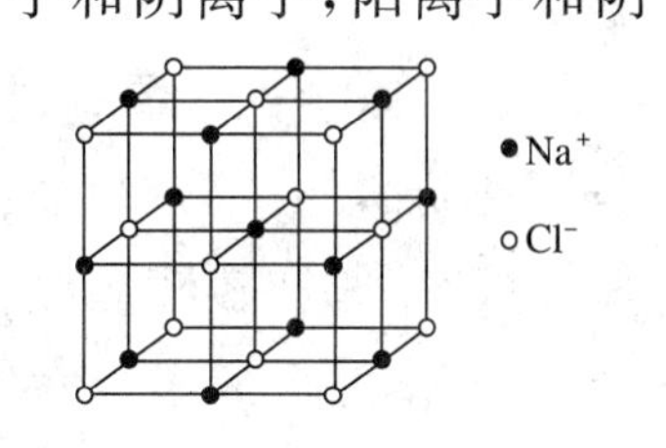

图 4-11　氯化钠的晶体结构图

2. 原子晶体

在晶格点上，按一定的规则排列着的质点是原子，原子和原子之间以共价键结合而形成的晶体叫作原子晶体。由于原子晶体的晶格点之间通过共价键结合形成，要破坏晶体内的共价键需要很多能量，因此，原子晶体的特点是硬度大，熔点、沸点比离子晶体高，在一般溶剂中不溶解。例如，金刚石的每个碳原子都与周围的四个碳原子以共价键结合形成正四面体。金刚石晶体内没有小的单原子的小分子。金刚石的硬度是已知物质中硬度最大的。通常情况下，原子晶体在固态和液态时都不导电，但有些原子晶体如硅、锗等却是优良的半导体。

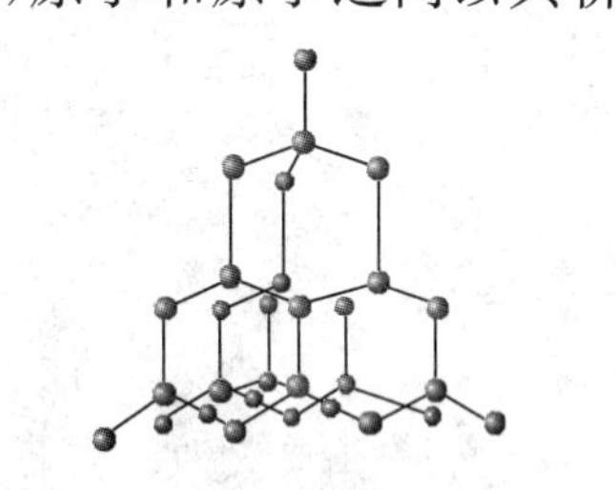

图 4-12　金刚石的晶体结构图

3. 分子晶体

在晶格点上，按一定的规则排列着的质点是分子，分子和分子之间以分子间作用力结合而形成的晶体叫作分子晶体。由于分子间作用力很弱，因此，分子晶体的特点是硬度小、熔点和沸点低。在常温下，气体物质、易挥发的液体物质及易熔化、易升华的固体物质都是分子晶体，例如，氢气、水、二氧化碳和碘等的晶体都是分子晶体。晶格点上的分子是电中性的，所以，分子晶体无论是固态还是液态都不导电。

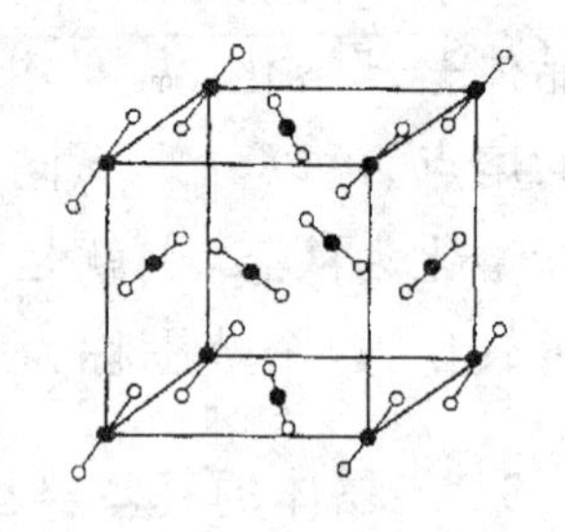
图 4-13　二氧化碳的晶体结构图

4.金属晶体

在晶格点上，按一定的规则排列着的质点是金属原子和金属离子，质点之间自由电子与金属离子以静电引力即金属键互相作用，结合形成的晶体叫作金属晶体。由于自由电子可以自由运动，且可以吸收和发射波长范围很宽的光线，因此，金属不透明且有光泽，可以导热、导电及有良好的延展性。

除了以上四种晶体外，还有一些晶体内部可能存在若干不同的作用力，具有若干种晶体的结构和性质，这类晶体称为混合晶体。例如，石墨的晶体是原子晶体、分子晶体和金属晶体之间的混合晶体。石墨晶体的晶格点上的碳原子以共价键结合，并形成多个六边形的大平面层状结构，平面与平面之间以分子间作用力相互作用，平面层状结构之间还有自由电子，所以，平面层内的作用力很强，平面层之间的作用力较弱。石墨还具有金属的光泽，可以导电、传热；石墨的层间可以滑动，可用作固体润滑剂和电极；石墨的熔点很高，化学性质很稳定。

阅读材料

门捷列夫发现元素周期律

门捷列夫是俄罗斯科学家，曾是中学教师和大学教授。通过多年的化学研究及实验，门捷列夫积累了丰富的有关元素性质的知识。为了研究元素的分类和规律，他把每种元素的主要性质和原子量写在一张张小卡片上，对已经知道的几十种元素反复进行排列，并比较它们的性质，探索它们之间的联系，发现了化学元素的周期性（但真正第一位发现元素周期性的是纽兰兹，门捷列夫是后来经过总结、改进得出现在使用的元素周期律的）。1869 年，他正式公布元素周期律：按照原子量大小排列起来的元素，在性质上出现明显的周期性；原子量决定元素的性质；可以根据原子量和元素性质预言没发现的元素；可以根据元素周期律修正已有元素的原子量。他在周期表中排列了当时已经知道的 63 种元素，中间留下许多空白。在当时的周期表中，性质类似的各族是横排的，周期是竖排的。

两年后，他在重新发表的周期表中改变了排列方法，周期横排，性质类似的各族竖排，这种排列方法一直沿用到现在。

门捷列夫发现元素周期律后，有些反对他的人认为，留下那么多空白就表明它不合理或有矛盾；有些人不重视他，甚至连他的导师也嘲笑他不务正业。但是，元素周期律很快就显示出它在科学中的重要地位。自然界中的元素再也不是杂乱无章的，元素有了自己的规律，并形成了完整和严密的体系。门捷列夫根据元素周期律，大胆地指出一些元素的原子量是不准确的，应重新测定。当时金的原子量公认是169.2，应该排在锇、铱、铂的前面。门捷列夫坚决认为，金应该排在这三种元素后面，并重新测定、修正这四种元素的原子量，得出金的原子量是197.0，比其他三种元素的原子量都大。除此之外，他还修正了铀、铟、镧、铒、钇、铈和钍等元素的原子量。实践证明，他根据周期律对原子量的修正是对的。

门捷列夫以元素周期律为根据，科学地预言了一些当时还没有发现的元素和它们的性质。正因为他的预言和后来的实验结果一样，元素周期律才被科学界认可，并且引起广泛的重视。他在钙和钛之间留下一个空格，预言这里存在的元素和硼相似，称为“亚硼”。他在锌和砷之间留下两个空格，预言存在“亚铝”和“亚硅”。1875年，法国化学家布瓦博德朗在研究闪锌矿的时候，用光谱分析法发现一种新的元素，称为镓。镓就是门捷列夫预言的“亚铝”，一切都和预言一样，只是比重不同。门捷列夫坚信自己是正确的，他写信给巴黎科学院，提出镓的比重应该是5.9左右，而不是4.7。当时镓在布瓦德朗手里，门捷列夫没有看到过，怎么敢断言测错了比重呢？布瓦博德朗大为惊讶，他想办法重新提纯，测得镓的比重是5.9，证实了门捷列夫的预言。镓是化学史上第一个先从理论预言，后在自然界被发现并验证的元素。1879年，发现了“亚硼”——钪。1886年，又发现了“亚硅”——锗。门捷列夫预言未知元素达11种以上，后来基本上都被实践所证实。在元素周期律的指导下，人们可以有计划、有目标地寻找化学元素。在对化学元素的认识上，人们从必然王国进入了自由王国。

在门捷列夫制定元素周期表的时候，有许多惰性元素还没有被发现，因此，没有给它们排列位置。1894年发现了惰性气体氩，后来陆续证实了地球上有氦、氪、氖和氙。1902年，门捷列夫尊重实践，在周期表中补充了惰性元素族。

元素周期律在化学和物理学上都有重大意义，它是把化学和原子物理联系起来的纽带。元素周期律在哲学上也有重大意义，它用科学事实证明了量变引起质变的规律。

同位素及其应用

同种元素的原子具有相同的质子数，但是它们的中子数可以不同。我们把质子数相同、中子数不同的同一种元素的原子互称为同位素。同位素的化学性质基本相同，但由于其质量不同，因此，许多物理性质存在差异。

大多数元素都有多种同位素，其中稳定同位素约300种，放射性同位素有1600多种。放射性同位素的原子核不稳定，能不间断地、自发地放出含有某些基本粒子的射线，蜕变成另一种稳定同位素。例如，${}^{14}_{6}C$是一种放射性同位素，它原子核内的一个中子可以转变为质子，放出β射线（含有电子的负电荷流），本身转变为${}^{14}_{7}N$：

$${}^{14}_{6}C \xrightarrow{\beta\text{衰变}} {}^{14}_{7}N + e^-$$

放射性同位素广泛地应用于核动力、医疗、工农业生产和科研等领域。例如，考古学中用物体的${}^{14}_{6}C$的含量来确定它的年龄。自然界中，每种元素的各种同位素比例基本上是不变的。大气中的${}^{14}_{6}C$是以CO_2形式存在的，通过光合作用和食物链，${}^{14}_{6}C$在活的动物、植物等生物体内含量保持恒定。当生物体死亡后，其与外界的物质交换停止，生物遗体内的${}^{14}_{6}C$不断地放出射线，含量减少。每经过5730±40年，${}^{14}_{6}C$的含量减少一半（这个时间叫作放射性同位素的半衰期）。只要用仪器测定古生物的${}^{14}_{6}C$含量，就可以推算出它的年代，这种方法叫碳十四断代法。在农业方面，采用辐射方法或辐射和其他方法相结合，培育出农作物的优良品种，使粮食、棉花、大豆等实现增产。在医学方面，全国有上千家医疗单位，在临床上已经应用的同位素治疗方法有上百项，包括外照射治疗和内照射治疗。同位素在免疫学、分子生物学、遗传工程研究和基础核医学中，也发挥了重要作用。

习　题

一、填空

1. 同一周期的主族元素在周期表中从左到右，质子数________，原子核对电子的吸引力______，半径逐渐______，所以，金属性逐渐______，非金属性逐渐______。

2. 在周期表中，同一族的元素从上到下电子层数________，原子核对最外层电子的吸引力逐渐________，原子的半径逐渐________。

3. 正离子、负离子以静电引力作用形成的化学键叫作________。原子之间通过共用电子对所形成的化学键叫作________。自由电子对所有原子或离子的原子核都有吸引作用，将它们联系在一起，这种作用叫作__________。

4. 分子间作用力又叫作范德华力，它包括________、________、________。

5. 在晶格点上，按一定的规则排列着的质点是阳离子和阴离子，阳离子和阴离子以________互相作用，结合形成的晶体叫作________晶体。

6. 在晶格点上，按一定的规则排列着的质点是原子，________结合形成的晶体叫作原子晶体。

二、填表

元素符号	质子数	电子数	中子数	质量数
$^{27}_{13}Al$				
	7	7	7	
	20	20		40
			16	32

三、指出下列物质所含的化学键的类型

(1) KOH；(2) HCl；(3) H_2O；(4) CaF_2；(5) N_2；(6) CO；(7) H_2SO_4；(8)Fe。

四、指出下列分子中的极性分子和非极性分子

(1) NO；(2) HCl；(3) H_2O (4) HF；(5) N_2；(6) CO；(7) CO_2；(8)Ar。

五、试举例说明以下概念

离子键、共价键、金属键、键能、键长、键角、极性共价键、非极性共价键、极性分子、非极性分子、离子晶体、原子晶体、分子晶体、金属晶体。

扫一扫，获取参考答案

第五章

电解质溶液

本章研究电解质在水溶液中的性质，主要以化学平衡理论为基础，着重讨论弱电解质溶液的电离平衡、溶液的酸碱性和 pH 的计算；要求掌握离子反应及离子方程式的书写方法，了解盐类水解平衡的原理。

第一节　电解质及其电离

1-1　强电解质和弱电解质

根据化合物在水溶液中或在熔融状态下的导电情况，可将化合物分为电解质和非电解质两类。在水溶液中或在熔融状态下，能够导电的化合物为电解质，不能导电的化合物为非电解质。

酸、碱、盐的水溶液都能够导电，它们都是电解质；酒精、蔗糖等大多数有机化合物不能导电，则是非电解质。

【课堂演示 5-1】　按图 5-1 所示的装置连接仪器，然后在 5 个烧杯中分别倒入等体积的 0.2 $mol \cdot L^{-1}$ 的盐酸溶液、醋酸溶液、氢氧化钠溶液、氯化钠溶液、氨水溶液。接通电源，观察各灯泡的明亮程度。

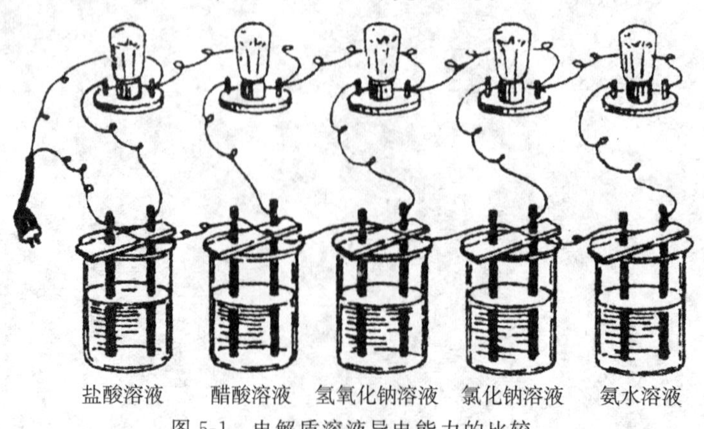

图 5-1　电解质溶液导电能力的比较

实验显示：与盐酸溶液、氢氧化钠溶液和氯化钠溶液相连接的三个灯泡较亮，而与醋酸溶液和氨水溶液相连接的两个灯泡较暗。这说明盐酸、氢氧化钠和氯化钠溶液不仅能导电，且导电能力较强；醋酸和氨水作为电解质虽也能导电，但导电能力较弱。

电解质溶液能够导电，是由于电解质在溶液中能电离出自由移动的离子，而溶液导电能力的强弱与溶液中单位体积内自由移动的离子数目密切相关。在相同条件下，溶液中单位体积内离子数目越多，其导电能力越强；反之，其导电能力越弱。

上述实验表明，不同的电解质在水溶液中电离的程度不同。盐酸溶液、氢氧化钠溶液和氯化钠溶液的导电能力强，说明它们电离产生的离子多，电离的程度大；而醋酸溶液和氨水溶液的导电能力弱，说明它们电离产生的离子少，电离的程度小。

根据电解质在水溶液中或熔融状态下的电离程度，可把电解质分为强电解质和弱电解质。在水溶液中或熔融状态下能完全电离的电解质称为强电解质；在水溶液中或熔融状态下只能部分电离的电解质称为弱电解质。像盐酸、氢氧化钠和氯化钠这样的强酸、强碱，以及大多数无机盐，属于强电解质；而像醋酸和氨水这样的弱酸、弱碱，则属于弱电解质。

强电解质在水溶液中完全电离，溶液中没有溶质分子，只有离子。因此，强电解质的电离可用以下电离方程式表示。例如，

$$HCl = H^+ + Cl^-$$

$$NaOH = Na^+ + OH^-$$

$$BaCl_2 = Ba^{2+} + 2Cl^-$$

弱电解质在水溶液中部分电离，其电离是一个可逆过程，溶液中既有溶质分子，又有离子。因此，弱电解质的电离则用以下电离方程式表示。例如，

$$CH_3COOH \rightleftharpoons CH_3COO^- + H^+$$

$$NH_3 \cdot H_2O \rightleftharpoons NH_4^+ + OH^-$$

1-2　弱电解质的电离平衡

实验证明，弱电解质在水溶液中只有少数分子发生电离，而大多数仍以分子状态存在。一方面分子电离成离子，另一方面电离生成的离子又重新结合成分子，所以，弱电解质的电离是一个可逆过程。在一定条件下，当分子电离成离子的速率与离子结合成分子的速率相等时，电离过程就达到了平衡状态，这种平衡称为电离平衡。电离平衡遵从化学平衡的一般规律。

例如，醋酸在水溶液中存在如下电离平衡：

$$CH_3COOH \rightleftharpoons CH_3COO^- + H^+$$

根据平衡原理，该电离平衡的平衡常数表达式为：

$$K=\frac{c(CH_3COO^-)\cdot c(H^+)}{c(CH_3COOH)}$$

K 称为醋酸的电离常数，常用 $K(CH_3COOH)$ 表示。式中各物质的浓度皆为其平衡浓度，常温下 $K(CH_3COOH)=1.76\times10^{-5}$。弱酸的电离常数常用符号 K_a 表示。

例如，氨水在水溶液中存在如下电离平衡：

$$NH_3\cdot H_2O \rightleftharpoons NH_4^+ + OH^-$$

$$K(NH_3\cdot H_2O)=\frac{c(NH_4^+)\cdot c(OH^-)}{c(NH_3\cdot H_2O)}$$

$K(NH_3\cdot H_2O)$ 表示氨水的电离常数，常温下 $K(NH_3\cdot H_2O)=1.8\times10^{-5}$。弱碱的电离常数常用符号 K_b 表示。

电离常数的大小反映了弱电解质电离的难易程度，也反映了弱电解质的相对强弱。同样条件下，电离常数越大，电解质的电离能力越强、电离程度越大；电离常数越小，电解质的电离能力越弱、电离程度越小。

例如，在 298 K 时，氢氟酸的电离常数 $K(HF)=6.6\times10^{-4}$，氢氰酸的电离常数 $K(HCN)=6.2\times10^{-10}$，当两者溶液浓度相同时，氢氟酸的酸性比氢氰酸的酸性强。

电离常数与其他平衡常数一样，与温度有关，而与浓度无关。在常温状态下，温度对电离常数的影响不大，可以忽略不计。

醋酸、氨水等一元弱酸、弱碱的电离是一步完成的，而碳酸、氢硫酸、磷酸等多元弱酸、弱碱的电离是分步进行的。例如，二元弱酸 H_2CO_3 分两步电离：

第一步电离：$H_2CO_3 \rightleftharpoons H^+ + HCO_3^-$

$$K_1=\frac{c(H^+)\cdot c(HCO_3^-)}{c(H_2CO_3)}=4.3\times10^{-7}\,(298\ K)$$

第二步电离：$HCO_3^- \rightleftharpoons H^+ + CO_3^{2-}$

$$K_2=\frac{c(H^+)\cdot c(CO_3^{2-})}{c(HCO_3^-)}=5.61\times10^{-11}\,(298\ K)$$

一般 $K_1\gg K_2$，即第二步电离通常比第一步电离难得多。因此，在计算多元弱酸溶液的 H^+ 浓度和比较弱酸酸性的相对强弱时，一般只考虑第一步电离。

1-3　一元弱酸、弱碱溶液中离子浓度的计算

在理论研究和实际应用中，经常需要知道酸、碱、盐这些电解质溶液中的

离子浓度，尤其是酸溶液中的 H^+ 浓度和碱溶液中的 OH^- 浓度。强酸、强碱和盐因在水溶液中完全电离，其溶液中的离子浓度较易计算。弱酸、弱碱在水溶液中发生部分电离，其水溶液中的离子浓度可以根据其电离常数进行计算。

【例 5-1】 已知 298 K 时，$K(CH_3COOH)=1.76\times10^{-5}$，计算该温度下 $0.1\ mol\cdot L^{-1}$ CH_3COOH 溶液中的 H^+ 浓度和 CH_3COO^- 浓度。

解　设 CH_3COOH 电离平衡时电离出的 H^+ 的浓度为 x

$$CH_3COOH \rightleftharpoons CH_3COO^- + H^+$$

	CH_3COOH	CH_3COO^-	H^+
起始浓度($mol\cdot L^{-1}$)	0.1	0	0
平衡浓度($mol\cdot L^{-1}$)	$0.1-x$	x	x

$$K(CH_3COOH)=c(CH_3COO^-)c(H^+)/c(CH_3COOH)$$

$$=x\cdot x/(0.1-x)=x^2/(0.1-x)=1.76\times10^{-5}$$

因 $K(CH_3COOH)$ 很小，可以近似地认为 $0.1-x\approx0.1$

所以 $x=\sqrt{0.1\times1.76\times10^{-5}}=1.33\times10^{-3}$

$$c(H^+)=c(CH_3COO^-)=1.33\times10^{-3}\ mol\cdot L^{-1}$$

答：该温度下 $0.1\ mol\cdot L^{-1}$ CH_3COOH 溶液中的 H^+ 浓度和的 CH_3COO^- 浓度均为 $1.33\times10^{-3}\ mol\cdot L^{-1}$。

第二节　水的电离和溶液的酸碱性

2-1　水的电离和水的离子积

根据精密仪器的检测发现，水有微弱的导电性，这说明水能发生微弱的电离，是极弱的电解质。其电离过程可用如下电离方程式表示：

$$H_2O \rightleftharpoons H^+ + OH^-$$

由纯水的导电实验知，在 298 K 的纯水中，H^+ 和 OH^- 的浓度都等于 $1.0\times10^{-7}\ mol\cdot L^{-1}$。即：

$c(H^+)=1.0\times10^{-7}\ mol\cdot L^{-1}$，取其浓度值并记作 $c'(H^+)=1.0\times10^{-7}$

$c(OH^-)=1.0\times10^{-7}\ mol\cdot L^{-1}$，取其浓度值并记作 $c'(OH^-)=1.0\times10^{-7}$

则 $c'(H^+)\cdot c'(OH^-)=1.0\times10^{-7}\times1.0\times10^{-7}=1.0\times10^{-14}$

上式说明，一定温度条件下，纯水中 H^+ 浓度值和 OH^- 浓度值的乘积是一个常数，这个常数叫作水的离子积常数，简称水的离子积，记作 K_w。

在 298 K 时，

$$K_w = c'(H^+) \cdot c'(OH^-) = 1.0 \times 10^{-14}$$

水的电离是吸热反应，因而水的离子积 K_w 随温度的升高而略有增大，室温下则可以忽略温度的影响。由此可知，在室温下的纯水中：

$$c'(H^+) = c'(OH^-) = 1.0 \times 10^{-7}$$

2-2　溶液的酸碱性和溶液的 pH

水的离子积是水电离平衡时的性质，不仅适用于纯水，也适用于稀的电解质水溶液。在水中加入酸、碱或其他物质，水的电离平衡仍存在，而且在常温下，溶液中 $c'(H^+) \cdot c'(OH^-) = 1.0 \times 10^{-14}$。如果在水中加入酸，就会使水的电离平衡向左移动，水电离产生的 H^+ 与 OH^- 浓度降低，重新平衡时溶液中 $c'(H^+) > c'(OH^-)$，溶液显酸性；在水中加入碱，也会使水的电离平衡向左移动，平衡时溶液中 $c'(H^+) < c'(OH^-)$，溶液显碱性。由此可见，不论在中性、酸性还是碱性溶液中，都同时存在着 H^+ 和 OH^-，溶液的酸碱性取决于 $c'(H^+)$ 与 $c'(OH^-)$ 的相对大小。常温下，溶液的酸碱性与溶液中 $c'(H^+)$ 和 $c'(OH^-)$ 的关系为：

酸性溶液：$c'(H^+) > 10^{-7} > c'(OH^-)$

中性溶液：$c'(H^+) = 10^{-7} = c'(OH^-)$

碱性溶液：$c'(H^+) < 10^{-7} < c'(OH^-)$

由于常温时的水溶液中 $c'(H^+) \cdot c'(OH^-) = 1.0 \times 10^{-14}$，根据 $c'(H^+)$ 就可以计算出 $c'(OH^-)$，所以，溶液的酸、碱性可以只用 H^+（或 OH^-）一种离子浓度的大小来表示。

在实际应用中，稀溶液的 $c'(H^+)$ 和 $c'(OH^-)$ 的数值很小，在使用和计算时很不方便。因此，化学上常采用 $c'(H^+)$ 的负对数来表示溶液的酸碱性，称为溶液的 pH。

$$pH = -\lg c'(H^+)$$

例如，$c(H^+) = 1.0 \times 10^{-7}\ mol \cdot L^{-1}$ 的中性溶液，$pH = -\lg 10^{-7} = 7.0$

$c(H^+) = 1.0 \times 10^{-4}\ mol \cdot L^{-1}$ 的酸性溶液，$pH = -\lg 10^{-4} = 4.0$

$c(H^+) = 1.0 \times 10^{-10}\ mol \cdot L^{-1}$ 的碱性溶液，$pH = -\lg 10^{-10} = 10.0$

pH 与溶液酸碱性的关系可用图 5-2 表示。

酸性增强　　　　中性　　　　碱性增强

$c(H^+)/mol \cdot L^{-1}$	10^0	10^{-1}	10^{-2}	10^{-3}	10^{-4}	10^{-5}	10^{-6}	10^{-7}	10^{-8}	10^{-9}	10^{-10}	10^{-11}	10^{-12}	10^{-13}	10^{-14}
pH	0	1	2	3	4	5	6	7	8	9	10	11	12	13	14

图 5-2　pH 与溶液酸碱性的关系

需要注意的是，pH 的使用范围是 0～14。当 $c'(H^+)>1$ 或 $c'(OH^-)>1$ 时，直接用 H^+ 浓度或 OH^- 的浓度来描述溶液的酸碱性更方便。

测定溶液酸碱性的方法很多，常用的有酸碱指示剂法、pH 试纸法和pH 计法。

常见的酸碱指示剂有石蕊、酚酞和甲基橙。石蕊试液在中性溶液中显紫色，在酸性溶液中显红色，在碱性溶液中显蓝色。无色酚酞试液遇酸不变色，遇碱则显红色。甲基橙的变色范围是 pH≤3.1 时溶液变红，3.1＜pH＜4.4 时溶液呈橙色，pH≥4.4 时溶液变黄。

使用 pH 试纸测定溶液 pH 的方法是：把待测溶液滴在 pH 试纸上，然后将试纸所显示的颜色与标准比色卡对照，就可以确定被测溶液的 pH。

如需要准确测定溶液的 pH，可使用 pH 计（酸度计），常见水溶液的 pH 如图 5-3 所示。

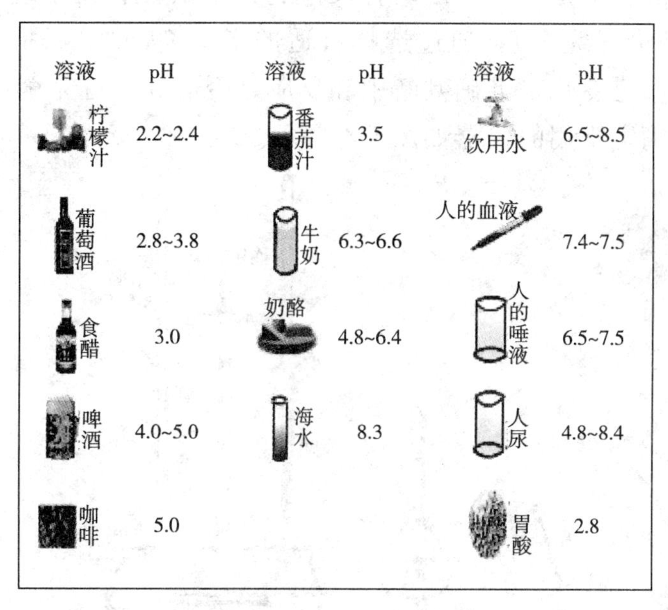

图 5-3　常见水溶液的 pH

*2-3　酸碱中和滴定

酸碱中和滴定法是一种用途极为广泛的分析方法，也是滴定分析中应用最广的方法之一，在工农业生产和医药卫生等方面都有非常重要的意义。例如，三酸、两碱是重要的化工原料，它们都用此法分析。天然水总碱度、食醋中总酸量以及土壤、肥料中氮与磷含量的测定等，都可采用酸碱中和滴定法。

酸碱中和滴定的原理是：用一种已知物质的量浓度的酸（或碱）溶液与一未知物质的量浓度的碱（或酸）溶液完全中和，测出二者的体积，根据化学方程式中酸或碱的物质的量的关系，计算出碱（或酸）溶液的物质的量浓度。

【例 5-2】 用 0.1050 mol·L^{-1}盐酸作为标准溶液（滴定剂），滴定 25.00 mL 氢氧化钠溶液，完全中和时，消耗盐酸 26.50 mL。求该氢氧化钠溶液的物质的量浓度。

解 根据中和反应：

$$HCl + NaOH \xlongequal{} NaCl + H_2O$$

$$n(HCl) = n(NaOH)$$

$$c(HCl) \cdot V(HCl) = c(NaOH) \cdot V(NaOH)$$

$$0.1050\ mol \cdot L^{-1} \times 26.50\ mL = c(NaOH) \times 25.00\ mL$$

$$c(NaOH) = 0.1113\ mol \cdot L^{-1}$$

答：该氢氧化钠溶液的物质的量浓度为 0.1113 mol·L^{-1}。

中和滴定的关键是准确测定两种反应物的溶液体积及准确判断中和反应的滴定终点（即恰好完全）。通过选择合适的指示剂，并根据指示剂在酸性或碱性溶液中的颜色变化来准确判断中和反应是否恰好进行完全。

酸碱中和滴定常用的仪器如图 5-4 所示。

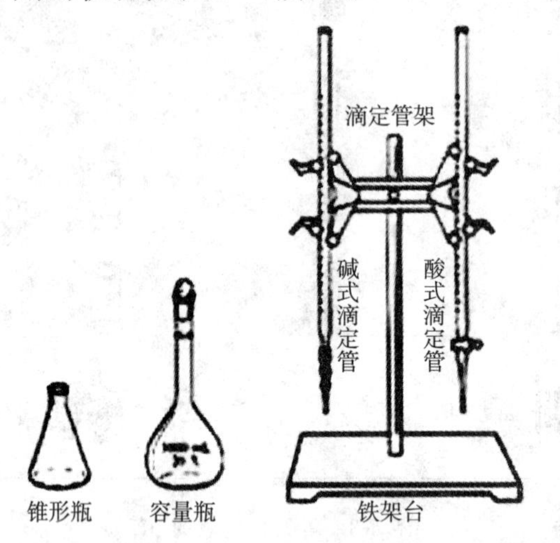

图 5-4 酸碱中和滴定的仪器和装置

在滴定管中装入已知物质的量浓度的酸（碱）溶液，锥形瓶中盛放一定量未知浓度、待测定的碱（或酸）溶液，并滴加 2～3 滴酸碱指示剂。把滴定管中的溶液逐滴加入到锥形瓶中，直至指示剂颜色发生明显的变化，且半分钟内不再改变，表示反应已经进行完全。

例如，用已知浓度的盐酸溶液滴定未知浓度的 NaOH 溶液，以测定 NaOH 溶液的物质的量浓度。实验时，在酸式滴定管中装入已知物质的量浓度的盐酸溶液，在碱式滴定管中装入未知浓度的 NaOH 溶液，并放出 25.00 mL NaOH 溶液注入锥形瓶，加入 2 滴酚酞试液，溶液立即呈粉红色。往锥形瓶里

逐滴加入盐酸，锥形瓶里 OH^- 浓度逐渐减小，当看到加入 1 滴盐酸使溶液褪成无色时，再反滴一滴 NaOH 溶液又变回红色，说明反应恰好进行完全。停止滴定，准确记下滴定管溶液液面的刻度，求得滴定消耗盐酸的体积，即可计算出待测的 NaOH 溶液的物质的量浓度。

第三节　离子反应及其发生的条件

3-1　离子反应和离子方程式

电解质在水溶液中可以电离成自由移动的离子，它们在溶液中的反应实质上是离子之间的反应。例如，

$$HCl + NaOH = NaCl + H_2O$$

由于 HCl、NaOH、NaCl 等强电解质在水溶液中均以离子形式存在，而水是弱电解质，主要以分子形成存在，因此，可将反应方程式写成：

$$H^+ + Cl^- + Na^+ + OH^- = Na^+ + Cl^- + H_2O$$

由此可见，在 HCl 溶液与 NaOH 溶液混合时，Na^+ 和 Cl^- 之间没有发生化学反应，反应的实质是 HCl 溶液中的 H^+ 与 NaOH 溶液中的 OH^- 结合生成了水分子。

$$H^+ + OH^- = H_2O$$

电解质在溶液中进行的化学反应，实际上是离子之间的反应，这种溶液中离子之间的反应称为离子反应。用实际参加反应的离子的符号来表示反应的式子，叫作离子反应方程式。离子方程式的书写可以按以下步骤进行：

(1) 写出反应的化学方程式。例如，

$$Ba(NO_3)_2 + H_2SO_4 = BaSO_4\downarrow + 2HNO_3$$

(2) 将反应前后，易溶解、易电离的强电解质写成离子形式；难电离的弱电解质、难溶于水的物质和气体物质仍以化学式表示。

$$Ba^{2+} + 2NO_3^- + 2H^+ + SO_4^{2-} = BaSO_4\downarrow + 2H^+ + 2NO_3^-$$

(3)消去方程式两边实际未参加反应的离子。

$$Ba^{2+} + SO_4^{2-} = BaSO_4\downarrow$$

(4)检查方程式是否遵守质量守恒和电荷守恒。

又如反应式：$BaCl_2 + Na_2SO_4 = 2NaCl + BaSO_4\downarrow$

离子方程式：$Ba^{2+} + SO_4^{2-} = BaSO_4\downarrow$

通过以上两个离子反应方程式可以归纳出如下结论：只要是可溶性的钡盐和可溶性的硫酸盐或硫酸在溶液中的反应，实质上都是溶液中 Ba^{2+} 和 SO_4^{2-} 结合生成 $BaSO_4$ 沉淀的反应。所以，离子反应方程式更能说明电解质在水溶液中反应的本质。它不仅可以表示某一个具体的化学反应，而且还可以表示同一类型的离子反应。如离子方程式：

$$H^+ + OH^- = H_2O$$

表示的是所有强酸与强碱发生的中和反应。

3-2　离子互换反应发生的条件

水溶液中离子间的互换反应是复分解反应，这类反应的发生是有条件的，即必须有离子结合，如生成难溶物质（沉淀）、生成易挥发物质（气体）或生成难电离物质（弱电解质）。

例如，硝酸银溶液与氯化钠溶液反应，生成 AgCl 沉淀：

$$AgNO_3 + NaCl = AgCl\downarrow + NaNO_3$$

$$Ag^+ + Cl^- = AgCl\downarrow$$

碳酸钙与盐酸反应生成二氧化碳和水：

$$CaCO_3 + 2HCl = CaCl_2 + CO_2\uparrow + H_2O$$

$$CaCO_3 + 2H^+ = Ca^{2+} + CO_2\uparrow + H_2O$$

醋酸钠与盐酸反应生成难电离的醋酸分子：

$$CH_3COONa + HCl = CH_3COOH + NaCl$$

$$CH_3COO^- + H^+ = CH_3COOH$$

若反应物与生成物都是可溶性的强电解质，如将 NaCl 溶液加入 KNO_3 溶液中，则离子互换反应不能进行。

第四节　盐类的水解

4-1　盐类的水解

1. 盐溶液的酸碱性

盐酸溶液、醋酸溶液显酸性，原因是它们在水中电离出的 H^+ 影响了水的电离，使溶液中 $c'(H^+) > c'(OH^-)$；氨水溶液、氢氧化钠溶液显碱性，原因是它们在水中能电离出 OH^-，使溶液中 $c'(H^+) < c'(OH^-)$。NaCl、CH_3COONa、

NH_4Cl这样的盐在水溶液中既不能电离出 H^+ 也不能电离出 OH^-，它们的水溶液是否都显中性？

【课堂演示 5-2】 取少量 NaCl、CH_3COONa、NH_4Cl 晶体，分别在三支试管中用蒸馏水溶解，然后用 pH 试纸检测溶液的 pH。

实验结果表明，强酸强碱盐 NaCl 的水溶液显中性，弱酸强碱盐CH_3COONa的水溶液显碱性，强酸弱碱盐 NH_4Cl 的水溶液显酸性。由此可见，盐的离子可以影响水的电离，从而改变溶液中 $c'(H^+)$与 $c'(OH^-)$的相对大小。盐溶液的酸碱性与盐的组成密切相关。

2. 盐溶液呈现不同酸碱性的原因

NH_4Cl 是由强酸（HCl）和弱碱（$NH_3 \cdot H_2O$）中和生成的盐，属于强酸弱碱盐，它在水溶液中电离出 NH_4^+ 和 Cl^-。NH_4^+ 能够与水电离的 OH^- 结合，生成弱碱 $NH_3 \cdot H_2O$，从而使 OH^- 的浓度减小，水的电离平衡向右移动，溶液中 $c'(H^+)$增大，直到建立新的平衡。此时，溶液中 $c'(H^+)>c'(OH^-)$，溶液显酸性。

$$NH_4Cl = NH_4^+ + Cl^-$$
$$+$$
$$H_2O \rightleftharpoons OH^- + H^+$$
$$\Downarrow$$
$$NH_3 \cdot H_2O$$

NH_4Cl 与水反应的化学方程式为：

$$NH_4Cl + H_2O \rightleftharpoons NH_3 \cdot H_2O + HCl$$

离子方程式为：

$$NH_4^+ + H_2O \rightleftharpoons NH_3 \cdot H_2O + H^+$$

CH_3COONa 是由弱酸CH_3COOH 与强碱 NaOH 中和生成的盐，属于弱酸强碱盐。它在水溶液中电离出的CH_3COO^- 可以与水电离出的 H^+ 结合，生成弱酸 CH_3COOH，从而使 H^+ 的浓度减小，水的电离平衡向右移动，溶液中 $c'(OH^-)$增大，直到建立新的平衡。此时，溶液中 $c'(H^+)<c'(OH^-)$，溶液显碱性。

CH_3COONa 与水反应的化学方程式为：

$$CH_3COONa + H_2O \rightleftharpoons CH_3COOH + NaOH$$

离子方程式为：

$$CH_3COO^- + H_2O \rightleftharpoons CH_3COOH + OH^-$$

综上所述，盐的组成中如果含有弱碱根阳离子或弱酸根阴离子，溶于水时，电离产生的阳离子或阴离子会与水电离的 OH^- 或 H^+ 结合，生成弱电解质（弱碱或弱酸），使水的电离平衡发生移动，导致溶液中的 $c'(H^+) \neq c'(OH^-)$而呈现出酸性或碱性。盐与水发生的这种反应称为盐的水解。

CH_3COONH_4是由弱酸CH_3COOH和弱碱$NH_3 \cdot H_2O$中和所生成的盐，属于弱酸弱碱盐，它在水溶液中电离出的CH_3COO^-和NH_4^+都发生水解。

水解方程式为：$CH_3COONH_4 + H_2O \rightleftharpoons CH_3COOH + NH_3 \cdot H_2O$

离子方程式为：$CH_3COO^- + NH_4^+ + H_2O \rightleftharpoons CH_3COOH + NH_3 \cdot H_2O$

这类盐的水解程度较大。水解后，水溶液的酸碱性取决于所生成的弱酸、弱碱的相对强弱。

$K_a > K_b$时，溶液显酸性

$K_a < K_b$时，溶液显碱性

$K_a = K_b$时，溶液显中性

$NaCl$、KNO_3、Na_2SO_4这类强酸强碱盐在水溶液中不发生水解，溶液显中性。这是因为强酸强碱盐中的阴、阳离子均不能与水电离的H^+或OH^-结合生成弱电解质，即强酸强碱盐在溶液中不发生水解，溶液中的H^+和OH^-浓度保持相等。

4-2 影响盐类水解的因素

影响盐类水解的因素主要有以下几个方面。

1. 盐的本性

盐类水解时所生成的弱酸或弱碱越弱，即它们的电离常数K_a或K_b越小，则水解程度越大。若水解产物为难溶物，则其溶解度越小，水解程度越大。

2. 盐溶液的浓度

对于同一种盐，溶液浓度越小，水解程度越大。即溶液稀释时，有利于盐的水解。

3. 盐溶液的酸碱度

适当调节盐溶液的酸碱度，可使盐的水解平衡发生移动，从而达到促进或抑制盐类水解的目的。

例如，$SnCl_2$在水溶液中易发生以下水解反应：

$$SnCl_2 + H_2O \rightleftharpoons Sn(OH)Cl + HCl$$

实验室在配制$SnCl_2$溶液时，为抑制其水解反应的发生，一般先在水溶液中加入适量的盐酸。

4. 温度

盐的水解反应是中和反应的逆反应，中和反应为放热反应，因而盐的水解反应为吸热反应。根据平衡移动原理，升高温度可以促进水解反应的进行。

缓冲溶液

在纯水中加入少量酸或碱，溶液的pH会发生明显的变化。但实验发现，某些溶液却能在一定范围内不受稀释或外加少量强酸、强碱的影响，保持溶液的pH基本不变。这种能使溶液的pH不因稀释或外加少量酸、碱而发生显著变化的溶液称为缓冲溶液。

缓冲溶液具有阻碍溶液pH变化的作用，这是由溶液的组成所决定的。缓冲溶液一般是由弱酸及其盐(或弱碱及其盐)组成，也可以由多元弱酸的酸式盐及其对应的次级盐组成。如醋酸-醋酸钠、氨水-氯化铵、磷酸氢钠-磷酸二氢钠的混合液。

氨水与氯化铵的混合溶液能够在加入少量酸、碱时保持溶液的pH不变，是因为在这个溶液中，存在着如下化学平衡：

$$NH_3 \cdot H_2O \rightleftharpoons NH_4^+ + OH^-$$

氨水是弱碱，在溶液中的解离度很小，主要以$NH_3 \cdot H_2O$分子形式存在；氯化铵是强电解质，溶于水时完全电离，生成的NH_4^+可以使$NH_3 \cdot H_2O$电离向左移动，也就是说，溶液中存在着大量的NH_4^+和$NH_3 \cdot H_2O$。如果在此溶液中加入少量强酸(如HCl)，H^+将与OH^-结合成更难解离的H_2O，促使$NH_3 \cdot H_2O$的解离平衡向右移动，并不断生成OH^-和NH_4^+，直至加入的H^+绝大部分转变成H_2O并建立新的平衡。因为加入的H^+少，溶液中抗酸的成分($NH_3 \cdot H_2O$)浓度较大，所以，溶液的pH没有明显变化。如果在溶液中加入少量强碱(如NaOH)，OH^-将与NH_4^+结合生成$NH_3 \cdot H_2O$，促使$NH_3 \cdot H_2O$的解离平衡向左移动，即不断向生成$NH_3 \cdot H_2O$的方向移动，直至加入的OH^-绝大部分转变成$NH_3 \cdot H_2O$并建立新的平衡。同样，由于加入的OH^-少，溶液中抗碱的成分(NH_4^+)浓度较大，因此，溶液的pH没有明显变化。

在缓冲溶液中加入少量强酸或强碱，其溶液pH变化不大，但若加入酸或碱的量多时，缓冲溶液中的抗酸(或碱)成分被大量消耗，则会使缓冲溶液失去缓冲作用。

许多化学反应和生产过程常要求在一定的pH范围内进行才比较安全，然而某些反应中因伴随有H^+或OH^-的生成或消耗，溶液的pH也就随着反应的进行而发生变化，从而影响反应的正常进行。这时就要借助缓冲溶液来稳定溶液的pH，以维持反应的正常进行。

缓冲溶液的用途相当广泛。许多化学反应和生物化学过程都与系统中的pH有关。例如，化学分析中离子的分离、提纯以及分析检验等，都经常需要借助缓冲溶液来控制溶液的pH。

缓冲溶液对维持生物的正常pH和正常生理环境起着至关重要的作用。由于多数细胞仅能在很窄的pH范围内进行活动，因而需要有缓冲体系来抵抗在代谢过程中的pH变化。在生物体中有三种主要的pH缓冲体系，它们是蛋白质缓冲体系、碳酸氢盐缓冲体系以及磷酸盐缓冲体系。每种缓冲体系所占的分量在各类细胞和器官中是不同的。

人体血液的pH为7.35～7.45，正是依靠血液中存在的H_2CO_3-$NaHCO_3$、Na_2HPO_4-NaH_2PO_4等缓冲溶液来调节的。正常人血液的pH约为7.4，当pH＜7.3时，新陈代谢所产生的CO_2就不能有效地从细胞进入血液（进入血液中的CO_2在肺中与O_2交换）；当pH＞7.7时，在肺中的CO_2就不能有效地同O_2进行交换而排出体外。若血液的pH超过7.8，生命就不能维持。

大多数农作物生长的土壤的pH为4～8，也正是由于土壤中存在多种弱酸及其盐，因而维持了土壤的酸碱性的相对稳定，才保证了植物的正常生长。

习　题

1. 解释下列化学术语的意义。

电解质　强电解质　弱电解质　电离常数　水的离子积　离子方程式

K_a　K_b　pH

2. 指出下列物质中，哪些是电解质，哪些是非电解质；哪些是强电解质，哪些是弱电解质。

(1)H_2SO_4；(2)HF；(3)H_2S；(4)KOH；(5)$NH_3 \cdot H_2O$；(6)Na_2CO_3；

(7)$CaCl_2$；(8)CH_4；(9)CH_3CH_2OH；(10)$CaCO_3$。

3. 试写出下列弱酸的电离方程式及其电离常数表达式。

(1)HF；(2)HCN；(3)HNO_2。

4. 根据下列弱酸的电离常数，比较它们的酸性强弱。

(1)氢氟酸：$K(HF)=6.6\times10^{-4}$；

(2)氢氰酸:$K(HCN)=6.2\times10^{-10}$;

(3)甲酸:$K(HCOOH)=1.77\times10^{-4}$;

(4)次氯酸:$K(HClO)=3.0\times10^{-8}$。

5.计算下列各溶液的 pH,并说明其酸碱性及强弱。

(1)$c(H^+)=1.6\times10^{-5}\ mol\cdot L^{-1}$;

(2)$c(H^+)=2.5\times10^{-9}\ mol\cdot L^{-1}$;

(3)$c(OH^-)=6.0\times10^{-4}\ mol\cdot L^{-1}$;

(4)$c(OH^-)=7.2\times10^{-12}\ mol\cdot L^{-1}$。

6.计算 $0.01\ mol\cdot L^{-1}$ HCl 溶液中的 H^+ 浓度和溶液的 pH。

7.计算 $0.01\ mol\cdot L^{-1}$ NaOH 溶液中的 OH^- 浓度和溶液的 pH。

8.计算 $0.01\ mol\cdot L^{-1}$ CH_3COOH 溶液中的 H^+ 浓度和溶液的 pH。

[$K(CH_3COOH)=1.76\times10^{-5}$]

9.计算 $0.01\ mol\cdot L^{-1}$ $NH_3\cdot H_2O$ 溶液中的 OH^- 浓度和溶液的 pH。

[$K(NH_3\cdot H_2O)=1.8\times10^{-5}$]

10.分别计算 $0.02\ mol\cdot L^{-1}$ 和 $0.2\ mol\cdot L^{-1}$ CH_3COOH 溶液的 H^+ 浓度和溶液的 pH,并对计算结果作出简单分析。

11.写出下列化学反应的离子方程式。

(1)$HCl+AgNO_3 = AgCl\downarrow+HNO_3$;

(2)$Na_2CO_3+CaCl_2 = 2NaCl+CaCO_3\downarrow$;

(3)$CuSO_4+2NaOH = Cu(OH)_2\downarrow+Na_2SO_4$;

(4)$FeS+2HCl = H_2S\uparrow+FeCl_2$;

(5)$CH_3COOH+NaOH = CH_3COONa+H_2O$;

(6)$BaCO_3+2HNO_3 = Ba(NO_3)_2+CO_2\uparrow+H_2O$。

12.指出下列盐溶液中显酸性、碱性和中性的分别是哪些。

(1)KNO_3;(2)NH_4NO_3;(3)$CuSO_4$;(4)Na_2CO_3;(5)Na_2SO_4;(6)$FeCl_3$。

13.写出下列盐发生水解反应的离子方程式。

(1)NaCN;(2)NH_4NO_3;(3)$FeSO_4$;(4)CH_3COOK。

14.简述稀溶液的酸碱性与溶液 pH 的关系。

15.试述什么是盐的水解?影响盐的水解的主要因素有哪些?

16.下列各溶液的浓度均为 $0.1\ mol\cdot L^{-1}$,将它们按 pH 由小到大的次序排列。

$Ba(OH)_2$　CH_3COOH　CH_3COONa　HCl　H_2SO_4

KNO_3　NaOH　$NH_3\cdot H_2O$　NH_4Cl

17.计算下列各溶液的 pH。

(1)20 mL $0.1\ mol\cdot L^{-1}$ HCl 和 20 mL $0.1\ mol\cdot L^{-1}$ NaOH 溶液混合;

(2)20 mL $0.1\ mol\cdot L^{-1}$ HCl 和 10 mL $0.1\ mol\cdot L^{-1}$ NaOH 溶液混合;

(3)10 mL 0.1 mol·L^{-1} HCl 和 20 mL 0.1 mol·L^{-1} NaOH 溶液混合；

(4)pH＝4.0 和 pH＝6.0 的 HCl 溶液等体积混合。

18.实验室在配制 $SnCl_2$溶液时，必须先将 $SnCl_2$溶于________溶液中，再________。这是因为 $SnCl_2$溶于蒸馏水后，会产生________色沉淀。

19.酸碱中和滴定是将一种已知准确浓度的溶液滴加到待测物质的溶液中，直至所加溶液与待测组分按________关系完全反应，然后根据消耗溶液的________和________，计算待测组分的含量。将上述已知准确浓度的溶液称为________。

扫一扫，获取参考答案

第六章

电化学基础

我们已经知道，在化学反应中总是伴随着能量的变化，这是因为断开反应物中的化学键要吸收能量，而形成生成物中的化学键要放出能量，这些能量称为化学能。化学能可以转化为热能，也可以直接转化为电能，如我们在生产和生活中用到的电池。电池中的电流是怎样产生的呢？本章我们将学习化学能与电能之间转化的基础知识。化学上把研究化学能与电能之间相互转化的学科称为电化学。电化学知识在实际生产中有着广泛的应用，如电解、电镀、金属腐蚀与防腐、化学电源等。

第一节　原电池

我们知道，将锌片放入硫酸铜溶液中会发生氧化还原反应：

$$\overset{2e^-}{Zn \rightarrow} + CuSO_4 \longrightarrow ZnSO_4 + Cu$$

反应中 Cu^{2+} 直接从 Zn 原子上获得电子，生成 Cu 和 Zn^{2+}，并放出热量。如果我们将硫酸铜溶液和锌片分开，让 Zn 原子失去的电子通过导线转移给 Cu^{2+}（如图 6-1 所示），就能够获得电流。

【课堂演示 6-1】 如图 6-1 所示，在盛有 $ZnSO_4$ 溶液的烧杯中插入 Zn 片，在另一只盛有 $CuSO_4$ 溶液的烧杯中插入 Cu 片。2 个烧杯的溶液之间用盐桥[①]连接起来，2 个金属片之间用导线连接，并在导线中串联 1 个电流计，观察实验现象。

从实验中可以看到，放入盐桥时电流计指针偏转，说明电路中有电流通

---

① 盐桥：将饱和 KCl 溶液和琼脂一起凝成的胶冻状物质装满整个 U 形管，使用时倒置在 2 个烧杯之间，离子可在管内自由移动。

过；取出盐桥时电流计指针回至零点，说明此时没有电流通过。

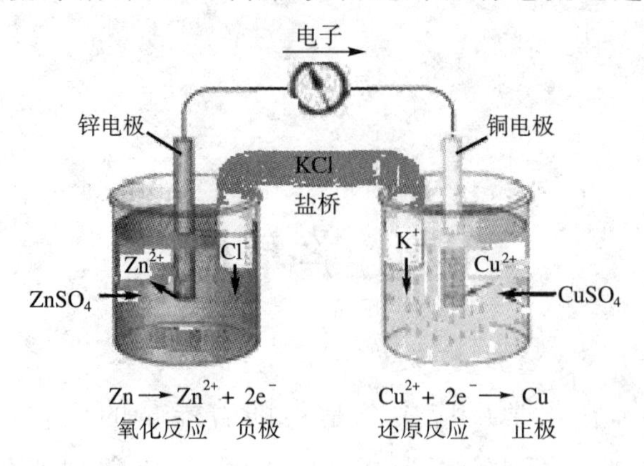

图 6-1　铜锌原电池装置示意图

我们把这种将化学能转化为电能的装置叫作原电池。根据定义，普通的干电池、燃料电池都可以称为原电池。

实验中的原电池称为铜锌原电池，锌为负极，铜为正极（电子由负极流向正极）。铜锌原电池中的反应如下：

锌电极（负极）：$Zn - 2e^- \longrightarrow Zn^{2+}$，发生氧化反应，电子通过导线流出。

铜电极（正极）：$Cu^{2+} + 2e^- \longrightarrow Cu$，发生还原反应，电子通过导线流入。

Zn 原子失去电子成为 Zn^{2+} 进入溶液，使 $ZnSO_4$ 溶液因 Zn^{2+} 增加而带正电；同时，Cu^{2+} 获得电子成为金属铜沉积到铜片上，使 $CuSO_4$ 溶液因 Cu^{2+} 减少而带负电。这两种因素都会阻止电子由锌片流向铜片，造成不产生电流的结果。插入盐桥能使两个烧杯中的电解质溶液连成一个通路。随着反应的进行，盐桥中的 K^+ 不断移向 $CuSO_4$ 溶液，Cl^- 不断移向 $ZnSO_4$ 溶液，$CuSO_4$ 溶液和 $ZnSO_4$ 溶液保持电中性，从而使原电池不断地产生电流。

利用同样的道理，可以把其他氧化还原反应设计成各种原电池，用还原性较强的物质作为负极，向外电路提供电子；用氧化性较强的物质作为正极，从外电路得到电子。原电池输出电能的大小，取决于组成原电池的反应物的氧化还原能力。

第二节　电解池

原电池可以将化学能转化为电能供人们使用，电解池则可以将电能转变为化学能贮存起来。本节我们讨论电解池及电解原理在工业生产中的应用。

2-1　电解原理

【课堂演示 6-2】　如图 6-2 所示，在 U 形管中装入 $CuCl_2$ 溶液，插入两根碳棒作电极，并接通电源。把湿润的淀粉碘化钾试纸放在与直流电源正极相连的电极附近，观察 U 形管内的现象和试纸颜色的变化。

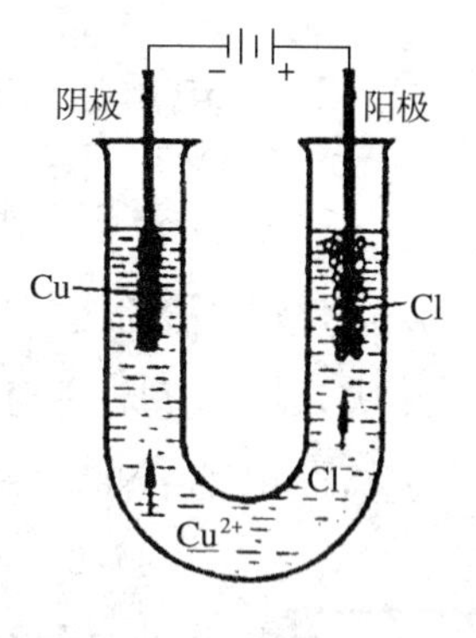

图 6-2　$CuCl_2$ 溶液的电解

通电后不久，可以看到阴极逐渐覆盖一层红色物质，说明有 Cu 析出。阳极碳棒上有气泡产生，生成了能使湿润的淀粉碘化钾试纸变蓝的气体，说明生成了 Cl_2。实验结果表明，在电流的作用下发生了如下反应：

$$CuCl_2 \xlongequal{电解} Cu + Cl_2\uparrow$$

氯化铜溶液在电流的作用下为什么会生成 Cu 和 Cl_2 呢？这是因为 $CuCl_2$ 在溶液中完全电离生成 Cu^{2+} 和 Cl^-：

$$CuCl_2 \xlongequal{\quad} Cu^{2+} + 2Cl^-$$

通电前 Cu^{2+} 和 Cl^- 在溶液中自由运动。通电时，在电场的作用下，带负电的 Cl^- 移向阳极，并在此失去电子被氧化成氯原子，进而结合成 Cl_2 放出；带正电的 Cu^{2+} 移向阴极，并在此得到电子被还原成铜原子，覆盖在阴极上。两电极反应如下：

阴极：$Cu^{2+} + 2e^- \xlongequal{\quad} Cu$（还原反应）

阳极：$2Cl^- - 2e^- \xlongequal{\quad} Cl_2\uparrow$（氧化反应）

这种使电流通过电解质溶液（或熔融电解质）在阴、阳两极上引起氧化还原反应的过程叫作电解，利用氧化还原反应把电能转变为化学能的装置叫作电解池或电解槽。在电解池中，与电源正极相连接的电极叫阳极，阴离子在此失去电子，发生氧化反应；与电源负极相连的电极叫阴极，阳离子在此得到电子，发生还原反应。

电解质溶液的电解过程如图 6-3 所示。

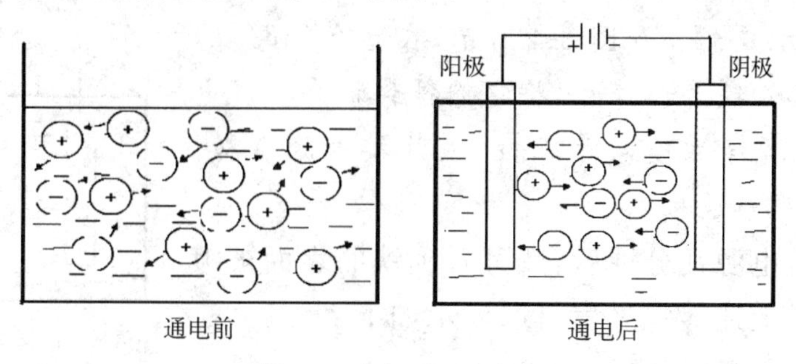

图 6-3　电解过程示意图

需要指出的是，$CuCl_2$溶液中除了存在 Cu^{2+} 和 Cl^- 外，还存在水电离产生的少量 OH^- 和 H^+，只是它们没有参与电极反应。

2-2 电解原理的应用

1. 电解食盐水制备烧碱、氢气和氯气

烧碱、盐都是重要的化工原料。工业上制备烧碱采取电解饱和食盐水的方法，其反应原理与电解氯化铜水溶液相同。

通电前：$NaCl \longequal Na^+ + Cl^-$

$H_2O \rightleftharpoons H^+ + OH^-$

通电后：阴极 $2H^+ + 2e^- = H_2\uparrow$（还原反应）

阳极 $2Cl^- - 2e^- = Cl_2\uparrow$（氧化反应）

总反应：$2NaCl + 2H_2O \xlongequal{电解} 2NaOH + Cl_2\uparrow + H_2\uparrow$

2. 电冶金

应用电解原理从金属化合物中制取金属的过程称为电冶。一些活泼金属如K、Ca、Na、Mg、Al 等的制取，就是利用电冶来实现的。但电解时特别要注意的是，不是电解水溶液，而是电解它们的熔融金属化合物。例如，电解熔融 NaCl 来制取金属钠：

$$2NaCl \xlongequal{电解} 2Na + Cl_2\uparrow$$

3. 电镀

利用电解原理在某些金属表面镀上一层其他金属或合金的过程叫电镀。电镀可以增强金属抗腐蚀能力，增加美观和表面硬度。镀层金属通常用一些在空气或溶液中不易起变化的金属，如铬、锌、镍、银和合金。

电镀时，把待镀的金属制品作为阴极，把镀层金属或其他不溶性材料作为阳极，用含有镀层金属离子的溶液作电镀液。在直流电的作用下，镀件表面覆盖上一层均匀光洁而致密的镀层。现以在铁的表面镀锌，来了解电镀的基本过程。

【课堂演示 6-3】 如图 6-4 所示，在盛有 $ZnCl_2$溶液的水槽中插入铁片和锌片，将它们接到带有直流电源的外线路上，锌片接电源正极，铁片接电源负极。接通直流电，观察现象。

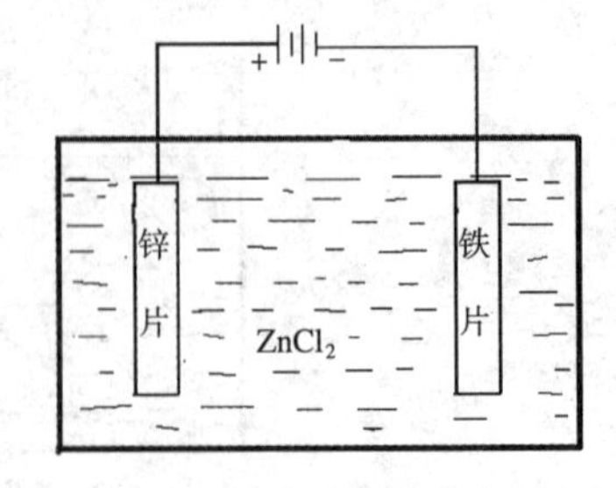

图 6-4 电镀锌的实验示意图

接通直流电源几分钟后，就可看到铁的表面被镀上了一层锌。上述镀锌过程可以表示如下：

通电前：$ZnCl_2 = Zn^{2+} + 2Cl^-$

通电后：阴极（铁片）$Zn^{2+}+2e^{-}$ ══ Zn（还原反应）

阳极（锌片）$Zn-2e^{-}$ ══ Zn^{2+}（氧化反应）

电镀的结果：阳极的锌（镀层金属）不断减少，阴极的锌（铁片上）不断增加，减少和增加的锌量相等，因此，溶液中的 $ZnCl_2$ 含量是保持不变的。

由此可见，镀锌过程包括 Zn^{2+} 在阴极得到电子被还原和 Zn 在阳极失去电子被氧化的过程，其特点是阳极材料因参加了电极反应而不断溶解。

第三节　化学电源

借助于氧化还原反应，将化学能转变成为电能的装置叫化学电源，简称电池。理论上，任何一个自发进行的氧化还原反应都能设计成电池来产生电流，但实际上，只有具备供电方便、电压稳定、设备简单、使用寿命长、应用广泛等特点的电池才能成为有实用价值的化学电源。日常生活中使用的干电池，实验室及机车常用的蓄电池，手机、手表和微型计算机等使用的微型电池，以及航空航天、军事等领域应用的燃料电池等都是常用的化学电源。

3-1　干电池

干电池属于化学电源中的原电池，是一种一次性电池。随着科学技术的发展，干电池已经发展成为一个大的家族，到目前为止，已经有 100 多种。

图 6-5 是日常生活中常用的酸性锌锰干电池，它的外壳（锌）是负极，中间的碳棒是正极，在碳棒的周围是细密的炭黑和去极化剂二氧化锰的混合物，在混合物周围再装入以氯化铵溶液浸润的氯化锌、氯化铵和淀粉或其他填充物（制成糊状物）。为了避免水的蒸发，干电池用蜡封好。

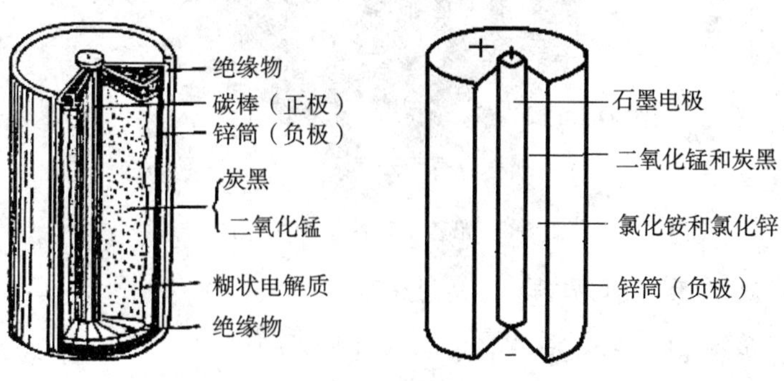

图 6-5　酸性锌锰干电池的结构示意图

酸性锌锰干电池在使用时的电极反应为：

负极：$Zn+2NH_4Cl \xlongequal{} Zn(NH_3)_2Cl_2+2H^++2e^-$

正极：$2MnO_2+2H_2O+2e^- \xlongequal{} 2MnO(OH)+2OH^-$

总反应：$Zn+2MnO_2+2NH_4Cl \xlongequal{} 2MO(OH)+Zn(NH_3)_2Cl_2$

酸性锌锰干电池的电动势为 1.5 V。因产生的 NH_3 被石墨吸附，故电动势下降较快。如果用高导电的糊状 KOH 代替 NH_4Cl，正极材料改用钢筒，MnO_2 层紧靠钢筒，就构成碱性锌锰干电池。由于电池反应没有气体产生，因此，内电阻较低，电动势为 1.5 V 且比较稳定。水银电池的电动势为 1.35 V，特点是在有效使用期内电势稳定。氧化银电池又称锌银电池，由 Zn 和 Ag_2O 组成，电解质为碱性溶液，电动势为 1.5 V。

3-2 蓄电池

凡是能用充电的方法使反应物复原、重新放电，并能反复使用的电池，称为二次电池或蓄电池，铅蓄电池是其中最常用的一种。蓄电池可以通过电解把电能转变成化学能贮存起来，这个过程叫充电；充电后的蓄电池可以作原电池使用，它能把化学能变成电能，这个过程叫放电。

1. 铅蓄电池的结构

铅蓄电池由正极板群、负极板群、电解液和容器等组成，结构如图 6-6 所示。铅蓄电池的两个电极都由栅状铅板及其氧化物制成。负极填有海绵状的 Pb，正极填有疏松的 PbO_2，电解液溶液一般是密度为 1.24～1.30 $g \cdot cm^{-3}$ 的 30％的硫酸溶液。

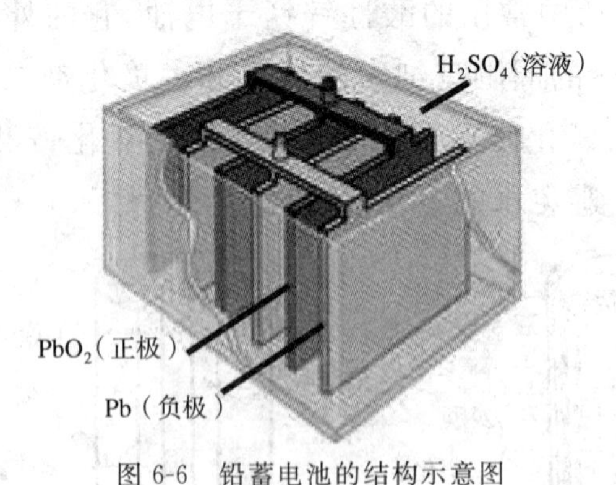

图 6-6 铅蓄电池的结构示意图

2. 铅蓄电池的反应及原理

放电时 负极：$Pb+SO_4^{2-}-2e^- \xlongequal{} PbSO_4$

正极：$PbO_2+4H^++SO_4^{2-}+2e^- \xlongequal{} PbSO_4+2H_2O$

总反应：$PbO_2+Pb+2H_2SO_4 \xlongequal{} 2PbSO_4+2H_2O$

随着放电反应的进行，Pb、PbO_2和H_2SO_4都不断地被消耗，当电压降到1.9 V或H_2SO_4溶液的密度降到1.05 g·cm^{-3}时，电池应充电，不宜继续使用。给放电后的电池通直流电，则两极的$PbSO_4$发生歧化反应而转化为PbO_2和Pb。

充电时　阳极：$PbSO_4+2H_2O-2e^-=\!=\!=PbO_2+4H^++SO_4^{2-}$

　　　　阴极：$PbSO_4+2e^-=\!=\!=Pb+SO_4^{2-}$

　　　　总反应：$2PbSO_4+2H_2O=\!=\!=PbO_2+Pb+2H_2SO_4$

充电后，电池的正、负极又分别得到了PbO_2和Pb。同时，H_2SO_4溶液的密度又可增加到原始浓度，电动势可达2.2 V。如此，电能便又转变为化学能被贮存起来，如图6-7所示。

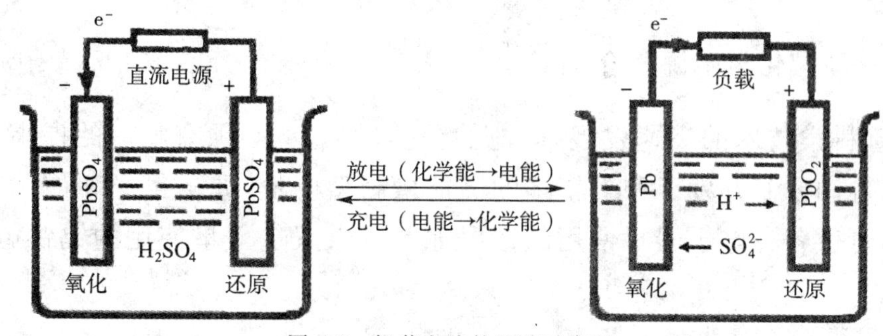

图6-7　铅蓄电池的原理示意图

3.铅蓄电池的电动势

铅蓄电池的电动势有2 V、4 V、6 V、8 V、12 V、24 V。它的优点是电压平稳，放电稳定，输出效率高，价格低廉，应用广泛；缺点是体积笨重，抗震性差，比能（每公斤蓄电池存储的电能）低，对环境腐蚀性强及使用寿命短等。

3-3　微型电池

微型电池是指随着电子元件的小型化（特别是晶体管和集成电路的出现）而发展起来的体积小、比能高、工作电压平稳、密封性好、自放电小、可靠性高的电池，俗称纽扣电池。微型电池也是一种蓄电池，通常由正极、负极、电解质溶液、隔膜和密装零部件组成。

微型电池种类很多，可分为两大类。一类是微型碱性电池，包括氧化银电池、汞电池、锌空气电池、锌镍电池、锌锰电池、镉镍电池和镉汞电池等；另一类是微型锂电池，包括锂锰电池、锂亚硫酰氯电池、锂铬酸电池和锂硫化铁电池等。微型锂电池的负极均为金属锂，故取名为锂电池。锂电池中有使用无机溶剂作为电解液的，如锂锰电池；有使用有机溶剂作为电解液的，如锂亚硫酰氯电池；也有使用固态电解质的，如锂碘电池。

微型电池也可分为一次和二次电池，分别称为微型原电池和微型蓄电池。由于微型电池的爬碱(漏液)问题一直没有解决，因此，微型碱性蓄电池的寿命不超过 10 年。

微型电池中应用最普遍、用量最大的是纽扣式锌氧化银电池，简称氧化银电池。氧化银电池有一价银的氧化物(Ag_2O)作正极的电池、二价银的氧化物(AgO)作正极的电池和纽扣式氧化银蓄电池三种。与氧化银电池相比，锂电池具有放电电压稳定、密封性好、贮存寿命长、使用温度范围宽以及微型化和薄型化等优点；缺点是电流输出能力小，但随着超大规模集成电路的迅速发展，微电子器件的功耗进一步降低，锂电池的这一缺点已不突出。从 20 世纪 80 年代起，锂电池已开始逐步取代氧化银电池。

3-4　新型化学电源简介

随着科学技术的飞速发展，电池的种类、性能也必须有相应的提高。近几十年来，各国研制开发了种类繁多的高能量新型电池，如可供导弹使用的银锌蓄电池，可供各种电子器材使用的锂电池及可供人造卫星使用的镉镍电池、燃料电池。

1. 锂电池

锂电池和锂离子电池是 20 世纪开发成功的新型高能电池。最早出现的锂电池来自于伟大的发明家爱迪生，使用以下反应：$Li+MnO_2 = LiMnO_2$。这种电池可分为一次性的和可充电的两种，即原电池与蓄电池。20 世纪 70 年代进入实用化。因其具有能量高、电压平稳、工作温度范围宽、贮存寿命长等优点，已广泛应用于移动电话、便携式计算机、摄像机和照相机等。

锂电池的负极是金属锂或锂合金，电解质一般为锂盐，如 LiCl、LiBr 和 $LiClO_4$等。由于锂电池中许多物质都可以作为正极，因此，锂电池的种类很多。根据锂电池的正极是否可溶，把它分为两类：一类是正极可溶的锂电池，它采用气体或液体作电极，常见的正极材料有 $SOCl_2$、SO_2Cl_2 和 SO_2 等；另一类是正极不可溶的锂电池，常见的正极材料有 MnO_2、CuO、V_2O_5和 CuF_2等。

锂电池作为一种高能电池，现在已经成为主流，被大量地应用在手机上。它具有电动势高、电容量大、放电平衡、体积小、质量轻、不含有重金属铬、大大减少对环境的污染等特点。

目前开发的大容量锂离子电池已在电动汽车中开始试用，预计将成为 21 世纪电动汽车的主要动力电源之一，并将应用于人造卫星、航空航天和贮能等方面。当今世界面临着能源紧缺和环境污染方面的压力，必须寻找既节约资

源又不污染环境的能源。锂电池现在被广泛地应用于电动车行业，特别是磷酸铁锂材料电池的出现，推动了锂电池产业的发展和升级。新研发出来的超级锂电池能在短时间内迅速完成充电。环保锂电池在阳光下能够吸收热量并转化为电流，储存电量，从而延长使用时间。

2. 燃料电池

自从1839年英国人W. R. Grove制作出世界上第一个燃料电池以来，燃料电池已经历了170余年的发展。然而，直到20世纪50年代，燃料电池才真正引起科学家的广泛关注。燃料电池的首次应用是在1960年作为宇宙飞船的空间电源，此后燃料电池技术开始迅速发展。简单地说，燃料电池是一种将燃料与氧化剂中的化学能直接转化为电能的发电装置。将燃料和空气分别送进燃料电池，电就被奇妙地生产出来。燃料电池从外表上看有正、负极和电解质等，像一个蓄电池，但实质上不能“储电”而是一个“发电厂”。

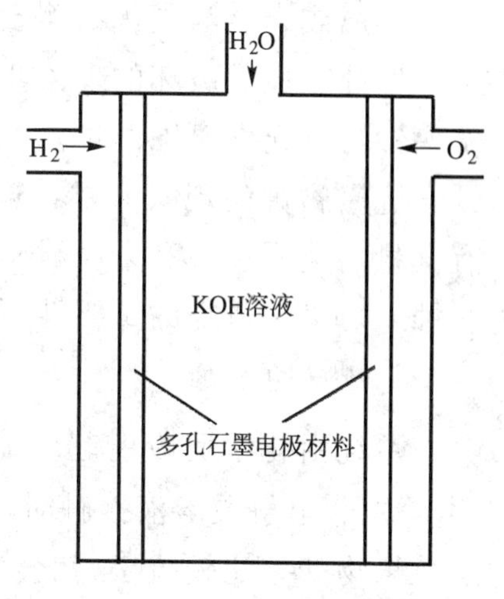

图 6-8　氢氧燃料电池示意图

燃料电池是在催化剂的作用下，以燃料作为负极，以氧化剂作为正极，分别在两极进行氧化反应和还原反应，从而产生电流。燃料电池所用燃料为氢气、煤气、天然气、烃类、液氨、肼和金属等，所用氧化剂为氧气、空气、氯气和溴等。

燃料电池可分为固体氧化物燃料电池、质子交换膜燃料电池、熔融碳酸盐燃料电池、酸性燃料电池和碱性燃料电池五大类。其中，氢氧燃料电池比较成熟，其电池符号为：

(－)C(活性炭)，$H_2(g)$ | KOH(35%)(aq) | $O_2(g)$，C(活性炭)(＋)

电极反应为：

负极：$2H_2+4OH^- - 4e^- = 4H_2O$

正极：$O_2+2H_2O+4e^- = 4OH^-$

总反应：$2H_2+O_2 = 2H_2O$

燃料电池具有质量轻、体积小(世界上最小的燃料电池直径只有3 mm)、功率大、能量转换效率高、无污染等优点，目前应用在高端科技如宇宙航行、潜艇和无人气象站等领域。中国早在20世纪50年代就开展了这方面的研究，现已陆续开发出100～30000 W级氢氧燃料电池、燃料电池电动汽车等，使中国的燃料电池技术跨入世界先进行列。

第四节　金属的腐蚀与防腐蚀

4-1　金属的腐蚀

金属或合金与周围接触到的气体或液体发生化学反应或者电化学反应，引起腐蚀而造成破坏的现象叫金属腐蚀。根据反应的类型把金属腐蚀分为化学腐蚀与电化学腐蚀两种。

金属腐蚀的现象非常普遍，造成的损失也非常严重。例如，全世界每年都有大量的金属设备和金属材料因腐蚀而损坏严重，以至于报废。因此，金属的腐蚀与防腐蚀研究的重要性不言而喻。

1. 化学腐蚀

单纯由化学反应引起的腐蚀叫化学腐蚀。例如，金属与干燥气体如 O_2、Cl_2 等及非电解质溶液接触时，在金属表面上发生化学反应形成一层化合物，这层化合物如果比较疏松，就会失去对内层的保护作用，从而造成腐蚀。

化学腐蚀随着温度的升高而加快。例如，钢铁在常温干燥空气中并不腐蚀，但在高温下很容易被氧化，生成一层由 FeO、Fe_2O_3 和 Fe_3O_4 共同组成的氧化膜。

2. 电化学腐蚀

金属与电解质溶液接触时，发生电化学反应而引起的腐蚀叫电化学腐蚀。电化学腐蚀与化学腐蚀不同，它是由不纯的金属与电解质溶液形成的无数个微小的原电池引起的。

【课堂演示 6-4】 在盛有稀硫酸的试管中，放入一小块化学纯的金属锌，观察现象；用一根粗铜丝接触锌的表面，观察现象；不用铜丝，而往试管中滴入几滴 $CuSO_4$ 溶液，观察现象。

可以看到，纯锌与稀硫酸几乎不发生反应，当铜丝接触锌表面时，铜丝上立刻产生大量气泡。这是因为铜丝接触锌表面时，形成了铜锌原电池，大大加快了锌的溶解。滴入 $CuSO_4$ 溶液后，被锌置换出来的铜覆盖在锌的表面上，也形成了微型原电池。由此可见，金属中的杂质是引起金属发生电化学腐蚀的一个重要原因。

钢铁在空气中的腐蚀也有类似的情况。钢铁制品在潮湿的空气中，表面形成一层极薄的水膜，其中或多或少地溶有一些空气，根据空气的性质的不同，会发生两种不同的电化学腐蚀：析氢腐蚀和吸氧腐蚀。

酸性气体(如 CO_2)溶于水后产生酸,形成酸性较强的电解质溶液,如图6-9所示,以铁为负极,杂质碳为正极,在钢铁表面形成了无数个微小的原电池。

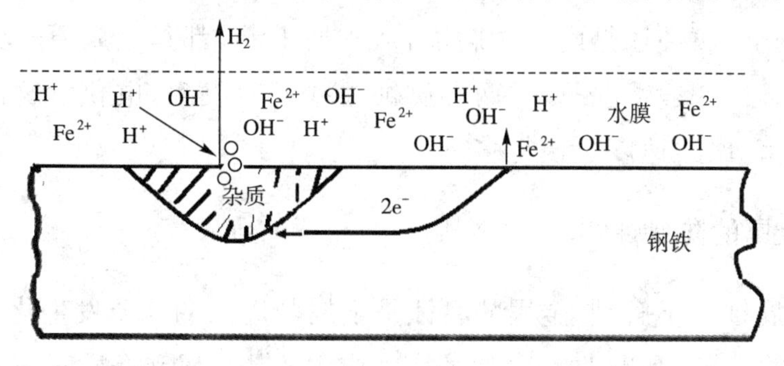

图 6-9 钢铁析氢腐蚀示意图

反应如下:

负极:$Fe-2e^-=Fe^{2+}$

正极:$2H^++2e^-=H_2\uparrow$

总反应:$Fe+2H^+=Fe^{2+}+H_2\uparrow$

由于腐蚀过程中放出了氢气,因此,这种腐蚀称为析氢腐蚀。水膜中生成的 Fe^{2+} 与 OH^- 结合生成 $Fe(OH)_2$,$Fe(OH)_2$ 不稳定,易被空气中的氧气氧化而生成 $Fe(OH)_3$。

$$4Fe(OH)_2+2H_2O+O_2=4Fe(OH)_3$$

如果溶入水中的酸性气体很少,水溶液呈极弱的酸性或者中性,则在微电池的两极上发生如下反应:

负极:$Fe-2e^-=Fe^{2+}$

正极:$O_2+2H_2O+2e^-=4OH^-$

总反应:$2Fe+O_2+2H_2O=2Fe(OH)_2$

由于水膜中的氧气参加了反应,因此,这种腐蚀被称为吸氧腐蚀,如图6-10 所示。

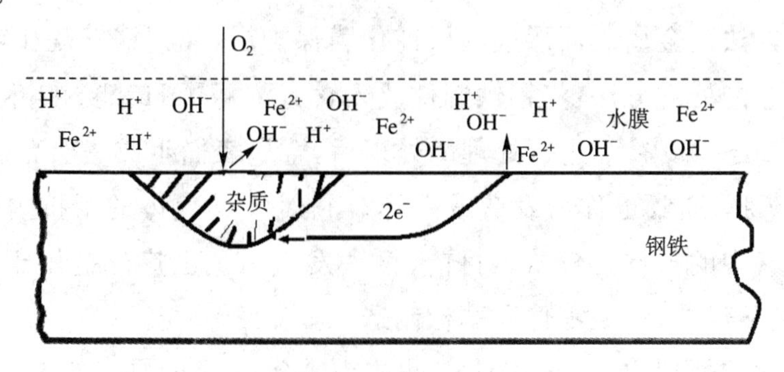

图 6-10 钢铁吸氧腐蚀示意图

由以上情况可知，金属腐蚀是一个复杂的氧化还原反应过程。腐蚀的程度和速度取决于金属的本质、周围的介质以及发生腐蚀的条件等。

无论是化学腐蚀还是电化学腐蚀，从本质上看，都是金属原子失去电子变成离子的过程。一般情况下，这两种腐蚀往往同时发生，电化学腐蚀比化学腐蚀要普遍得多，腐蚀速度也快得多。

4-2 金属的防腐蚀

从金属腐蚀中了解到，金属的腐蚀是金属与周围的介质发生化学反应或者电化学反应的结果，因此，防止金属的腐蚀应主要从金属和介质两个方面考虑。

1. 隔离法

此方法就是用不同的方法和手段，使金属与周围的介质隔绝开来。最常见的隔离法是在金属表面涂覆油脂、油漆、塑料、橡胶、搪瓷和沥青等非金属材料，另外还可用热镀、喷镀和电镀等方法在金属表面镀一层保护金属。

热镀就是把一种被镀金属浸入到耐蚀金属熔化的液体中，镀上一层保护层，如镀锌铁（白皮铁）和镀锡铁（马口铁）。此法的特点是不能镀较大的制品，镀层不均匀，而且要求耐蚀金属的熔点低。

喷镀是指将耐蚀金属熔化后，用高速气流将其雾化成极细的颗粒并喷射到被镀金属表面，形成涂层。

电镀就是将被镀金属作阴极，耐蚀金属作阳极，以含有耐蚀金属离子的溶液为电镀液，进行电解。电镀可以使被镀金属表面镀上一层保护金属，如铬、镍、铜和银等，同时，也可使金属表面坚固、光洁、美观。但要注意的是，一旦金属保护层被损坏或防腐作用消失，有时会加速金属的腐蚀。

2. 化学处理法

用化学方法使金属表面形成一层钝化膜保护层，如钢铁发蓝和磷化等。

钢铁发蓝的处理方法：将钢铁制件放入含有浓 $NaOH$、$NaNO_2$ 和 $NaNO_3$ 的溶液中，在 140～150 ℃下进行处理。处理后，金属表面生成一层亮蓝色或亮黑色的 Fe_3O_4 薄膜，通常也称为发蓝或发黑。它对干燥气体的抵抗力强，但在水中或潮湿空气中的抵抗力较差。目前，钢铁发蓝工艺已广泛应用于机器零件、精密仪器、光学仪器、钟表零件和军械制造工业。

钢铁磷化的处理方法：把钢铁工件放入特定组成的马日夫盐[分子式为：$Mn(H_2PO_4)_2 \cdot 2H_2O$]中浸泡，使钢铁表面得到一层深灰至灰黑色不溶于水的

混合磷酸盐薄膜保护层，再用润滑剂处理，封闭磷化膜的微孔。这种磷酸盐在大气中有较好的耐蚀性能，即使与酸、碱等接触也不受腐蚀。此法操作简便、费用低廉，已广泛应用于保护钢铁制品，使之免受腐蚀。

3. 电化学保护法

根据原电池正极不受腐蚀的原理，可将被保护金属作为原电池的正极，从而免受腐蚀。然而，负极总是不断地被消耗掉，因此，此法也称为牺牲负极保护法。例如，在海轮外壳的水位线下装上锌块，锌、铁在电解质溶液中（海水）形成的原电池，由于锌比铁活泼，因而锌作为负极而不断溶解，而铁作为正极被保护起来。锌片损耗完可以更换新的锌片，从而使轮船的船体不受海水的侵蚀，如图 6-11 所示。同样道理，可以通过在锅炉内壁装锌片的方式保护锅炉。这种方法还可以用于保护海底设备、地下金属导管、管道和电缆等。

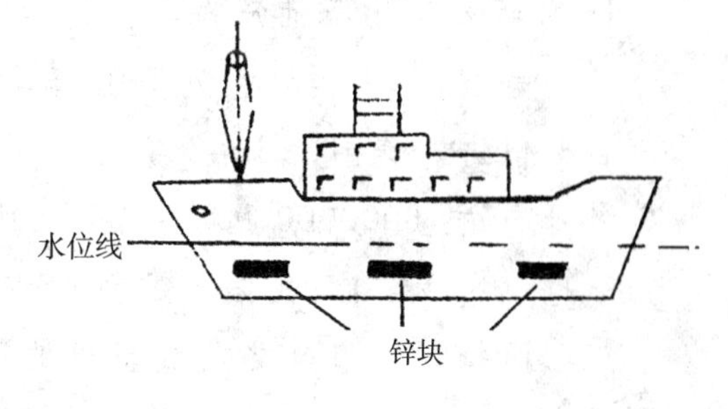

图 6-11　牺牲负极保护法示意图

4. 缓蚀剂法

在腐蚀性的介质中，加入少量能减缓腐蚀速度的物质来防止金属腐蚀，这种方法叫作缓蚀剂法。根据缓蚀剂的不同，可以分为无机缓蚀剂法、有机缓蚀剂法和聚合物缓蚀剂法等。

阅读材料

光伏电池

太阳能光伏电池简称光伏电池，它可把太阳的光能直接转化为电能。目前，地面光伏系统大量使用以硅为基底的硅太阳能电池，硅太阳能电池可分为单晶硅太阳能电池、多晶硅太阳能电池和非晶硅太阳能电池。在能量转换效率和使用寿命等综合性能方面，单晶硅电池和多晶硅电池优于非晶硅电池；多晶硅电池的转换效率比单晶硅电池低，但价格便宜。

从太阳能发展的历程看，19 世纪就发现了光照射到材料上所引起的“光起电力”现象。

1839 年，光生伏特效应由法国物理学家 A. E. Becquerel 发现。

1849 年，术语“光一伏”出现在英语中。

1883年，Charles Fritts成功制备第一块太阳电池。

1930年，照相机的曝光计广泛应用"光起电力"原理。

1946年，Russell Ohl申请了现代太阳能电池的制造专利。

1954年，美国贝尔实验室在做半导体实验时发现，在硅中掺入一定量的杂质对光更加敏感。因此，第一个有实际应用价值的太阳能电池诞生。

20世纪60年代，美国发射的人造卫星就利用太阳能电池作为能量的来源。

20世纪70年代，能源危机使世界各国察觉到能源开发的重要性。1973年发生了石油危机，人们开始把太阳能电池应用于民生。

美国、日本和以色列等国家已经大量使用太阳能装置，并朝商业化的目标前进。美国于1983年在加州建立世界上最大的太阳能电厂，其发电量可高达16000000瓦特。南非、博茨瓦纳、纳米比亚和非洲南部的其他国家也设立专案，鼓励偏远的乡村地区安装低成本的太阳能电池发电系统。

而推行太阳能发电最积极的国家是日本。1994年，日本实施补助奖励办法，推广每户3000瓦特"市电并联型太阳光电能系统"。在第一年，政府补助49%经费，以后的补助逐年递减。"市电并联型太阳光电能系统"指在日照充足时，由太阳能电池提供电能给自家的负载用，若有多余的电力，则另行储存。当发电量不足或者不发电时，所需电力将由电力公司提供。1996年，日本有2600户安装太阳能发电系统，总容量达8000000瓦特。一年后，已经有9400户安装太阳能发电系统，总容量达到32000000瓦特。

在中国，太阳能发电产业也得到政府的鼓励和资助。2009年3月，财政部宣布拟对太阳能光电建筑等大型太阳能工程进行补贴。

目前，我国太阳能光伏产业已经形成比较完整的产业链，特别是在太阳能电池制造方面，已经达到了国际先进水平。涌现出无锡尚德、江西赛维等一大批优秀太阳能光伏企业。但也存在核心技术落后、产业链发展不平衡和产品附加值低等问题。因此，正确认识我国太阳能光伏产业链的发展现状，是推动我国光伏产业健康发展的先决条件。

习　题

1. 原电池的正极发生的是________反应，负极发生的是________反应。

2. 图6-15为另一种形式的铜锌原电池。请据图分析它的原理，指出它是如何导电的，

并写出两极发生的反应。

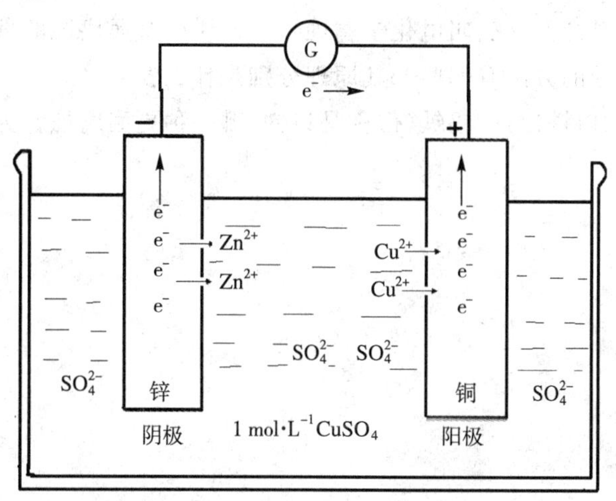

图 6-12　铜锌原电池示意图

3. 将铁片和锌片分别浸入稀硫酸中，它们都被溶解并放出氢气。如果将这两种金属同时浸入稀硫酸中，两端用导线连接，这时将发生什么现象？两种金属是否都溶解？氢气在哪一片金属上析出？

4. 电解池内与电源正极相连的电极叫______极，与电源负极相连的电极叫______极。阳极发生________反应，阴极发生________反应。

5. 要在铁制件表面镀上一层锌，指出电解池应选择的阴、阳极材料和用作电镀液的盐。

6. 纽扣电池的两极材料分别为锌和氧化银，电解质溶液为 KOH 溶液。放电时两个电极反应分别为：

$$Zn+2OH^- =\!=\!= Zn(OH)_2+2e^-$$

$$Ag_2O+H_2O+2e^- =\!=\!= 2Ag+2OH^-$$

下列说法中，正确的是(　　)。

A. 锌是负极，氧化银是正极

B. 锌发生还原反应，氧化银发生氧化反应

C. 溶液中 OH^- 向正极移动，K^+、H^+ 向负极移动

D. 在电流放电过程中，电解质溶液的酸碱性基本保持不变

7. 把铁钉和碳棒用导线连接起来后浸入食盐溶液中，可能出现的现象是(　　)。

A. 碳棒上放出氯气　B. 碳棒上放出氧气　C. 铁钉上放出氢气　D. 铁钉锈蚀

8. 填表。

	原电池	电解池
定　　义		
形成条件		
电极名称		
电极反应		
电池反应		
电子流向		

9.为什么生铁在潮湿空气中比纯铁容易腐蚀？

10.什么叫化学腐蚀？什么叫电化学腐蚀？举例说明金属腐蚀的危害。

11.防止金属腐蚀的方法有哪些？其原理分别是什么？

12.镀锌铁（俗称白铁）与镀锡铁（俗称马口铁）哪一种更耐腐蚀？为什么？

扫一扫，获取参考答案

第七章

有机化学基础

第一节　有机化合物的概述

根据化合物在组成、结构、性质等方面的特点,我们把化合物分为无机化合物与有机化合物两大类,简称无机物与有机物。我们已经学过的单质、氧化物、酸、碱、盐等都属于无机物,而日常生活中必需的粮食、脂肪、蛋白质、酒精、汽油、塑料、纤维与橡胶等都属于有机物。1828 年,德国化学家维勒用无机物氰酸铵成功合成了有机物——尿素,打破了有机物只能从有机体获取的限制。因此,有机化合物的名称早已失去其原来的意义,现在只是沿用这一习惯名称而已。

经元素分析,人们发现所有有机化合物都含有碳元素。对有机化合物的结构进行分析后发现,绝大多数有机化合物都含有碳、氢两种元素,我们把碳氢化合物叫作烃,把烃分子中的氢原子被其他的原子或原子团取代所得的产物叫作烃的衍生物。所以说,有机化合物是含碳元素的化合物(不包括碳的氧化物、碳酸、碳酸盐、氰化物、硫氢化物、氰酸盐、金属碳化物及部分简单含碳化合物等物质)或碳氢化合物及其衍生物的总称。

1-1　有机化合物的特性

有机化合物与无机化合物相比,在性质上主要具有下列特征。

(1) 可燃性。绝大多数有机化合物易燃,如甲烷等,而二氧化硅等无机化合物在普通火焰上是不能燃烧的。

(2) 熔点低。有机化合物熔点较低,一般不超过 400 ℃;无机化合物熔点较高,如氧化铝的熔点为 2054 ℃。

(3) 溶解性。绝大多数有机化合物难溶或不溶于水,易溶于汽油、乙醇、四氯化碳、丙酮和苯等有机溶剂;无机化合物则相反,大多数易溶于水,难溶于有机溶剂。

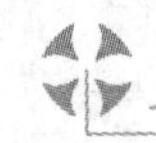

(4) 稳定性差。多数有机化合物的稳定性不如无机化合物，在光、热和细菌等影响下易发生变化。例如，脂肪放久了会变质发臭，白色维生素 C 药片长期暴露在空气中易氧化变成黄色。

(5) 化学反应速度慢，反应产物复杂。多数有机化合物之间的反应速率较慢，并常伴有副反应，且反应产物比较复杂。

有机化合物和无机化合物在性质上的差异是由它们的分子组成和分子结构决定的。有机化合物一般是以共价键结合起来的，而典型的无机化合物是由离子键结合而成的。碳元素的原子结构和成键特征，决定了有机化合物的种类。目前，已知的有机化合物种类已超过千万种，而无机化合物种类只有几十万种。

1-2 有机化合物的结构特点

我们知道，碳原子最外电子层上有 4 个电子，在化学反应中难以失去或得到电子，通常以共用电子对的方式形成共价键。例如，有机化合物中组成最简单的甲烷，其分子具有正四面体结构，4 个 C—H 键的键能和键角完全相同，如图 7-1 所示。

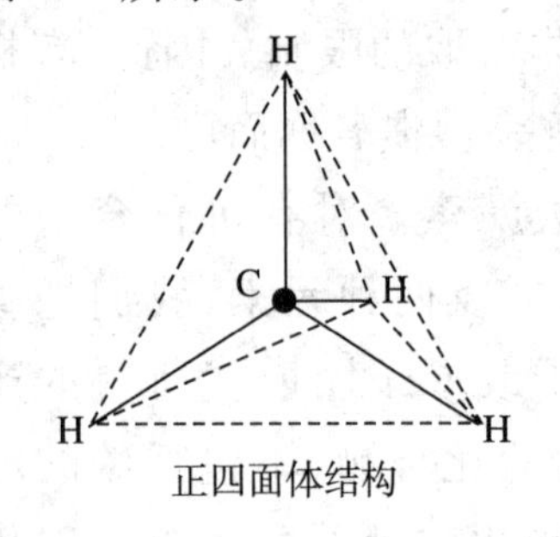

正四面体结构

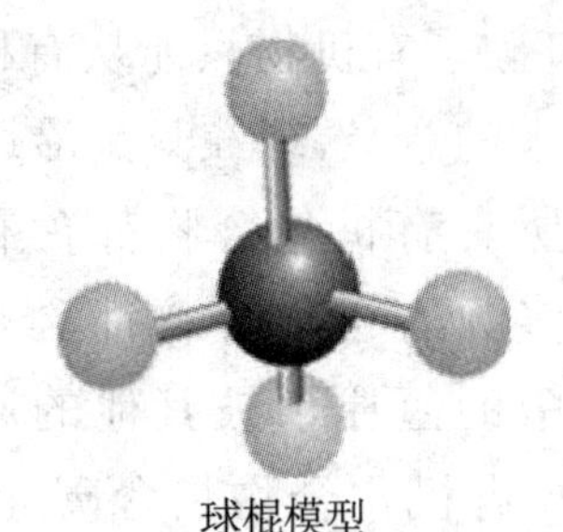

球棍模型

比例模型

图 7-1 甲烷分子结构示意图

甲烷的分子结构可表示为：

$$\begin{matrix} & H & \\ & \cdot\times & \\ H\,{}^{\cdot}_{\times} & C & {}^{\times}_{\cdot}\,H \\ & \times\cdot & \\ & H & \end{matrix} \qquad\qquad \begin{matrix} & H & \\ & | & \\ H— & C & —H \\ & | & \\ & H & \end{matrix}$$

这种用一根短线来表示一对共用电子对的图式叫作结构式，它反映了分子中原子之间的结合方式和次序。

有机化合物中的碳原子不仅能与其他元素的原子形成共价键，碳原子之间也能彼此结合。它们可以共用一对电子形成单键，也可以共用两对电子或

三对电子，分别形成双键或三键。例如，

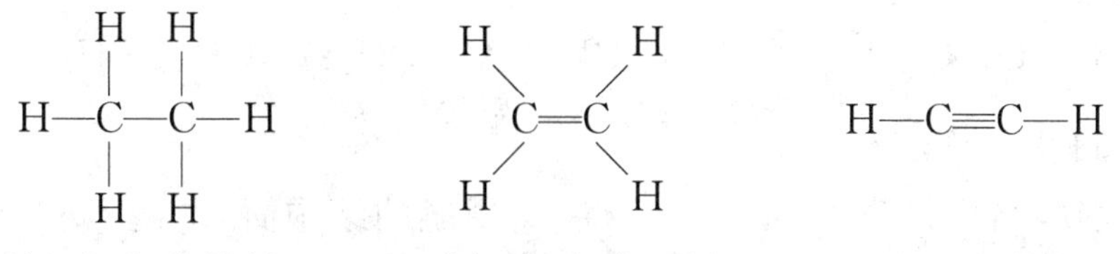

乙烷（含碳碳单键）　　乙烯（含碳碳双键）　　乙炔（含碳碳三键）

碳原子之间可以相互连接形成长短不一的链或大小不同的环，从而构成有机化合物的基本骨架。

有机物分子中，碳原子的数目成千上万，分子内原子之间的连接顺序和方式决定着有机化合物的主要性质。分子组成相同但性质却有差异的现象在有机化合物中普遍存在。例如，分子组成为 C_4H_{10} 的化合物就有两种：

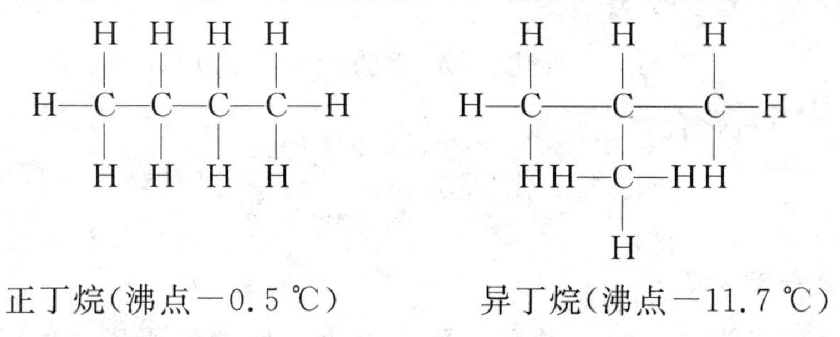

正丁烷（沸点−0.5 ℃）　　异丁烷（沸点−11.7 ℃）

虽然它们分子组成相同，但由于分子结构不同（碳原子连接的顺序不同），因而性质上出现差异，属于不同的化合物。像这种分子的组成相同而结构不同的现象，叫作同分异构现象，具有同分异构现象的化合物互称为同分异构体。

显然，有机化合物的分子式常常不能表明它是哪一种有机化合物，只有指出其结构式才能确定。为方便起见，有机化合物分子常用原子之间的连接次序或结构简式来表示。例如，正丁烷的结构简式可以写成 $CH_3—CH_2—CH_2—CH_3$ 或 $CH_3(CH_2)_2CH_3$，而异丁烷的结构简式可以写成 $CH_3-\underset{\underset{\displaystyle CH_3}{|}}{CH}-CH_3$ 或 $CH_3CH(CH_3)CH_3$ 等。

书写结构简式时要注意：必须满足碳原子四价、氧原子二价、氢原子一价，只有做到这一点才不会出错。例如，分子组成都是 C_2H_6O 的乙醇和甲醚，它们的结构式和结构简式分别为：

$$H-\overset{\displaystyle H}{\underset{\displaystyle H}{\overset{|}{\underset{|}{C}}}}-\overset{\displaystyle H}{\underset{\displaystyle H}{\overset{|}{\underset{|}{C}}}}-O-H$$

$CH_3—CH_2—OH$、$C_2H_5—OH$ 或 C_2H_5OH

乙醇的结构式　　　　乙醇的结构简式

$$H-\underset{H}{\overset{H}{C}}-O-\underset{H}{\overset{H}{C}}-H$$

甲醚的结构式

CH_3-O-CH_3 或 CH_3OCH_3

甲醚的结构简式

同分异构现象在有机化合物中普遍存在，这也是有机化合物种类繁多的重要原因之一。

1-3 有机化合物的分类

有机化合物可以按碳原子结合方式分类，也可以按官能团分类。

1. 按碳原子结合方式分类

有机化合物
- 开链化合物（脂肪族化合物）
- 闭链化合物
  - 碳环化合物
    - 脂环族化合物
    - 芳香族化合物
  - 杂环化合物

2. 按官能团分类

官能团是指能够决定一类有机化合物化学特性的原子或原子团，常见官能团的名称和结构如表 7-1 所示。

表 7-1 常见官能团的名称和结构

化合物类别	官能团		典型代表物名称和结构简式	
	结构	名称		
烯烃	$>C=C<$	双键	乙烯	$CH_2=CH_2$
炔烃	$-C\equiv C-$	三键	乙炔	$H-C\equiv C-H$
卤化物	$-X$	X 表示卤素原子	溴乙烷	CH_3-CH_2-Br
醇或酚	$-OH$	羟基	乙醇	CH_3-CH_2-OH
醛	$-\overset{O}{\overset{\|}{C}}-H$	醛基	甲醛	$H-\overset{O}{\overset{\|}{C}}-H$
酮	$-\overset{O}{\overset{\|}{C}}-$	酮基	丙酮	$CH_3-\overset{O}{\overset{\|}{C}}-CH_3$
羧酸	$-\overset{O}{\overset{\|}{C}}-OH$	羧基	乙酸	$CH_3-\overset{O}{\overset{\|}{C}}-OH$
胺	$-NH_2$	氨基	苯胺	$C_6H_5-NH_2$

1-4　研究有机化合物的一般步骤和方法

研究有机化合物，一方面是为了研究未知物质，以发现新的化合物；另一方面是为了研究已知物质，以寻找新的资源。无论是研究未知物质还是已知物质，整个研究的先决条件是获得纯物质，否则整个研究便毫无意义。从物质的分离、提纯到分子结构的确定，整个过程可分为如下10个步骤：

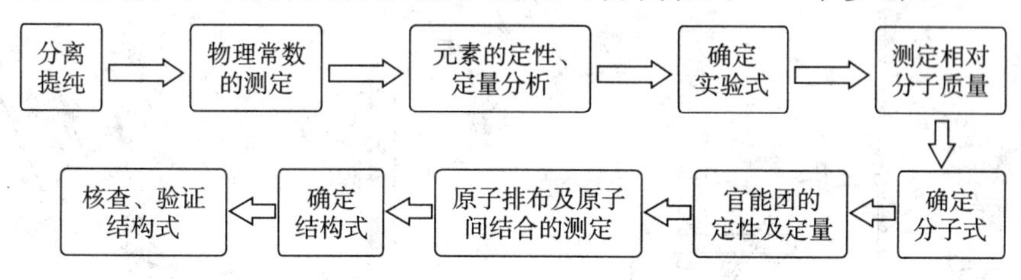

第二节　烃和卤代烃

根据官能团的不同，烃可分为烷烃、烯烃、炔烃和芳香烃等。烃分子中的氢原子被卤素原子取代的化合物称为卤代烃。

2-1　烷烃

烷烃是只含有饱和碳原子的开链烃，因此，烷烃也称饱和烃。甲烷是分子组成最简单的烷烃。

1. 甲烷

甲烷是天然气、沼气、油田气和煤矿坑道气的主要成分。天然气是一种高效、低耗、污染小的清洁能源，目前，世界24%的能源由天然气提供。沼气在解决我国农村的燃料问题、改善农村环境卫生及提高肥料质量等方面发挥着积极的作用。

在实验室中，甲烷可以用无水醋酸钠（CH_3COONa）和碱石灰（氢氧化钠、氢氧化钾和石灰的混合物）混合加热制取。化学反应方程式如下：

$$CH_3\boxed{COONa+NaO}H \xrightarrow[\triangle]{\text{催化剂}} Na_2CO_3+CH_4\uparrow$$

【课堂演示7-1】　取1药匙研细的无水醋酸钠和2药匙研细的碱石灰，在纸上充分混合，迅速装进清洁干燥的试管中，装置如图7-2所示。加热，用排水集气法收集生成的甲烷，观察颜色，嗅气味。再把甲烷经导管分别通入盛有酸性高锰酸钾溶液和溴水的试管中，观察溶液颜色是否变化。最后，在导管口点燃甲烷，观察燃烧现象。

甲烷是无色、无味的气体，比空气轻，极难溶于水，很容易燃烧。由于甲烷分子中只存在比较稳定的碳氢键，因此，甲烷化学性质稳定，通常情况下与强酸、强碱、强氧化剂、强还原剂等均不发生反应。例如，甲烷不能使酸性高锰酸钾溶液褪色，也不能使溴水褪色。但在一定条件下，甲烷可发生某些化学反应。

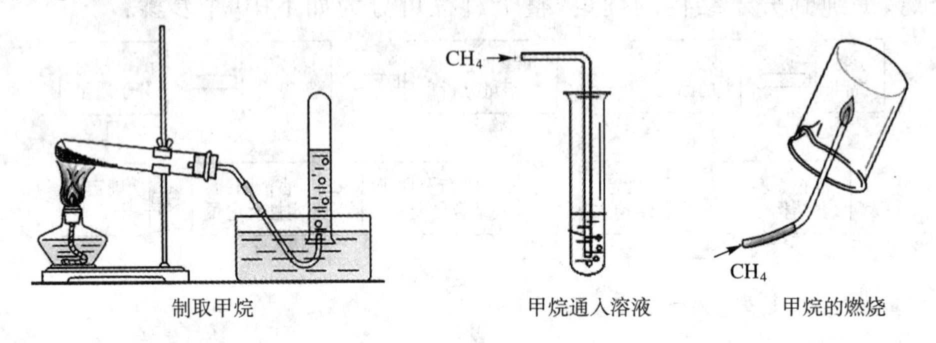

制取甲烷　　甲烷通入溶液　　甲烷的燃烧

图 7-2　甲烷的制取和性质

(1)甲烷的氧化反应。

纯净的甲烷在空气中可以燃烧，产生淡蓝色火焰并生成二氧化碳和水。

$$CH_4(g)+2O_2(g)\xrightarrow{\text{点燃}}CO_2(g)+2H_2O(l)\quad \Delta H=-890.3\ kJ\cdot mol^{-1}$$

(2)甲烷的取代反应。

甲烷在强光照射或加热到 250 ℃以上时能与氯气发生剧烈的反应。

$$\begin{array}{c}H\\|\\H-C-H\\|\\H\end{array} + Cl-Cl \xrightarrow{\text{光}} \begin{array}{c}H\\|\\H-C-Cl\\|\\H\end{array} + HCl$$

甲烷（CH_4）　　一氯甲烷（CH_3Cl）

一氯甲烷(CH_3Cl)还可以继续与 Cl_2 反应，生成二氯甲烷(CH_2Cl_2)、三氯甲烷($CHCl_3$，俗名氯仿)和四氯化碳(CCl_4)的混合物。常温下，CH_3Cl 为气体，其他三种都是液体。$CHCl_3$ 和 CCl_4 都是常用的有机溶剂，CCl_4 还是一种高效灭火剂。

有机化合物分子中，某些原子或原子团被其他原子或原子团所代替的反应称为取代反应。有机化合物分子中的氢原子或羟基等官能团被卤素原子取代的反应称为卤代反应。

卤代烃是重要的烃的衍生物，卤代烃中的氯原子和溴原子都比氢原子活泼，因而更容易被其他原子或原子团取代。

2.其他烷烃

只含有饱和碳原子的开链烃有很多，因此，烷烃是一系列有机物，如表7-2所示。

表7-2　常见开链烷烃

名称	结构简式	分子式
甲烷	CH_4	CH_4
乙烷	$CH_3—CH_3$	C_2H_6
丙烷	$CH_3—CH_2—CH_3$	C_3H_8
丁烷	$CH_3—CH_2—CH_2—CH_3$	C_4H_{10}
戊烷	$CH_3—CH_2—CH_2—CH_2—CH_3$	C_5H_{12}

由上可知，碳原子数相邻的两个烷烃分子，在组成上相差一个CH_2。我们把结构相似、分子组成上相差一个或若干个CH_2原子团的一系列化合物称为同系物。可以看出，若烷烃分子中碳原子数目为n，则氢原子的数目为$2n+2$，因此，烷烃的组成可用通式C_nH_{2n+2}表示。

同系物的化学性质相似，物理性质随碳原子数的增加而呈现规律性的变化，如沸点逐渐升高、相对密度逐渐增大。常温常压下，含1～4个碳原子的直链烷烃为气体，含5～16个碳原子的直链烷烃为液体，含碳原子数目超过16个的直链烷烃（正十七烷除外）为固体。烷烃均难溶于水，而易溶于乙醇、乙醚等有机溶剂。烷烃的化学性质与甲烷相似。

3.烷烃的命名

烷烃可以根据分子中碳原子的数目进行命名。碳原子数在10个以内的用甲、乙、丙、丁、戊、己、庚、辛、壬和癸来表示，碳原子数在10个以上的用中文数字来表示。例如，C_4H_{10}称为丁烷，$C_{16}H_{34}$称为十六烷。这种命名方法为习惯命名法，它只能用来命名结构简单的烷烃。烷烃的命名广泛采用系统命名法，规则如下：

(1)选择含碳原子数最多的碳链为主链，根据主链中碳原子的数目命名为“某烷”。

(2)从最靠近支链的一端开始，用1、2、3……阿拉伯数字依次表示主链中碳原子的位置。

(3) 支链作为取代基，将其名称写在“某烷”的前面，在支链名称前用阿拉伯数字注明其位置，并在数字与名称之间用短线隔开。

(4)如果主链上有相同取代基，可在取代基名称前标“二”“三”等数字表示其个数，每个取代基的位置都应标出，以“,”隔开，列于取代基前；若有不同取

代基，则先写简单的，后写复杂的。例如，

$$\begin{array}{l} CH_3—\underset{\displaystyle CH_2}{\underset{|}{CH}}—CH_2—CH_2—CH_3 \end{array}$$

2-甲基戊烷

$$CH_3—\underset{\displaystyle CH_3}{\underset{|}{CH}}—\underset{\displaystyle CH_3}{\underset{|}{CH}}—CH_2—CH_3$$

2,3-二甲基戊烷

$$CH_3—\overset{\displaystyle CH_3}{\overset{|}{\underset{\displaystyle CH_2}{\underset{|}{C}}}}—CH_2—CH_2—CH_3$$

2,2-二甲基戊烷

$$CH_3—\underset{\displaystyle CH_2—CH_3}{\underset{|}{CH}}—CH_2—CH_2—CH_2—CH_3$$

3-甲基庚烷

2-2　烯烃与炔烃

分子中含有碳碳双键的开链烃称为烯烃，含有碳碳三键的开链烃称为炔烃。最简单的烯烃和炔烃分别是乙烯和乙炔，其他烯烃和炔烃可以看作是乙烯和乙炔分子中的氢原子被烃基取代的产物。例如，

$CH_2═CH_2$　　　$HC≡CH$　　　$CH_2═CH—CH_3$

乙烯　　　乙炔　　　丙烯

由于双键碳原子和三键碳原子所结合的原子没有达到最大程度，因而被称为不饱和碳原子，烯烃和炔烃属于不饱和烃。烯烃分子中每个碳碳双键，都会使其组成比相应的烷烃少 2 个 H 原子，而炔烃分子中每个碳碳三键，都会使其组成比相应的烷烃少 4 个 H 原子。

1. 乙烯与乙炔的分子结构

乙烯分子中的双键碳原子具有平面结构，而乙炔分子中的三键碳原子具有直线型结构，如图 7-3 所示。

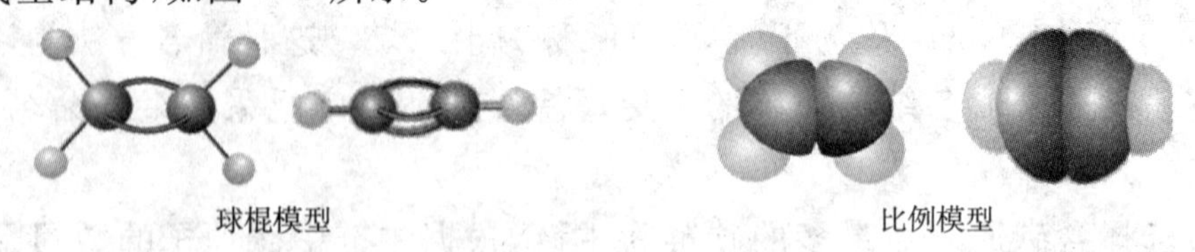

图 7-3　乙烯和乙炔分子结构示意图

由此可见，乙烯的结构式为 $\begin{array}{c} H \quad\quad H \\ \diagdown \quad \diagup \\ C═C \\ \diagup \quad \diagdown \\ H \quad\quad H \end{array}$ ，乙炔的结构式为 $H—C≡C—H$。乙烯是无色、稍有甜味的气体，比空气略轻，难溶于水，易溶于有机溶剂。乙烯是有机合成工业和石油化学工业的重要原料，可用来合成酒精、塑料、炸药等，

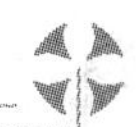

还可用作果实催熟剂。

工业上所用的乙烯主要是从石油炼制厂和石油化工厂生产的气体中分离出来的，实验室中可通过无水乙醇和浓硫酸混合加热制得，如图 7-4 所示。

$$CH_3—CH_2—OH \xrightarrow[170\ ℃]{浓硫酸} CH_2═CH_2\uparrow + H_2O$$

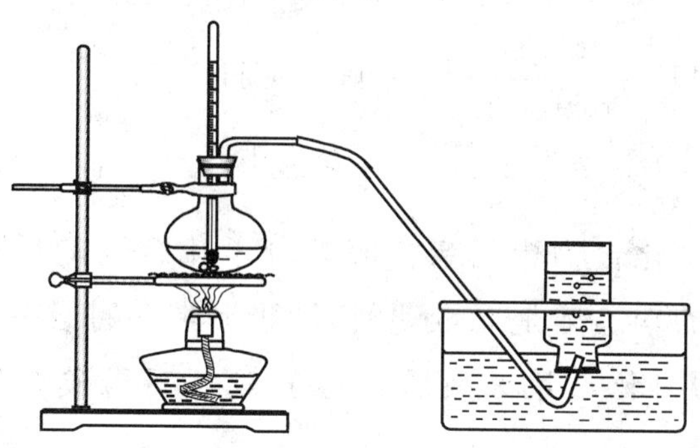

图 7-4　乙烯的制取

乙炔俗称电石气，纯净的乙炔是无色、无味的气体，微溶于水，易溶于有机溶剂。实验室中可用电石与水反应制取乙炔，反应式如下：

$$CaC_2 + 2H_2O \longrightarrow Ca(OH)_2 + HC\equiv CH\uparrow$$

2. 乙烯与乙炔的化学性质及用途

【课堂演示 7-2】 把乙烯分别通入盛有酸性高锰酸钾溶液和溴水的试管中，观察现象。

可以看到：酸性高锰酸钾溶液的紫色和溴水的红棕色很快褪去，说明乙烯分子中碳碳双键的稳定性不如烷烃中的碳碳单键。碳碳双键并不等同于 2 个碳碳单键，双键不稳定，使得乙烯的化学性质比较活泼，能够使酸性高锰酸钾溶液和溴水褪色。

$$CH_2═CH_2 + Br_2 \longrightarrow \underset{\displaystyle Br}{\underset{|}{CH_2}}—\underset{\displaystyle Br}{\underset{|}{CH_2}} \quad （1，2\text{-}二溴乙烷）$$

在这个反应中，乙烯分子中的双键断裂，2 个溴原子分别加在 2 个不饱和的碳原子上。这种有机化合物分子中不饱和碳原子与其他原子或原子团直接结合，生成新的化合物的反应为加成反应。

在一定条件下，乙烯还可与 H_2、HCl、Cl_2 和 H_2O 等物质发生加成反应。

$$CH_2═CH_2 + H_2 \xrightarrow[40\sim150\ ℃]{Ni} CH_3—CH_3 \quad （乙烷）$$

$$CH_2═CH_2 + HCl \xrightarrow[130\sim150\ ℃]{无水\ AlCl_3} CH_3—CH_2—Cl \quad （一氯乙烷）$$

$$CH_2═CH_2 + H_2O \xrightarrow[高温高压]{催化剂} CH_3—CH_2—OH \quad （乙醇）$$

乙烯在空气中完全燃烧生成二氧化碳和水，并放出大量的热。

$$CH_2{=\!=}CH_2(g)+3O_2(g)\xrightarrow{\text{点燃}}2CO_2(g)+2H_2O(l)\quad \Delta H=-1411.0\ kJ\cdot mol^{-1}$$

在一定条件下，乙烯分子可以自相加成，生成大分子化合物。

$$\underset{\text{乙烯}}{nCH_2{=\!=}CH_2}\xrightarrow[\text{高温、高压}]{\text{催化剂}}\underset{\text{聚乙烯}}{\left[\!-CH_2-CH_2-\!\right]_n}$$

像这种由小分子化合物相互结合成大分子化合物的反应，称为聚合反应。乙烯自相加成生成的聚乙烯是无毒塑料，用于制造各种食品袋。

【课堂演示 7-3】 把乙炔分别通入盛有酸性高锰酸钾溶液和溴水的试管中，观察现象。

乙炔的化学性质与乙烯基本相似，能够使酸性高锰酸钾溶液和溴水褪色，可以发生加成、氧化、聚合反应。

乙炔使溴水褪色的反应：

$$HC{\equiv}CH+Br_2\longrightarrow \underset{Br}{\underset{|}{CH}}{=\!=}\underset{Br}{\underset{|}{CH}}\ \text{（1,2-二溴乙烯）}$$

$$HC{\equiv}CH+2Br_2\longrightarrow \overset{Br}{\overset{|}{\underset{Br}{\underset{|}{CH}}}}-\overset{Br}{\overset{|}{\underset{Br}{\underset{|}{CH}}}}\ \text{（1,1,2,2-四溴乙烷）}$$

乙炔燃烧时产生大量的热，其反应式为：

$$2HC{\equiv}CH(g)+5O_2(g)\xrightarrow{\text{点燃}}4CO_2(g)+2H_2O(l)\quad \Delta H=-2600\ kJ\cdot mol^{-1}$$

乙炔在氧气中燃烧产生的氧炔焰，温度可超过 3000 ℃，可以用来切割和焊接金属材料。

3. 烯烃与炔烃的命名

烯烃与炔烃的命名与烷烃类似，所不同的是，要指出双键或三键在碳链上的位置。

(1) 选择含有双键或三键的最长碳链作为主碳链，称为“某烯”或“某炔”。

(2) 从离双键或三键最近的一端开始，给主链碳原子依次编号。

(3) 在“某烯”的前面用阿拉伯数字标明双键或三键的位置（只需标明双键

或三键碳原子中编号较小的数字)，数字与名称之间用短线隔开。例如，

$$CH_2{=}CH{-}CH(CH_3){-}CH_3$$

3-甲基-1-丁烯

$$CH_3{-}CH{=}C(CH_3){-}CH(CH_3){-}CH_2{-}CH_3$$

3，4-二甲基-2-己烯

$$CH{\equiv}C{-}CH(CH_3){-}CH_3$$

3-甲基-1-丁炔

$$CH_3{-}C{\equiv}C{-}CH(CH_3){-}CH(CH_3){-}CH_3$$

4，5-二甲基-2-己炔

2-3　二烯烃

分子中含有两个碳碳双键的烯烃为二烯烃。二烯烃的命名与烯烃相似，只是将“某烯”改为“某二烯”。例如，

$$CH_2{=}CH{-}CH_2{-}CH{=}CH_2$$

1，4-戊二烯

$$CH_2{=}CH{-}C(CH_3){=}CH_2$$

2-甲基-1，3-丁二烯(异戊二烯)

$$CH_2{=}CH{-}CH{=}CH_2$$

1，3-丁二烯

二烯烃中最重要的是1，3-丁二烯，其化学性质与单烯烃相似，主要发生加成和聚合反应。与单烯烃不同的是，它发生的加成反应既可以按1，2加成方式进行，也可以按1，4加成方式进行。

$$CH_2{=}CH{-}CH{=}CH_2 + Br_2 \xrightarrow{1,2加成} CH_2Br{-}CHBr{-}CH{=}CH_2$$

$$CH_2{=}CH{-}CH{=}CH_2 + Br_2 \xrightarrow{1,4加成} CH_2Br{-}CH{=}CH{-}CH_2Br$$

1，3-丁二烯发生聚合反应，生成高分子聚合物——顺丁橡胶，它是制造轮胎的原料。

$$nCH_2{=}CH_2{-}CH{=}CH_2 \xrightarrow{聚合} \left[\begin{matrix} H_2C & & & & CH_2 \\ & C & = & C & \\ H & & & & H \end{matrix} \right]_n$$

1，3-丁二烯　　　　顺丁橡胶

2-4　芳香烃

分子中含有一个或多个苯环结构的烃称为芳香烃，苯是最简单的芳香烃。

1. 苯的分子结构

苯是无色液体，具有特殊气味，比水轻，难溶于水，易溶于有机溶剂。苯的分子式是 C_6H_6，结构式为：

```
       CH
     //   \
   HC       CH
   |        ||
   HC       CH
     \\   /
       CH
```

简写为 ⌬

图 7-5　苯分子结构示意图

【课堂演示 7-4】　取 2 支试管，各加入少量苯。在第一支试管中滴加酸性高锰酸钾溶液，在第二支试管中滴加溴水，振荡，观察现象。

实验表明，苯既不能使酸性高锰酸钾溶液褪色，也不能使溴水褪色，说明苯分子中没有与乙烯或乙炔类似的碳碳双键或碳碳三键。研究证明，苯分子是正六边形（如图 7-5 所示），碳碳键长完全相等，是一种介于单键和双键之间的特殊的键。苯的结构式可以用 ⏣ 来表示，也可以沿用 ⌬ 来表示，但决不能认为苯环是单、双键交替组成的环状结构。苯的化学性质与烯烃有很大区别。

2. 苯的化学性质及用途

(1) 苯的取代反应。

苯环上的氢原子在一定条件下可被卤素、硝基和磺酸基等原子或基团取代。例如，

$$C_6H_6 + Br_2 \xrightarrow{FeBr_3} C_6H_5{-}Br + HBr$$

溴苯

$$C_6H_6 + HO{-}NO_2 \xrightarrow[50\sim60\ ℃]{浓\ H_2SO_4} C_6H_5{-}NO_2 + H_2O$$

硝基苯

$$C_6H_6 + HO{-}SO_3H \xrightarrow[70\sim80\ ℃]{浓\ H_2SO_4} C_6H_5{-}SO_3H + H_2O$$

苯磺酸

(2)苯的加成反应。

苯环难以发生加成反应，但在特定条件下，苯也能与氢气或氯气等发生加成反应。

$$C_6H_6 + 3H_2 \xrightarrow[\text{高温高压}]{Ni} C_6H_{12}$$

环己烷

在紫外线照射下，苯与氯可以发生加成反应，生成六氯环己烷($C_6H_6Cl_6$)，即“六六六”。它曾是一种广泛应用的有机氯杀虫剂，但由于其化学性质稳定，残留毒性高，在环境中降解缓慢且半衰期持久，因此，我国已禁止生产和使用“六六六”。

(3)氧化反应。

苯在空气中能燃烧，生成水和二氧化碳。

$$2C_6H_6 + 15O_2 \xrightarrow{\text{点燃}} 12CO_2 + 6H_2O$$

3.苯的同系物

苯的同系物是苯环上的氢原子被烷基取代的产物。例如，

$$C_6H_5—CH_3 \qquad C_6H_4(CH_3)_2 \qquad C_6H_5—CH_2—CH_3$$

甲苯　　邻二甲苯　　乙苯

苯的同系物在性质上与苯有许多相似之处，如都能燃烧、都能发生取代反应等，但由于苯环和侧链的相互影响，因而苯的同系物比苯活泼。例如，

$$C_6H_5CH_3 + 3HO—NO_2 \xrightarrow[\triangle]{\text{浓}H_2SO_4} CH_3C_6H_2(NO_2)_3 + 3H_2O$$

三硝基甲苯(TNT)

【课堂演示7-5】 取2支试管，各加入甲苯。在第一支试管中滴加酸性高锰酸钾溶液，在第二支试管中滴加溴水，用力振荡，观察现象。

实验表明，甲苯能使酸性高锰酸钾溶液褪色但不能使溴水褪色。利用这一性质，可将苯的同系物与苯和不饱和烃区分开来。

苯及苯的同系物都是重要的化工原料，可用于合成炸药、燃料、医药、农药、塑料和橡胶等，其中苯和甲苯也是常用的有机溶剂。

第三节　烃的含氧衍生物

烃的含氧衍生物可分为醇、酚、醚、醛、酮、羧酸和酯等。醇、酚和醚中的氧原子以饱和的$-OH$(羟基)和$-O-$(醚键)的形式存在，醛、酮中的氧原子以不饱和的$-\underset{|}{C}=O$（羰基）的形式存在，而羧酸和酯中羰基与饱和的氧原子直接相连。它们可以看作是烃分子中的氢原子分别被这些含有氧原子的原子团所取代的产物。

3-1　醇和酚

醇和酚可以看成是烃分子中的氢原子被羟基($-OH$)取代后产生的化合物，羟基与苯环直接相连的是酚，没有与苯环直接相连的是醇。例如，

$CH_3—CH_3—OH$	⌬—OH	⌬—CH_2—OH
乙醇	苯酚	苯甲醇

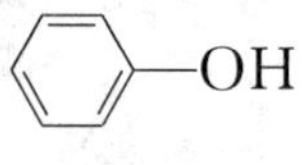

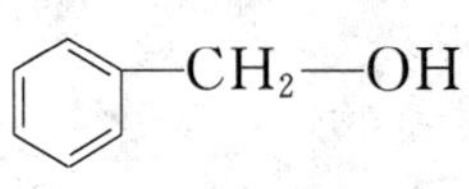

1. 醇

根据醇分子中所含羟基的数目，可以分为一元醇、二元醇和多元醇。例如，甲醇（$CH_3—OH$）与乙醇（$CH_3—CH_2—OH$）为一元醇；乙二醇（$HO—CH_2—CH_2—OH$）又叫甘醇，是一种重要的二元醇；丙三醇（$\underset{OH}{\underset{|}{CH_2}}—\underset{OH}{\underset{|}{CH}}—\underset{OH}{\underset{|}{CH_2}}$）俗称甘油，是三元醇。

由于醇分子中的羟基可以与另一醇分子中的羟基形成氢键，也能与水形成氢键，因此，含碳原子数目不多的低级醇与相对分子质量相近的烷烃相比，具有较高的沸点和很好的水溶性。

醇羟基官能团中的 O—H 键氢原子可以被取代，C—O 键也容易断裂，因而羟基能够脱去或被取代。

(1) 与活泼金属反应。

【课堂演示 7-6】 向1支干燥的试管中注入 2 mL 无水乙醇，放入一小粒金属钠，观察实验现象。

实验可观察到有气体产生，且乙醇与金属钠的反应比水与金属钠的反应要平和。

$$2C_2H_5OH+Na \longrightarrow 2C_2H_5ONa+H_2\uparrow$$

（2）氧化反应。

乙醇在银或铜的催化下，可以被空气中的氧气氧化成乙醛。

$$2CH_3—CH_2—OH + O_2 \xrightarrow[\triangle]{Cu} 2CH_3—CHO + 2H_2O$$

（3）脱水反应。

乙醇与浓硫酸共热可发生脱水反应，其脱水的方式随温度的不同而不同，既可在分子内脱水，也可在分子间脱水。

$$C_2H_5—OH + HO—C_2H_5 \xrightarrow[140\ ℃]{浓H_2SO_4} C_2H_5—O—C_2H_5 + H_2O$$

乙醚

$$\underset{H}{\underset{|}{CH_2}}—\underset{OH}{\underset{|}{CH_2}} \xrightarrow[170\ ℃]{浓H_2SO_4} CH_2=CH_2 + H_2O$$

乙烯

2. 酚

苯酚是酚类化合物中最简单的一元酚，其分子式是 $C_6H_5—OH$，结构简式为 $C_6H_5—OH$（苯环—OH）。

苯酚能从煤炭中提取，有弱酸性，俗称石炭酸。苯酚为无色针状晶体，具有特殊气味，暴露在空气中易被氧化而显粉红色。苯酚在常温下微溶于水，温度高于 65 ℃时能与水以任意比例混溶，易溶于乙醇和乙醚。

由于受苯环的影响，酚羟基中氢原子的活泼性增大，在水中能电离出少量氢离子，因此，苯酚具有一定的酸性。

【课堂演示 7-7】 取 1 支试管，加入少量苯酚晶体，再加入少量的水，振荡试管，观察现象。然后向试管内逐滴加入 2 $mol \cdot L^{-1}$ NaOH 溶液，边加边振荡，再观察现象。

可以看到：苯酚水溶液是混浊的，说明苯酚在水中溶解度不大。加氢氧化钠后变澄清，是因为苯酚与之发生反应，生成了易溶于水的苯酚钠。

$$C_6H_5OH + NaOH \longrightarrow C_6H_5ONa + H_2O$$

若向苯酚钠溶液中通入二氧化碳，则溶液又变混浊，说明苯酚又被游离出来，苯酚的酸性比碳酸弱。

$$C_6H_5ONa + CO_2 + H_2O \longrightarrow C_6H_5OH + NaHCO_3$$

【课堂演示7-8】 取1支试管，加入3 mL苯酚的饱和水溶液，再滴加$FeCl_3$溶液，观察现象。

可以看到：苯酚溶液立即显紫色。这是苯酚的一个特性反应，可以利用这一反应把苯酚与其他化合物区别开来。大多数酚都能与三氯化铁溶液发生显色反应，不同的酚显示不同的颜色。

【课堂演示7-9】 取1支试管，加入1 mL苯酚的饱和水溶液，再滴加饱和溴水，观察现象。

可以看到：溶液立即出现白色沉淀。

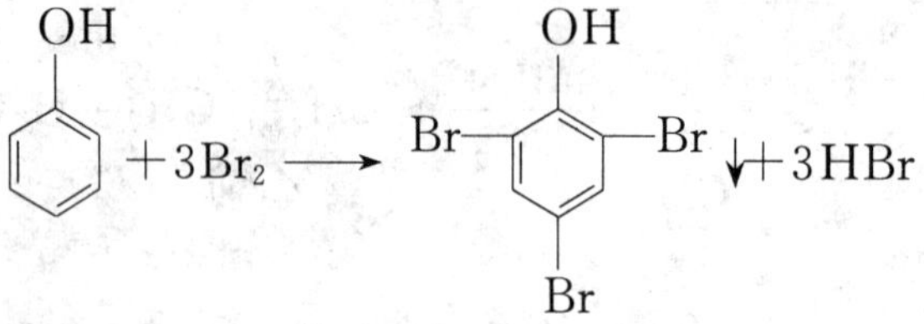

$$C_6H_5OH + 3Br_2 \longrightarrow C_6H_2Br_3OH\downarrow + 3HBr$$

（苯酚与溴反应生成2,4,6-三溴苯酚沉淀）

这个反应非常灵敏，可用于苯酚的定性检验和定量测定。

酚类很容易被氧化，空气中的氧就能使苯酚氧化而显红色。所以，保存酚时，应尽量避免与空气接触。

苯酚是重要的化工原料，可用于制造酚醛树脂、染料和药物等。苯酚也能使蛋白质凝固，具有杀菌作用，且杀菌谱较广，在医药上用作消毒剂。但苯酚对皮肤具有较强的腐蚀性和刺激性，当不小心把苯酚沾到皮肤上时，可用消毒酒精洗去。

3-2 醛和酮

醛和酮的分子中都含有羰基（$-\overset{O}{\overset{\|}{C}}-$）。如果羰基的碳原子上连有一个氢原子，就构成醛基（$-\overset{O}{\overset{\|}{C}}-H$），醛基是醛的官能团，醛基与烃基相连构成的化合物是醛（$R-\overset{O}{\overset{\|}{C}}-H$），如乙醛（$CH_3-\overset{O}{\overset{\|}{C}}-H$）；羰基与两个烃基相连构成的化合物是酮，如丙酮（$CH_3-\overset{O}{\overset{\|}{C}}-CH_3$）。

1. 醛

甲醛（$H-\overset{O}{\overset{\|}{C}}-H$）是最简单的醛，为无色、具有强烈刺激性气味的气体，易

溶于水。甲醛有毒，能使蛋白质凝固，具有杀菌作用。40%甲醛水溶液俗称福尔马林，常用作消毒剂和防腐剂。

乙醛（$CH_3-\overset{\overset{O}{\|}}{C}-H$）是一种无色、有刺激性气味的易挥发液体。甲醛和乙醛都是重要的有机化工原料，它们的用途非常广泛，能够合成多种有机物。

醛基官能团可以发生氧化反应和加成反应。

（1）氧化反应。

醛可以与弱的氧化剂如托伦试剂（银氨溶液）和斐林试剂反应：

$$CH_3-\overset{\overset{O}{\|}}{C}-H+2Ag(NH_3)_2OH \xrightarrow{\triangle} CH_3-\overset{\overset{O}{\|}}{C}-NH_4+2Ag\downarrow+3NH_3+H_2O$$

由于银离子被还原成银，沉积在试管壁上形成光亮的银镜，因此，此反应称为银镜反应。

（2）加成反应。

由于醛基上有碳氧双键，因此，醛在一定的条件下可以发生羰基上的加成反应，例如，

$$CH_3-\overset{\overset{O}{\|}}{C}-H+H_2 \xrightarrow[\triangle]{Ni} CH_3-CH_2-OH$$

在有机化学反应中，加氢的反应称为还原反应。

2. 酮

丙酮的结构简式为$CH_3-\overset{\overset{O}{\|}}{C}-CH_3$，是最简单的酮。丙酮为无色、易挥发、易燃烧、有特殊气味的液体，能与水、乙醇、乙醚、氯仿等混溶，并能溶解脂肪、树脂和橡胶等许多有机物，是常用的有机溶剂。丙酮还是重要的有机合成材料，可用于合成有机玻璃、环氧树脂、聚异戊二烯橡胶等。

丙酮也是脂肪酸在体内代谢的中间产物。正常情况下，血液中的丙酮含量很低；糖尿病患者由于代谢异常，因而体内常有过量的丙酮产生，并从尿中排出。检查尿中是否含有丙酮，可向尿中滴加亚硝酰铁氰化钠溶液和氢氧化钠溶液，如有丙酮存在，尿液即呈鲜红色。

3-3　羧酸和酯

1. 羧酸

（1）羧酸的结构和分类。

羧酸是由烃基与羧基（$-\overset{\overset{O}{\|}}{C}-OH$）相连而构成的有机化合物，羧基是羧酸的官能团。根据与羧基相连的烃基的不同，羧酸可分为脂肪酸和芳香酸。在脂肪酸中，根据烃基是否饱和，又可分为饱和脂肪酸和不饱和脂肪酸。根据分子中羧基数目不同，羧酸还可分为一元羧酸、二元羧酸和多元羧酸。

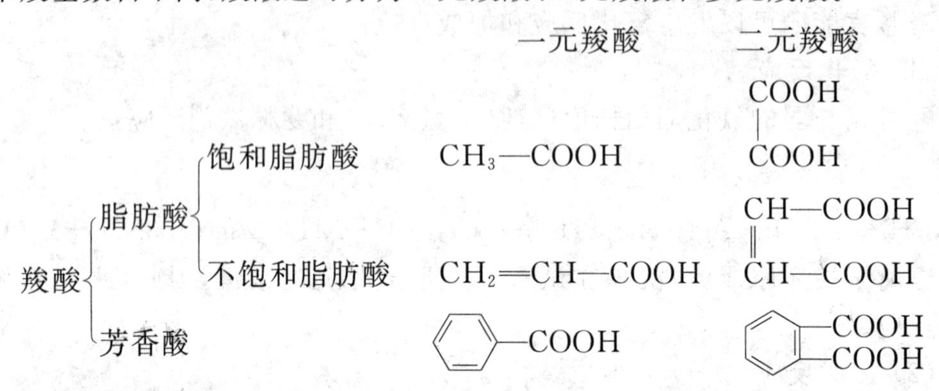

(2) 羧酸的命名。

饱和一元羧酸的命名是选择含羧基的最长碳链作主链，根据主链上碳原子的数目称为“某酸”。带侧链的羧酸从羧基开始，用阿拉伯数字将主链碳原子编号，或从与羧基直接相连的碳原子开始用希腊字母 α、β、γ…… 编号，命名时把取代基的位次、数目和名称写在“某酸”之前。例如，

$H-COOH$　　　CH_3-COOH　　　$CH_3-\underset{\underset{CH_3}{|}}{CH}-COOH$

甲酸　　　乙酸（醋酸）　　　2-甲基丙酸（α-甲基丙酸）

芳香酸命名时，是以脂肪酸为母体，芳香烃基为取代基。例如，

C_6H_5-COOH　　　$C_6H_5-CH_2-COOH$

苯甲酸　　　苯乙酸

2. 乙酸

乙酸俗称醋酸，食醋中含有 3%～5% 的乙酸。纯净的乙酸是具有强烈刺激性酸味的无色液体，能与水混溶。纯乙酸在温度低于 16.6 ℃时凝结成冰状固体，故又称冰醋酸。

乙酸是一种弱酸，具有酸的通性，在水溶液中能发生部分电离。

$$CH_3COOH \rightleftharpoons CH_3COO^- + H^+$$

乙酸在有浓硫酸存在并加热的条件下能够与乙醇发生反应，生成乙酸乙酯。

$$\underset{\text{乙酸}}{CH_3-\overset{\overset{\displaystyle O}{\|}}{C}-OH} + \underset{\text{乙醇}}{H-O-C_2H_5} \underset{\triangle}{\overset{\text{浓硫酸}}{\rightleftharpoons}} \underset{\text{乙酸乙酯}}{CH_3-\overset{\overset{\displaystyle O}{\|}}{C}-O-C_2H_5} + H_2O$$

酸和醇反应脱水生成酯的反应叫作酯化反应。

乙酸的用途极为广泛，可用于制取醋酸纤维、合成纤维（如维纶）和增塑剂等，也可用于食品工业。此外，乙酸具有抗细菌和真菌的作用，在医药上可用作消毒防腐剂。例如，0.5%～2%的乙酸溶液可用于洗涤烫伤、灼伤的创面，30%的乙酸溶液外搽可治疗甲癣、鸡眼等。另外，每立方米空间用 2 mL 食醋熏蒸，可以预防流感及感冒。

3. 酯

酯是由酸和醇经酯化反应生成的化合物，分为无机酸酯和有机酸酯（亦称羧酸酯）两类。羧酸酯类的通式为 $R-\overset{\overset{\displaystyle O}{\|}}{C}-OR'$，R 和 R′可相同也可不相同，$-\overset{\overset{\displaystyle O}{\|}}{C}-O-$ 称为酯键，是羧酸酯的官能团。

酯的命名是根据羧酸和醇的名称而来的，把羧酸名称写在前，醇的名称写在后，并把“醇”字改为“酯”，称为“某酸某酯”。例如，

$$H-\overset{\overset{\displaystyle O}{\|}}{C}-O-CH_3$$

甲酸甲酯

$$CH_3-\overset{\overset{\displaystyle O}{\|}}{C}-O-CH_3$$

乙酸甲酯

$$CH_3-\overset{\overset{\displaystyle O}{\|}}{C}-O-CH_2-CH_3$$

乙酸乙酯

$$C_6H_5-\overset{\overset{\displaystyle O}{\|}}{C}-O-CH_3$$

苯甲酸甲酯

酯难溶于水，易溶于有机溶剂。含碳原子较少的低级酯多为无色、有香味的液体，例如，戊酸戊酯有苹果香味，乙酸异戊酯有香蕉香味，丁酸乙酯有菠萝香味，苯甲酸甲酯有茉莉花香味等。因此，日常生活中的饮料、糖果和糕点等常使用酯类香料。

*第四节　有机含氮化合物简介

有机含氮化合物是分子内含有氮元素的有机物，氮原子的存在形式可以是硝基（$-NO_2$）、氨基（$-NH_2$）、酰胺基[$-\overset{O}{\overset{\|}{C}}-NR(H)_2$]、氰基（$-CN$）等，也可以是偶氮（$-N{=}N-$）、联氨（$-NH-NH-$）和杂环等。有机含氮化合物种类繁多，在工农业生产、日常生活和生命活动中起着非常重要的作用。

硝基与烃基相连的化合物称为硝基化合物，它们可以看作是烃分子中的氢原子被硝基取代的产物。芳香族硝基化合物可以在芳环上直接硝化而制得，硝基化合物分子中的硝基能够发生与硝酸类似的还原反应，硝基可以被还原成$-NH_2$、$-N{=}N-$和$-NH-NH-$等。

氨基与烃基相连的化合物叫作胺，胺可以看作是烃分子中的氢原子被氨基取代的产物，也可以看作是氨分子中的氢原子被烃基取代的产物。例如，

CH_3-NH_2　　　　$C_6H_5-NH_2$

甲胺　　　　苯胺

根据胺分子中与氮相连的烃基数目不同，胺可分为伯胺、仲胺和叔胺。

$R-NH_2$　　　　$R-NH-R'$　　　　$R-\underset{R''}{\underset{|}{N}}-R'$

伯胺　　　　仲胺　　　　叔胺

胺与氨相似，其水溶液都显弱碱性，能和强酸作用生成铵盐。例如，

$$CH_3-NH_2 + HCl \longrightarrow CH_3-NH_3^+\ Cl^- \text{ 或 } CH_3-NH_2 \cdot HCl$$

甲胺　　　　甲胺盐酸盐

$$C_6H_5-NH_2 + HCl \longrightarrow C_6H_5-NH_3^+\ Cl^- \text{ 或 } C_6H_5-NH_2 \cdot HCl$$

苯胺　　　　苯胺盐酸盐

胺与强酸作用生成的铵盐易溶于水，遇强碱又能游离出弱碱性的胺，这个性质可用于胺的鉴定、分离和提纯。

醇与羧酸发生酯化反应生成酯，伯胺、仲胺也能够与羧酸发生类似反应，生成具有$R-\overset{O}{\overset{\|}{C}}-\underset{R(H)}{\underset{|}{N}}-R'$结构的化合物，这类化合物称为酰胺。像这种在化合

物分子中引入酰基（$-\overset{O}{\overset{\|}{C}}-R$）的反应称为酰化反应。例如，

$$C_6H_5-NH_2 + CH_3-\overset{O}{\overset{\|}{C}}-Cl \longrightarrow C_6H_5-NH-\overset{O}{\overset{\|}{C}}-CH_3 + HCl$$

苯胺 乙酰氯 乙酰苯胺

$$(CH_3)_2NH + (CH_3CO)_2O \longrightarrow CH_3-\overset{O}{\overset{\|}{C}}-N(CH_3)-CH_3 + CH_3COOH$$

二甲胺 乙酸酐 N,N-二甲基乙酰胺

许多酰胺类化合物是医药上常用的药物，如常用的解热镇痛药复方阿司匹林(APC)中含有的非那西丁即为酰胺类化合物。

$$CH_3-CH_2-O-C_6H_4-NH-\overset{O}{\overset{\|}{C}}-CH_3$$

非那西丁

氮原子上连有 4 个烃基的有机物称为季胺类化合物，包括季铵盐和季铵碱。季铵盐是离子型化合物，多为白色结晶性固体，易溶于水。医药上常用的消毒剂新洁尔灭和度米芬就属于季铵盐。

$$\left[C_{12}H_{25}-N(CH_3)_2-CH_2-C_6H_5\right]^+Br^- \qquad \left[C_6H_5-O-CH_2-CH_2-N(CH_3)_2-C_{12}H_{25}\right]^+Br^-$$

新洁尔灭 度米芬

季铵盐与强碱作用可生成季铵碱。季铵碱也是离子型化合物，为结晶性固体，易溶于水，不溶于有机溶剂，具有强碱性。胆碱是一种季铵碱。

$$\left[HO-CH_2-CH_2-N(CH_3)_2-CH_3\right]^+OH^-$$

胆碱

第五节　高分子化合物简介

烃及其衍生物是相对分子质量较小的低分子有机化合物。与人类生产、生活关系密切的另一类相对分子质量可以高达数万、数十万甚至数百万的有机化合物称为高分子化合物，简称高分子或高聚物。本节简单介绍高分子化合物的一些基本概念。

一、高分子化合物的组成及结构

高分子化合物的相对分子质量虽然很大，但化学组成一般比较简单，是由成千上万个结构单元（又称链节）以共价键重复连接而成的。例如，聚乙烯的结构简式为$\text{-}[CH_2—CH_2]\text{-}_n$。$—CH_2—CH_2—$为结构单元，$n$为链节数，又称聚合度。形成高分子化合物结构单元的低分子化合物叫单体，它是合成高分子化合物的原料，如乙烯是聚乙烯的单体。

同一种高分子化合物的聚合度并不相同，所以，高分子化合物的相对分子质量只是一个平均值。

高分子化合物中，成千上万个链节常常连成一条长链。按照链节的几何形状不同，高分子化合物的结构分为线型和体型。

线型结构的高分子化合物是由许多链节连接成卷曲状长链（包括带支链和不带支链），如图7-6a、图7-6b所示。体型结构是带有支链的线型高分子化合物互相交联形成的立体网状，如图7-6c所示。

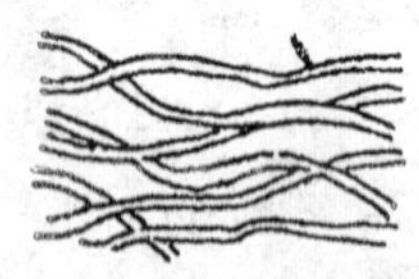
a. 不带支链的线型结构

b. 带支链的线型结构

c. 体型结构

图7-6　高分子结构示意图

二、高分子化合物的一般性质

高分子化合物的性质是多方面的，在此只介绍与结构、使用关系密切的一些基本性质。

1. 溶解性

线型高分子化合物可以在适当的溶剂中溶解，如有机玻璃溶于三氯甲烷

等，但溶解速度往往比低分子化合物缓慢。体型高分子化合物则难以溶解，只能有一定程度的溶胀，例如，硫化橡胶遇汽油发生溶胀。

2. 热塑性和热固性

线型高分子化合物无确定熔点，受热至一定温度时开始软化，直到熔化成液体。冷却后可以固化成型，再次加热又再次熔化。这种可反复加热熔化、加工成型的性能称为高分子化合物的热塑性，如聚乙烯等具有热塑性。

有些体型高分子化合物（经加工成型）受热不会熔化，称为热固性，如酚醛塑料具有热固性。

3. 强度、塑性和电绝缘性等

多数高分子材料的强度都较大，并具有能拉成丝、制成薄膜的塑性。高分子化合物中的原子以共价键结合，一般不导电。大多数高分子化合物具有耐磨、耐化学腐蚀、不透水和不透气等性质。

三、高分子化合物的合成反应

高分子化合物的单体结构不同，合成高分子化合物的反应类型也不同，常用的有：

1. 加聚反应

氯乙烯在加热和紫外线照射的条件下，生成聚氯乙烯。

$$n\,CH_2{=}CHCl \xrightarrow[\triangle]{\text{催化剂}} \text{-}\!\!\![\;CH_2{-}CHCl\;]\!\!\!\text{-}_n$$

由相同或不同的单体通过加成反应结合成为高分子化合物的反应叫加聚反应。加聚反应过程中没有其他副产品，生成的高分子化合物的链节成分与单体相同。

2. 缩聚反应

苯酚和甲醛生成酚醛树脂的反应可表示为：

$$n\,C_6H_5OH + n\,HCHO \longrightarrow \text{-}\!\!\![\;C_6H_3(OH){-}CH_2\;]\!\!\!\text{-}_n + n\,H_2O$$

由相同的或不同的单体互相缩合成为高聚物的反应叫作缩聚反应。反应过程中有其他低分子物质（如水、氨等）产生，生成的高分子化合物的链节成分与单体不同。

阅读材料

杂环化合物

在环状有机化合物中，环结构中含有非碳原子的化合物称为杂环化合物，组成环的非碳原子称为杂原子。最常见的杂原子有氧、硫和氮原子。

杂环化合物大体可分为单杂环和稠杂环两大类。最常见的单杂环有五元杂环和六元杂环。稠杂环是由苯环与杂环或杂环与杂环稠和而成的。

杂环化合物的命名采用外文音译法，即用同音汉字加“口”字旁作为杂环的标志，例如，

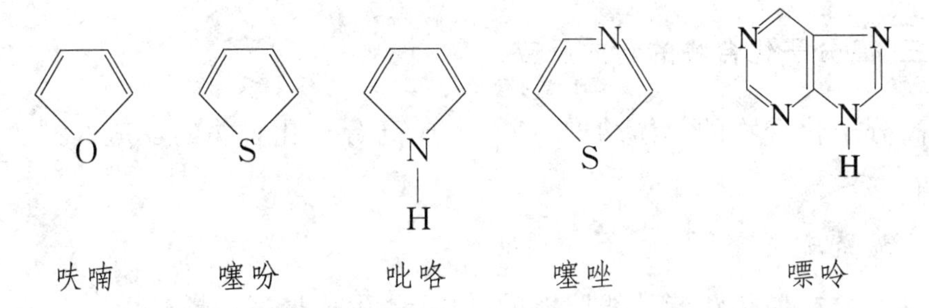

呋喃　噻吩　吡咯　噻唑　嘌呤

杂环化合物在自然界中分布广泛，种类繁多，大多具有生理活性。例如，

① 青霉素。青霉素具有很好的抗菌作用，应用比较广泛且毒性低，对大多数细菌感染有较好的疗效，常制成钠盐供临床使用。干燥的青霉素钠盐比较稳定，可在常温下保存。

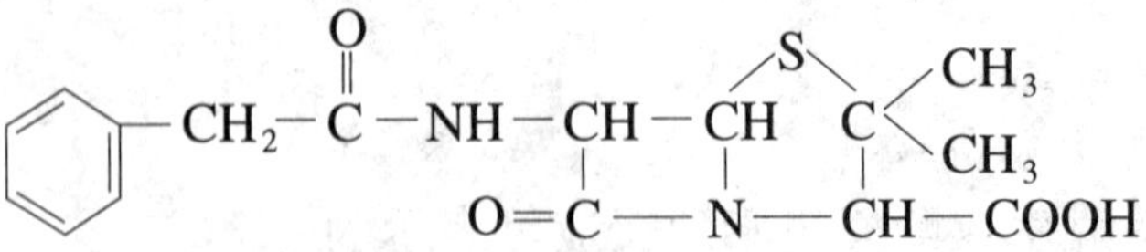

青霉素

② 磺胺嘧啶。磺胺嘧啶属磺胺类药物，抗菌谱广，用于治疗肺炎、中耳炎和上呼吸道感染等疾病，也是治疗流行性脑膜炎的首选药。

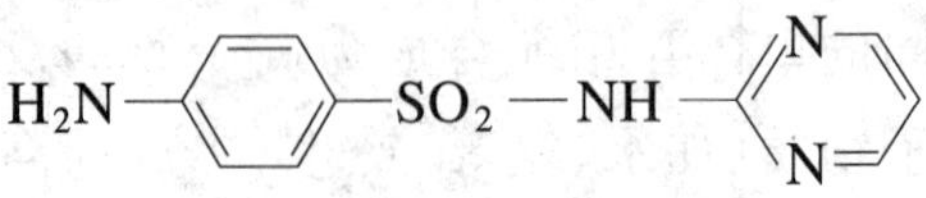

磺胺嘧啶

③ 甲硝唑。甲硝唑用于治疗肠道和肠外阿米巴病，还用于治疗阴道滴虫病，目前广泛用于治疗厌氧菌感染。

甲硝唑

④ 尿酸。尿酸是哺乳动物体内嘌呤衍生物的代谢产物，微溶于水。代谢正常时，尿中仅含少量尿酸；代谢发生障碍时，尿中尿酸含量增加，严重时形成尿结石，血液中尿酸含量过多时，也可沉淀在软骨及关节等处，严重时可导致痛风。

尿酸

(5)氟尿嘧啶。氟尿嘧啶简称5-FU，是抗肿瘤药，用于治疗胃癌、乳腺癌、卵巢癌、直肠癌和结肠癌等。

氟尿嘧啶

习　　题

一、填空题

1. 大多数有机化合物组成中含有______、________、________、________、______等元素。

2. 与多数无机物相比，有机化合物一般具有__________、__________、__________、__________、__________、__________等特性。

3. 互为同系物的物质一定__________同分异构体，互为同分异构体的物质一定__________同系物。

4. 下列有机物的命名是否正确？如果不正确，请更正。

(1) $CH_3—CH_2—CH—CH_2$　　1,2-二甲基丁烷______________。
$\qquad\qquad\qquad\quad | \qquad |$
$\qquad\qquad\qquad CH_3 \quad CH_3$

(2) $CH_3—CH_2—CH_2—CH—CH_3$　　4-甲基戊烷______________。
$\qquad\qquad\qquad\qquad\qquad |$
$\qquad\qquad\qquad\qquad\quad CH_3$

$\qquad\qquad CH_2—CH_2—CH_2$
$\qquad\qquad\qquad\qquad\qquad |$
(3) $CH_3—CH_2—CH_2—CH—CH_3$　　2-丙基戊烷______________。

5. 苯并芘是一种强烈的致癌物质，其结构式可表示为Ⅰ或Ⅱ，这两式等同，现有结构A～D。

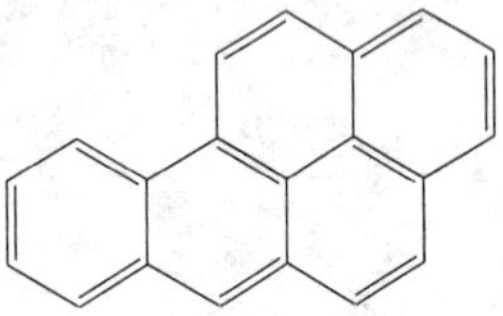

Ⅰ 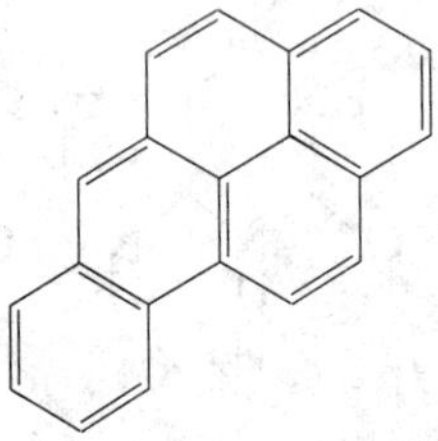　　Ⅱ 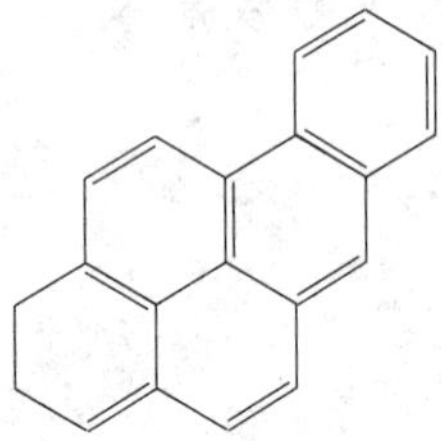　　A

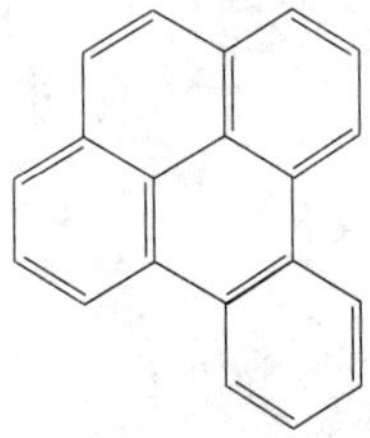

B 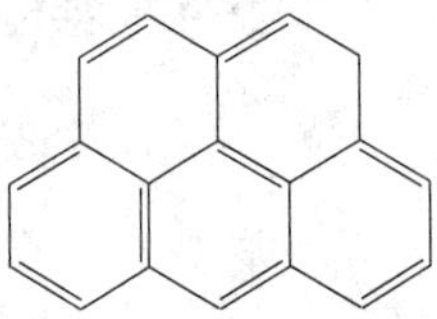　　C 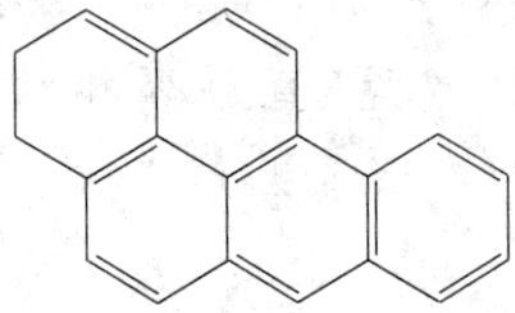　　D

(1)跟Ⅰ、Ⅱ式等同的结构是____________________。

(2)跟Ⅰ、Ⅱ式是同分异构体的是____________________。

6. 油脂的结构简式可以表示为________。油脂中含有较多不饱和脂肪酸成分的甘油酯，常温下，一般呈________态，通常称之为________；含较多饱和脂肪酸成分的甘油酯，常温下，一般呈________态，通常称之为________。

二、选择题

1. 1828 年，德国化学家维勒用无机物制得了有机物，打破了只能从有机体取得有机物的学说，这种有机物是（　　）。

A. 橡胶　　B. 树脂　　C. 尿素　　D. 纤维素

2. 下列物质中，不属于有机物的是（　　）。

A. 糖　　B. 塑料　　C. 食盐　　D. 酒精

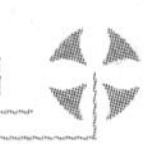

3. 用于制造隐形飞机的某种物质具有吸收微波的功能，其主要成分的结构如下图所示，它属于（　　）。

HC—S　　　S—CH
‖　　　＞C＝C＜　　　‖
HC—S　　　S—CH

A. 无机物　　B. 有机物

C. 高分子化合物　　D. 烃

4. 为了减少大气污染，许多地方推广使用汽车清洁燃料。目前使用的清洁燃料主要有两类：一类是压缩天然气（CNG），另一类是液化石油气（LPG）。这两类燃料的主要成分都是（　　）。

A. 碳水化合物　　B. 碳氢化合物　　C. 氢气　　D. 煤气

5. 同分异构体具有（　　）。

A. 相同的式量和不同的组成　　B. 相同的分子组成和不同的式量

C. 相同的分子结构和不同的式量　　D. 相同的分子组成和不同的分子结构

6. 下列物质含有两种官能团的是（　　）。

A. C_2H_5OH　　B. $CH_2=CHCl$　　C. CH_2Cl_2　　D. C_3H_8

7. 下列各组有机化合物中，肯定属于同系物的是（　　）。

A. C_3H_6与C_5H_{10}　　B. C_2H_2与C_6H_6　　C. C_3H_8与C_5H_{12}　　D. C_4H_6与C_5H_8

8. 下列关于烃的叙述，正确的是（　　）。

A. 通式为C_nH_{2n+2}的烃一定是烷烃　　B. 通式为C_nH_{2n}的烃一定是烯烃

C. 分子式为C_4H_6的烃一定是炔烃　　D. 相对分子量为128的烃一定是烷烃

9. 丙烯在一定条件下聚合后的产物结构简式是（　　）。

A. $\left[CH_2-CH_2-CH_2 \right]_n$　　B. $\left[CH=CH-CH_2 \right]_n$

C. $\left[\underset{\large CH_3}{\underset{|}{CH}}-CH_2 \right]_n$　　D. $\left[\underset{\large CH_3}{\underset{|}{CH}}=C \right]_n$

10. 下列对于苯的叙述正确的是（　　）。

A. 易被强氧化剂$KMnO_4$等氧化

B. 属于不饱和烃，易发生加成反应

C. 属于不饱和烃，易发生取代反应

D. 苯是一种重要的有机溶剂，可广泛应用于生产绿色环保油漆等

11. 下列事实能说明苯是一种不饱和烃的是（　　）。

A. 苯不能使酸性$KMnO_4$溶液褪色

B. 苯在一定条件下可与液溴发生取代反应

C. 苯不能使溴水褪色

D. 苯在一定条件下可与H_2发生加成反应

12. 下列物质在发生反应时，既不能使溴水褪色，又不能使酸性$KMnO_4$溶液褪色的是（　　）。

A. 苯　　B. 甲苯　　C. 乙烯　　D. 乙炔

13. 苏丹红是很多国家禁止用于食品生产的合成色素。苏丹红Ⅱ的结构简式如右图所示。下列关于苏丹红的说法，错误的是（　　）。

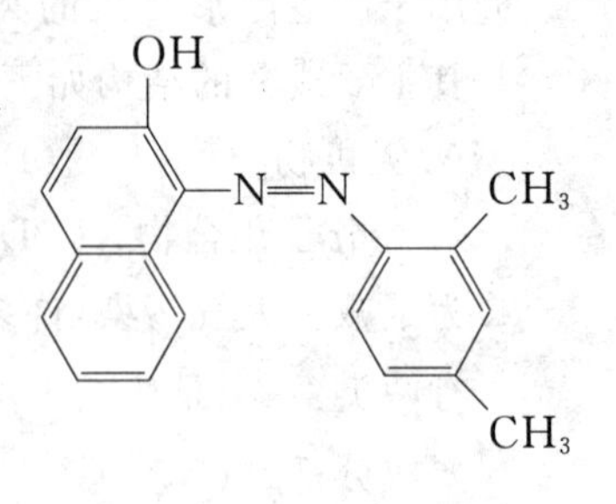

A. 分子中含一个苯环和一个萘环

B. 属于芳香烃

C. 能被酸性高锰酸钾溶液氧化

D. 能溶于苯

14. 具有单双键交替长链（如—CH═CH—CH═CH—CH═CH—……）的高分子有可能成为导电塑料。下列高分子中可能成为导电塑料的是（　　）。

A. 聚乙烯　　B. 聚丙烯　　C. 聚苯乙烯　　D. 聚乙炔

15. 1998年，山西朔州发生假酒案，假酒中严重超标的有毒成分主要是（　　）。

A. 甘油　　B. 甲醇　　C. 乙酸　　D. 乙酸乙酯

16. 居室空气污染的主要来源之一是人们使用的装饰材料，胶合板、内墙涂料会释放出一种刺激性气体，该气体是（　　）。

A. 甲烷　　B. 二氧化硫　　C. 甲醛　　D. 氨气

17. 具有解热镇痛作用的阿司匹林的结构简式为 —OOCCH$_3$ —COOH ，由此可推知，阿司匹林不可能发生的反应是（　　）。

A. 加成反应　　B. 水解反应　　C. 银镜反应　　D. 酯化反应

18. 营养学研究表明，大脑的生长和发育与不饱和脂肪酸有密切联系。从深海鱼油中提取的被称作“脑黄金”的DHA就是一种不饱和程度很高的脂肪酸，它的分子中含6个碳碳双键，化学名称为二十二碳六烯酸，它的分子组成应是（　　）。

A. $C_{21}H_{29}COOH$　　B. $C_{21}H_{30}COOH$

C. $C_{22}H_{31}COOH$　　D. $C_{22}H_{37}COOH$

19. 下列为人体必需脂肪酸的是（　　）。

A. 软脂酸　　B. 硬脂酸　　C. 乳酸　　D. 花生四烯酸

扫一扫，获取参考答案

第八章

化学与生命

第一节　生命中重要的化学物质

8-1　糖

糖是自然界中最丰富的有机化合物，主要以淀粉、纤维素等形式存在于谷物、薯类、豆类以及蔬菜和水果中。糖是人体三大重要营养物质之一，是人体热能的主要来源。每克葡萄糖在人体内氧化产生 16.7 kJ 能量，人体所需能量的 70%左右由糖提供。

糖类由碳、氢、氧三种元素组成。由于大多数糖类分子中氢和氧的比例是 2∶1，可以用通式 $C_n(H_2O)_m$ 表示，因此，人们过去一直认为糖类是碳与水形成的化合物，又称为碳水化合物。现在已发现这种称呼并不恰当，因为糖类分子中氢和氧并不是以水的形式存在的。有的糖分子中氢和氧的比例不是 2∶1，如脱氧核糖（$C_5H_{10}O_4$）等；也有的化合物分子中氢和氧的比例恰好是 2∶1，但不属于糖类，如醋酸（$C_2H_4O_2$）、甲醛（CH_2O）等。从结构上看，糖类化合物是多羟基醛或多羟基酮及它们的脱水缩合产物。根据糖类能否水解和水解产物的不同，可分为单糖、二糖和多糖。

1. 单糖

单糖是不能水解的最简单的糖，其中比较重要的单糖是葡萄糖和果糖，它们互为同分异构体。

葡萄糖（$C_6H_{12}O_6$）是自然界中分布最广的单糖，最初在成熟的葡萄中被发现，所以称为葡萄糖。人和动物的血液中也含有葡萄糖，人体血液中的葡萄糖称为血糖，正常人空腹血糖浓度为 3.9～6.1 $mmol \cdot L^{-1}$，糖尿病患者的血糖浓度较高，超过 11.1 $mmol \cdot L^{-1}$。尿液中所含的葡萄糖称为尿糖。

葡萄糖能与硝酸银的氨溶液(银氨溶液)作用发生银镜反应。

$$
\begin{array}{rcl}
\mathrm{H}- & \mathrm{C} & =\mathrm{O} \\
 & | & \\
\mathrm{H}- & \mathrm{C} & -\mathrm{OH} \\
 & | & \\
\mathrm{HO}- & \mathrm{C} & -\mathrm{H} \\
 & | & \\
\mathrm{H}- & \mathrm{C} & -\mathrm{OH} \\
 & | & \\
\mathrm{H}- & \mathrm{C} & -\mathrm{OH} \\
 & | & \\
 & \mathrm{CH_2OH} &
\end{array}
$$

葡萄糖

【课堂演示 8-1】 在1支洁净的试管中配制2 mL银氨溶液,再加入1 mL 10%的葡萄糖溶液,振荡后水浴加热3~5 min,观察现象。

可以看出:试管内壁上附着一层光亮如镜的金属银。以上实验证明葡萄糖有醛基,是多羟基醛,属于醛糖,具有还原性。在制造镜子和热水瓶胆镀银时常用葡萄糖作为还原剂。

果糖($C_6H_{12}O_6$)存在于蜂蜜和水果中,是蜂蜜的主要成分。果糖通常为易溶于水的黏稠液体,分子中含有酮羰基,是多羟基酮,属于酮糖。

果糖也具有还原性,这是因为在碱性溶液中果糖能转化为葡萄糖,因此,果糖也能发生银镜反应。凡能发生银镜反应的糖类统称为还原性糖。因此,单糖都具有还原性,都是还原性糖。

$$
\begin{array}{rcl}
 & \mathrm{CH_2OH} & \\
 & | & \\
 & \mathrm{C} & =\mathrm{O} \\
 & | & \\
\mathrm{HO}- & \mathrm{C} & -\mathrm{H} \\
 & | & \\
\mathrm{H}- & \mathrm{C} & -\mathrm{OH} \\
 & | & \\
\mathrm{H}- & \mathrm{C} & -\mathrm{OH} \\
 & | & \\
 & \mathrm{CH_2OH} &
\end{array}
$$

果糖

2. 二糖

二糖又称双糖,水解后能得到两分子的单糖。最常见的二糖是蔗糖和麦芽糖,分子式都是 $C_{22}H_{22}O_{11}$,互为同分异构体。

蔗糖主要存在于甘蔗和甜菜中,是食用白糖、红糖等的主要成分,其甜度超过葡萄糖,仅次于果糖。由蔗糖加热生成的褐色焦糖,在饮料和食品加工业

中常被用作着色剂。

蔗糖是非还原性糖。在稀酸或酶的催化下，蔗糖发生水解反应生成葡萄糖和果糖。

$$\underset{\text{蔗糖}}{C_{12}H_{22}O_{11}} + H_2O \xrightarrow{\text{稀酸或酶}} \underset{\text{葡萄糖}}{C_6H_{12}O_6} + \underset{\text{果糖}}{C_6H_{12}O_6}$$

麦芽糖主要存在于麦芽中，其甜味不如蔗糖，是食用饴糖的主要成分。麦芽糖还是淀粉水解过程中的中间产物。

麦芽糖是还原性糖。在稀酸或酶的催化下，麦芽糖发生水解反应生成葡萄糖。

$$\underset{\text{麦芽糖}}{C_{12}H_{22}O_{11}} + H_2O \xrightarrow{\text{稀酸或酶}} \underset{\text{葡萄糖}}{2C_6H_{12}O_6}$$

3. 多糖

多糖属于天然高分子化合物，常见的多糖有淀粉和纤维素，它们的分子组成可用通式$(C_6H_{10}O_5)_n$表示。多糖一般没有甜味，无还原性，在酸或酶的催化下发生水解反应，最终产物是葡萄糖。

淀粉大量存在于植物的种子、根和块茎中，大米中淀粉含量为75%～80%，小麦中淀粉含量为60%～65%，土豆中淀粉含量约为20%，玉米中淀粉含量约为65%。

淀粉是白色粉末，无味，不易溶于冷水。天然淀粉主要由直链淀粉和支链淀粉两部分组成，其中直链淀粉占10%～30%，支链淀粉占70%～90%。直链淀粉能溶于热水，故又称为可溶性淀粉或糖淀粉，且比支链淀粉易于消化。支链淀粉不溶于热水，遇热水膨胀成糊状，又称为不溶性淀粉或胶淀粉。在稀酸或淀粉水解酶的作用下，淀粉最终水解为葡萄糖。

$$\underset{\text{淀粉}}{(C_6H_{10}O_5)_n} \xrightarrow{\text{水解}} \underset{\text{糊精}}{(C_6H_{10}O_5)_m} \xrightarrow{\text{水解}} \underset{\text{麦芽糖}}{C_{12}H_{22}O_{11}} \xrightarrow{\text{水解}} \underset{\text{葡萄糖}}{C_6H_{12}O_6}$$

【演示实验8-2】 取1支洁净试管，加入少量淀粉溶液，再滴加1～2滴碘溶液，振荡，观察试管中溶液的变化。

实验表明，淀粉遇碘呈蓝色，可用于检测淀粉或碘。

淀粉是重要的食品工业原料，在医药上可作为药片的赋形剂，在能源领域可用于发酵生产乙醇汽油。

纤维素是自然界中分布最广的一种多糖。它存在于一切植物体内，是构成植物体的主要成分之一。棉花中纤维素含量为92%～95%，木材中纤维素含量为 50%～70%，而脱脂棉花和滤纸几乎全部由纤维素组成。

纤维素性质稳定，无色、无味、无臭，不溶于水和有机溶剂。纤维素可以和硝酸反应生成硝酸纤维素酯，主要用于制造胶片。

由于人类没有消化纤维素的能力，不能在体内将其消化成葡萄糖，因而纤维素不能作为人类的营养物质。但食物中的纤维素能刺激肠道蠕动，促进食物消化，因此，多吃蔬菜可以帮助消化。

8-2　油脂

油脂是油和脂肪的总称，属于酯类化合物。通常把常温下呈液态的称为油，如菜油、花生油等；常温下为固态的称为脂肪，如猪油、牛油等。油脂在人体内多以脂肪的形式存在，它主要分布在皮下结缔组织。油脂是人类重要的营养物质之一，也是人体内主要的能源物质。

油脂是由甘油和高级脂肪酸生成的酯。甘油是丙三醇的别名，它的分子中有三个羟基，可与三分子脂肪酸脱水生成酯。所以，油脂是一种脂肪酸甘油三酯，俗称甘油三酯。

$$\begin{array}{l} CH_2—OH \\ | \\ CH—OH \\ | \\ CH_2—OH \end{array} + \begin{array}{l} OH—\overset{\overset{\large O}{\|}}{C}—R_1 \\ OH—\overset{\overset{\large O}{\|}}{C}—R_2 \\ OH—\overset{\overset{\large O}{\|}}{C}—R_3 \end{array} \longrightarrow \begin{array}{l} CH_2—O—\overset{\overset{\large O}{\|}}{C}—R_1 \\ | \\ CH—O—\overset{\overset{\large O}{\|}}{C}—R_2 \\ | \\ CH_2—O—\overset{\overset{\large O}{\|}}{C}—R_3 \end{array} + 3H_2O$$

甘油　　　　高级脂肪酸　　　　甘油三酯

油脂通式中，R_1、R_2、R_3 代表脂肪酸的烃基，它们可以相同，也可以不同。相同时称为单甘油酯，不同时称为混甘油酯。天然油脂组成中的高级脂肪酸主要是含偶数碳原子的直链羧酸，如表 8-1 所示。

表 8-1　天然油脂中常见的高级脂肪酸

分类	名称	分子式
饱和脂肪酸	软脂酸（十六烷酸）	$C_{15}H_{31}COOH$
	硬脂酸（十八烷酸）	$C_{17}H_{35}COOH$
不饱和脂肪酸	油酸（9-十八碳烯酸）	$C_{17}H_{33}COOH$
	亚油酸（9,12-十八碳二烯酸）	$C_{17}H_{31}COOH$
	亚麻酸（9,12,15-十八碳三烯酸）	$C_{17}H_{29}COOH$
	花生四烯酸（5,8,11,14-二十碳四烯酸）	$C_{19}H_{31}COOH$

一般来说，脂肪中含饱和脂肪酸的甘油酯较多，油中含不饱和脂肪酸的甘油酯也较多。天然油脂是多种不同脂肪酸的混合甘油酯组成的混合物。多数高级脂肪酸在人体内都能合成，像亚油酸、亚麻酸等脂肪酸在体内不能合成，必须从食物中摄取才能获得，这些脂肪酸称为必需脂肪酸。例如，花生四烯酸是合成前列腺素的原料，人体自身不能合成，必须从食物中摄取。

油脂具有酯的化学性质，能够发生水解反应。油脂与碱性溶液（如 NaOH 或 KOH）共热，水解生成甘油和高级脂肪酸钠盐或钾盐。

$$\begin{array}{l} CH_2COOC_{17}H_{35} \\ | \\ CH_2COOC_{17}H_{35} \\ | \\ CH_2COOC_{17}H_{35} \end{array} + 3NaOH \longrightarrow \begin{array}{l} CH_2{-}OH \\ | \\ CH{-}OH \\ | \\ CH_2{-}OH \end{array} + 3C_{17}H_{35}COONa$$

甘油　　　　硬脂酸钠

高级脂肪酸盐通常称为肥皂，所以，油脂在碱性溶液中的水解反应又称为皂化反应。工业上就是利用油脂的皂化反应制造肥皂。

将含不饱和脂肪酸的油脂通过与氢气发生加成反应，使油脂的饱和度升高（增加）的过程，称为油脂的氢化。这种加氢后的油脂，称为氢化油或硬化油，用于制造肥皂，也用于生产人造奶油。

油脂长期暴露在空气中会逐渐变质，产生一种难闻的气味，这种现象称为油脂的酸败。由于油脂的酸败既有化学作用也有微生物作用，因此，已酸败的油脂是绝不能食用的。

8-3　蛋白质和核酸

蛋白质存在于一切生物体内，是所有生命活动的物质基础。人体中除水外，蛋白质的含量最高。蛋白质是人类最重要的营养物质，米、面、豆类和薯类等都含有蛋白质，鱼、肉、蛋、奶中的蛋白质含量则更高。若蛋白质摄入不足，则会引起严重的疾病，因此，学习蛋白质的基本知识有助于我们进一步认识生命的本质。

蛋白质主要由碳、氢、氧、氮四种元素组成，有的还含有硫、磷和铁等其他元素。蛋白质在酸或酶的作用下可以水解，最终产物是各种 α-氨基酸。α-氨基酸是组成蛋白质的基本结构单位。

1. 氨基酸

羧酸分子碳原子上的氢原子被氨基取代的化合物称为氨基酸。若氨基连在与羧基相邻的碳原子（即羧基的 α 位）上，则称为 α-氨基酸。组成蛋白质的氨

基酸几乎都是α-氨基酸，其中甘氨酸是最简单的氨基酸。例如，

$$\underset{\text{甘氨酸}}{\underset{\displaystyle |\atop NH_2}{CH_2}\text{—COOH}}\qquad \underset{\text{丙氨酸}}{CH_3\text{—}\underset{\displaystyle |\atop NH_2}{CH}\text{—COOH}}\qquad \underset{\text{谷氨酸}}{HOOC\text{—}CH_2\text{—}CH_2\text{—}\underset{\displaystyle |\atop NH_2}{CH}\text{—COOH}}$$

各种蛋白质所含的氨基酸的种类和数量都各不相同，有些氨基酸在人体内不能自行合成，必须依靠食物供给，这类氨基酸为必需氨基酸。在构成人体蛋白质的20种氨基酸中，必需氨基酸有9种。

含有9种必需氨基酸的蛋白质称为完全蛋白质。大多数动物蛋白质如牛奶、肉、鱼、蛋中的某些蛋白质为完全蛋白质，如酪蛋白等。多数植物蛋白质是不完全蛋白质，例如，小麦中缺乏赖氨酸，米中缺乏赖氨酸和苏氨酸，玉米中缺乏赖氨酸和色氨酸，大豆中蛋氨酸的含量很低。蛋白质营养价值的高低主要取决于必需氨基酸的种类是否齐全、相对含量的多少，以及它们的比例与人体的需要是否接近，因此，为均衡营养，食物的种类应该多样化。

氨基酸分子中既含有氨基又含有羧基，因此，氨基酸是既具有碱性又具有酸性的两性化合物，即既能与酸又能与碱反应生成盐。

$$R\text{—}\underset{\displaystyle |\atop NH_2}{CH}\text{—COOH} + HCl \longrightarrow R\text{—}\underset{\displaystyle |\atop NH_3^+Cl^-}{CH}\text{—COOH} \text{ 或 } R\text{—}\underset{\displaystyle |\atop NH_2\cdot HCl}{CH}\text{—COOH}$$

$$R\text{—}\underset{\displaystyle |\atop NH_2}{CH}\text{—COOH} + NaOH \longrightarrow R\text{—}\underset{\displaystyle |\atop NH_2}{CH}\text{—COONa} + H_2O$$

在一定条件下，氨基酸分子中的氨基可以和另一个氨基酸分子中的羧基发生脱水反应，生成以肽键（$\text{—}\overset{\displaystyle O\atop \|}{C}\text{—}\overset{\displaystyle H\atop |}{N}\text{—}$）相连的化合物（肽），这个反应称为成肽反应。

$$H_2N\text{—}\underset{\displaystyle |\atop R}{CH}\text{—}\overset{\displaystyle O\atop \|}{C}\text{—OH} + H\text{—}\overset{\displaystyle H\atop |}{N}\text{—}\underset{\displaystyle |\atop R'}{CH}\text{—COOH} \xrightarrow{-H_2O} H_2N\text{—}\underset{\displaystyle |\atop R}{CH}\text{—}\overset{\displaystyle O\atop \|}{C}\text{—}\overset{\displaystyle H\atop |}{N}\text{—}\underset{\displaystyle |\atop R'}{CH}\text{—COOH}$$

由两个氨基酸分子脱水缩合形成的含有肽键的化合物称为二肽，由三个氨基酸分子脱水缩合而成的化合物称为三肽，由多个氨基酸分子脱水缩合而

成的化合物称为多肽。多肽与蛋白质之间没有严格的区分，通常把相对分子质量在 10000 以上，并具有一定空间结构的多肽，称为蛋白质。

2. 蛋白质

蛋白质不仅是细胞的主要组成部分，还可以作为酶和激素，催化机体内的生化反应，调节体内的不同器官的生理活性等。蛋白质是由一条或几条多肽链经过复杂的空间排列而成的高分子化合物。例如，1965 年，我国在世界上首次用人工合成方法得到的牛胰岛素就是一个 51 肽，它由两条多肽链组成，其中一条链由 21 个 α-氨基酸组成，另一条链由 30 个 α-氨基酸严格地按照一定的顺序排列组成。

蛋白质分子中各种氨基酸的连接方式和排列顺序称为蛋白质的一级结构。蛋白质中各种氨基酸的排列顺序十分重要，它对蛋白质的性质起着决定性的作用。

蛋白质还具有很复杂的空间结构，蛋白质的空间结构包括蛋白质的二级结构、三级结构和四级结构，只有具有三级结构的肽链才能称为蛋白质，即任何蛋白质都必须具有三级结构，但不是每种蛋白质都具有四级结构。

蛋白质分子中既有酸性基团也有碱性基团，既能与酸反应，又能与碱反应。除此以外，蛋白质还可以发生水解、盐析和变性等反应。

盐析。向蛋白质水溶液中加入大量无机盐（如氯化钠、硫酸铵、硫酸钠等），使蛋白质的溶解度降低而从溶液中析出的现象，称为盐析。盐析所得的蛋白质的性质并未改变，加水仍可重新溶解，形成稳定的蛋白质溶液。

变性。蛋白质在热、剧烈震荡、紫外线、X 射线、酸、碱和重金属盐等作用下，性质会发生变化，出现溶解度降低甚至凝固等现象，蛋白质的这种变化称为变性。蛋白质变性后就丧失了它原有的理化活性和生物活性。例如，鸡蛋煮熟后，流动的蛋清和蛋黄凝固成块状，而且也不可能孵出小鸡。

蛋白质变性有许多实际应用，例如，高温消毒灭菌、用放射性同位素治疗癌肿及用 75%酒精、碘酒消毒等就是使细菌、病毒的蛋白质变性死亡。有时也要注意防止蛋白质变性，例如，夏天涂擦防晒霜、用遮阳伞等是防止紫外线使皮肤胶原蛋白和弹性蛋白变性等。

3. 核酸

核酸是一类含磷的生物高分子化合物，普遍存在于生物体内。核酸具有酸性，因最初是从细胞核中分离得到的，所以，称为核酸。核酸在生物体的生命过程如生长、发育、繁殖、遗传和变异等方面起着决定性作用。

核酸可根据其组成分为核糖核酸（RNA）和脱氧核糖核酸（DNA）两大类。

DNA（结构如图 8-1 所示）大量存在于细胞核中，具有储存、复制与转录遗传信息的功能；RNA 主要存在于细胞质中，能根据 DNA 提供的信息控制体内蛋白质的合成。核酸完全水解后可得到磷酸、戊糖和碱基，如表 8-2 所示。

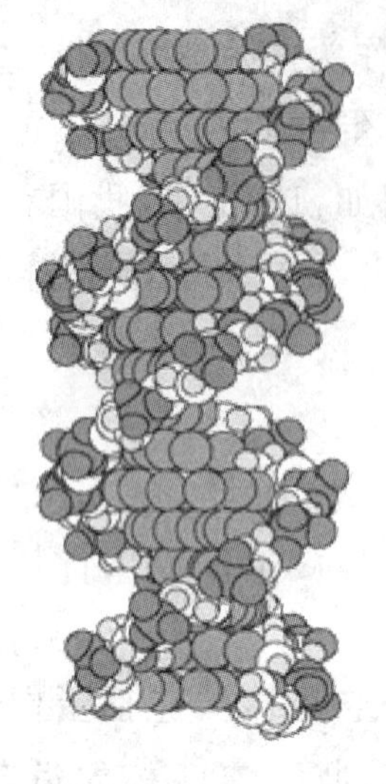

图 8-1　DNA 结构图

表 8-2　DNA 和 RNA 完全水解产物

产物	DNA	RNA
磷酸	H_3PO_4	H_3PO_4
戊糖	脱氧核糖	核糖
含氮碱基	腺嘌呤	腺嘌呤
	鸟嘌呤	鸟嘌呤
	胞嘧啶	胞嘧啶
	胸腺嘧啶	尿嘧啶

腺嘌呤、鸟嘌呤、胞嘧啶既存在于 DNA 中，又存在于 RNA 中，但胸腺嘧啶只存在于 DNA 中，尿嘧啶只存在于 RNA 中。

第二节　营养与化学

人类为了维持生命、生长、繁衍和从事一切活动，必须获取一定的物质和能量。人类所吃的食物从本质上说都是化学物质，其目的就是为人体提供营养素。

所谓营养指的是人体摄入、消化、吸收和利用食物中营养素来维持生命活动的整个过程。食物中供给人体的有用物质称为营养素。人类的营养素通常包括糖类、脂肪、蛋白质、维生素、无机盐和水六大类，它们是机体生长、发育、更新和修补组织及维持各器官功能所需的原材料，也是生命活动的能量来源。

从化学的观点来看，人体是由各种不同的物质组成的。在人体中，水约占 61%，蛋白质约占 18%，脂肪约占 17%，无机盐约为 4%，糖类和维生素仅占微量。目前，人体内可查明的化学元素有 60 多种，根据其在人体中的含量，可分为常量元素和微量元素，如表 8-3 所示。

表 8-3　常量元素的名称及其占人体重量的百分比

元素名称	氧	碳	氢	氮	钙	磷	钾	钠	硫	镁	氯
元素	O	C	H	N	Ca	P	K	Na	S	Mg	Cl
比例(%)	65	18.5	9.5	3.2	1.5	1	0.4	0.2	0.3	0.1	0.2

这些元素占人体总重量的 99.90%以上。

微量元素有铁、碘、锌、氟、钴、锰、硒、铜和钼等，虽然这些元素在人体中的含量甚微，但它们大多数是各种蛋白质、激素、酶和维生素的组成成分，对人体的生长、发育、衰老、疾病乃至死亡都起着十分重要的作用。人类从外界获取营养素，就是为了补充人体内的各种营养物质，从而平衡各种化学元素。那么，六大营养素究竟有哪些营养功能，与人体健康有什么样的关系呢?

1. 糖类

糖是由碳、氢、氧三种元素组成的，存在于各种蔬菜、水果及其他食用性植物中。糖类的营养价值之一是供给人体热能，每克葡萄糖氧化可释放出 16.7 kJ 的热量，因此，糖是主要的供能物质，尤其是脑组织，其供能全依赖于葡萄糖。同时，糖还是人体组织的重要成分之一，如神经组织等均含有糖类物质。因此，每天摄入一定量的糖是维持生命活动所必需的。当膳食热量摄入不足时，脂肪组织和蛋白质将被分解以补充热量，膳食中由糖供给的热量一般占总热能的 45%～80%，经济不发达地区可高达 90%以上，这是因为糖类是最廉价的热能来源。若膳食中糖的热量过低、脂肪热量过高，则会产生酮症。减肥者常过多地限制糖类的摄入，并增强劳动以消耗体脂，在这种情况下也会出现酮症。因此，来源于糖类的热能不宜少于总热能的 45%，盲目地通过节食来减肥是有害健康的。

2. 脂肪

人体和动物组织中含有脂肪及类脂两大类物质，前者主要是供给能量，后者多具有重要的生理功能。脂肪的基本组成是脂肪酸，脂肪酸有必需脂肪酸和非必需脂肪酸之分。必需脂肪酸主要有三种，即亚油酸、亚麻酸和花生四烯酸。这三种必需脂肪酸的生物活性不同，花生四烯酸的生物活性最大，亚油酸次之，亚麻酸最低。婴儿缺乏必需脂肪酸时生长迟缓，并出现皮肤症状(脱毛、湿疹性皮炎和鳞皮等)。成人的必需脂肪酸需要量按其热量计，为每日热能需要量的 1%～2%。

植物油比动物油易消化，且含较多的人体必需脂肪酸。因此，日常生活中应控制动物脂肪的摄入量，尽量食用植物油，但每天总的食用植物油摄入量以不超过 50 g 为宜。

3. 蛋白质

“生命是蛋白质的存在形式”。蛋白质生物学性质的复杂多样性决定了生物的复杂多样性。

蛋白质是人体内一切细胞的重要组成部分，体液也含蛋白质。蛋白质的营养作用在于它含有各种氨基酸。人体对氨基酸的需求不但要有量的保证，而且要求各种氨基酸之间有一定的比例。因此，评价蛋白质营养价值的高低，就是看其中所含的必需氨基酸的量和比例。它们的种类越齐全、含量越高、比例越合理，营养价值就越高。由于各种蛋白质的氨基酸种类、含量不一，因此，多种食物混合食用可取长补短，提高营养价值。

蛋白质的营养功能是构成新组织、修补旧组织，供给能量（人体每天所需热能的 10%～14%由它提供），调节生理功能及增强抵抗能力。缺乏蛋白质会导致生长发育迟缓、智力发育障碍、贫血、抵抗力降低、病后恢复缓慢及出现营养性水肿等。

4. 维生素

维生素是人体不可缺少的营养素，大多数维生素不能自身合成，只能靠食物供给。已知的维生素有 20 多种，大致可分为脂溶性维生素和水溶性维生素两大类。脂溶性维生素有维生素 A、D、E、K 等，水溶性维生素主要有维生素 B 族和维生素 C。人体如果缺少维生素，就会患各种疾病。因为维生素和酶类一起参与肌体的新陈代谢，使肌体的机能得到有效的调节。

维生素 A。维生素 A 主要来自动物肝脏及黄色和红色的蔬菜、果实。缺乏维生素 A 时，皮肤会粗糙干燥，呼吸道易感染，眼部有干燥感，畏光、多泪，视觉逐渐模糊。

B 族维生素。维生素 B_1 可以增加食欲、帮助消化、维持神经健康、促进生长和增强抗病能力，其来源于米糠、花生米、胡桃和蚕豆等。若缺少维生素 B_1，则会引起消化不良、气色不佳、手脚发麻，或多发性神经炎和脚部疾病。维生素 B_2 也能维持神经、消化器官和视觉器官的健康，并且是生长发育所必需的。人体若缺乏维生素 B_2，则会产生口角溃烂、唇炎、舌炎、眼内干燥和角膜炎等症状。维生素 B_2 来源于干酵母、动物肝脏、蛋黄、卷心菜、菠菜和萝卜等。维生素 B_6 能促进氨基酸和脂肪的代谢作用，人体缺乏维生素 B_6 会产生贫血、肌肉无力和粉刺等症状。维生素 B_6 来源于酵母、肝、蛋、牛奶、豆类和花生等。维生素 B_{12} 又称抗恶性贫血维生素，缺乏维生素 B_{12} 会引起恶性贫血、月经不调、眼睛及皮肤发黄、精神不振和食欲不佳等症状。富含维生素 B_{12} 的食物有动物肝脏、奶、肉、蛋和鱼等，植物中一般不含维生素 B_{12}。

维生素C。维生素C又叫抗坏血酸，参与体内多种氧化还原反应，是形成细胞间质所必需的。维生素C能增强机体对疾病的抵抗力，促进外伤愈合，防止坏血病、动脉粥样硬化，还可抗癌、抗衰老等。维生素C不稳定，遇热或暴露于空气中极易被氧化。维生素C广泛存在于新鲜水果和蔬菜中，人体每天的摄入量应不低于60 mg。缺少维生素C，会出现齿龈出血、伤口不易愈合等症状。

维生素D。维生素D能促进体内钙和磷的代谢，调节小儿牙齿和骨骼的发育。缺乏维生素D，儿童易患软骨病，成人易得骨质软化病，也会增加患糖尿病和患前列腺癌的风险。维生素D在鱼肝油中含量最高，其次是动物的肝、奶和蛋黄等。人体所需维生素D主要由皮肤内7-脱氢胆固醇经日光照射衍变而来，因此，适当晒太阳对人体健康是很有好处的。

维生素E。维生素E又叫生育酚，主要存在于绿色蔬菜（如菠菜、莴苣叶和苜蓿等）和许多植物油内（如棉子、大豆和玉米油，但椰子油中不含维生素E），特别是小麦胚芽油中含量最多。维生素E可用于防治习惯性流产、不育症和进行性肌营养不良等。

维生素K。维生素K也叫凝血维生素，是人体肝脏制造凝血物质所必需的。人体缺乏维生素K，凝血时间会延长并容易产生皮下出血。维生素K的食物来源有白菜、菠菜、番茄和其他绿叶蔬菜等。

5. 无机盐

无机盐约占人体重量的5%，它是构成骨骼和牙齿等坚硬组织、肌肉及其他软组织的重要材料。从组成无机盐的元素种类看，人体至少需要26种元素才能维持正常的健康状态。这些元素不仅存在于体内，还必须处于适当的位置、具有恰当的量和固定的化合价。它们在生物体内的主要功能是：作为电荷和分子的载体，传递神经脉冲信息；成为酶催化的活动中心，进行氧化还原反应；组成骨架结构；维持体内酸碱平衡、维持组织细胞渗透压、调节神经兴奋和肌肉运动等。

无机盐在食物中分布广泛。含有以下7种元素的盐，是人体吸收最多且对生命活动作用最大的无机盐。

钠。钠主要由食盐提供，它参与体内的酸碱平衡、维持细胞外液渗透压，与钾离子一起参与骨骼肌兴奋性。正常人每天的食盐摄入量以不超过6 g为宜，如果摄入量太少，就会影响生长，出现骨骼软化、疲倦、恶心、食欲不振和嗜睡甚至昏迷等症状，也就是医学上所说的“低盐综合征”。严重缺盐会造成酸中毒而引起死亡。所以，对于失盐（出汗）太多的重体力劳动者和运动员，应及时补充适量的食盐。但食盐摄入太多，则易诱发高血压等疾病。

钙。钙是无机离子在体内存在最多的一种，成人体内约有 1200 g 钙，其中 99%集中在骨骼和牙齿中，每天约有 700 mg 钙更新。钙离子对心脏的正常搏动、血液的凝固、肌肉和神经正常兴奋性传导有重要作用。人要保持健康，就必须从食物中吸收足够的钙，其中，奶及奶制品含钙量最高，其次是蛋黄、豆类和花生等。严重缺钙会引起成长缓慢、食物消化量降低、患缺钙佝偻病等，尤其是儿童和老年人常需补钙。为了促进钙的吸收，可同时服用少量维生素 D，但绝对不能盲目补钙，一定要遵循医嘱。如果不缺钙的人过多补钙，就会出现“鬼脸”综合征、鸡胸等疾病，这就是钙中毒的表现，一旦引起钙中毒，将无法治愈，造成终身遗憾。

钾。钾是细胞液的重要元素和重要成分。钾离子主要是维持细胞内液的渗透压，其次，还能维持神经和骨骼肌的正常兴奋性、维持心脏的正常舒缩搏动，同时，还通过酶参与糖和蛋白质的代谢和合成。植物性和动物性食物中均含有丰富的钾离子，所以，人体一般不会缺钾。肾病、糖尿病患者可能会出现低钾症，主要表现为四肢乏力、心悸、胸闷、恶心、呕吐、腹胀、多尿、口渴、血压过低甚至昏迷等症状。可通过多吃含钾的水果，如香蕉、橘子、西红柿、甜瓜和桃子等，以及口服少量氯化钾治疗低钾症，但大剂量地服用氯化钾会刺激胃肠道，甚至会导致小肠溃疡，应特别注意。

镁。镁是构成骨骼和牙齿的重要成分之一，也与维持心肌正常功能，特别是与血压、心肌的传导性与节律、心肌舒缩有关，缺镁会出现肌肉软弱无力、晕眩、高血压和心律不齐等症状。

磷。磷在体内主要以糖磷酸脂、核蛋白、磷蛋白、核酸、肌醇六磷酸及无机磷化合物形式存在，贮存能量（ADP、ATP），参与碳水化合物、脂肪、蛋白质的代谢，调节体内酸碱平衡。缺磷引起骨骼和牙齿发育不正常、食欲不振和生长不良等症状。

硫。硫是构成蛋白质和 B 族维生素的重要元素，含硫的蛋白质和 B 族维生素有解毒功能，但硫的无机化合物对人体有害。

氯。氯主要以氯化钠的形式被人体吸收，其主要功能是维持体内酸碱平衡（如胃酸的主要成分是盐酸）。人体一般不会缺少镁、磷、硫、氯四种元素。

6. 水

“水是生命之源”，这说明水是维持一切生命生理活动的重要营养物质之一。水在生物体中的含量是惊人的，一般不少于生物体重的 60%，而且水是人体所有器官、组织和体液的主要成分，只有骨骼、牙齿和头发等组织中的含水

量较少。人体内的水分主要来源于食物和各种饮料，其次是体内糖、脂肪和蛋白质等营养物质氧化后产生的水，又称为代谢水。正常人体中水的出入量是平衡的，一般每日需水 2400～4000 mL。水和其他必需营养物质不一样，它不仅能充实人体，还能维持人体正常的生理活动和进行正常的代谢。水的重要生理功能表现在：水是良好的溶剂，它既是营养物质的溶剂，也是代谢产物的溶剂，水的流动有利于物质的运输；水是热缓冲剂，比热很大的水能吸收很多的热量，环境温度发生变化，使温度对细胞的影响降到最低，同时，水分蒸发可带走大量的热量，有利于调节体温；水是润滑剂，可使体内各组织间润滑而减少摩擦损伤。实践证明，人若绝食而只饮水，可以生存几周；若绝水又不进食，则只能生存几天。

以上六大营养素均对生命活动有着重要作用，人们饮食的目的就是为生命活动提供必要的营养素。从健康的角度来说，饮食中保持各种营养素比例合理，保持所有必需营养素含量充足，充分发挥各种营养素的作用，提高其利用率，使机体获得适量的能量及保持健康的状态，即既不会营养缺乏，又不会营养过剩，这就是现代“平衡饮食”的观点。

第三节　健康与化学

世界卫生组织对健康的定义是：“健康是身体上、精神上和社会适应上的完好状态，而不仅仅是没有疾病或者不虚弱。”健康是重要的生活质量的标志。生活质量的高低和安全程度要看生活水平和健康水平，这又由饮食、环境和精神等关键因素决定。

人体是由各种有机化合物和无机化合物构成的，其中由碳、氢、氧和氮等元素构成的有机化合物占绝大多数。这些有机化合物和无机化合物无时无刻不在体内发生化学反应，这些反应传递着生命所必需的各种物质，起到调节人体新陈代谢的作用，生命过程就是这些化学反应的综合表现。当我们的饮食方式或生活方式不能满足或影响到这些反应的进程时，就会影响我们的健康。

1. 饮食健康

“民以食为先”。饮食是维持人体生命活动的必要条件，如果饮食不当就会引发疾病，人们常说的“病从口入”就源于此。随着生活节奏加快，人们的饮食习惯发生改变，然而不良的饮食习惯渐渐成为引发各种疾病的首要因素。例如，饮食过饱或过饥，容易患胃病；食用过多油腻食物，容易患胆囊炎、胰腺炎和动脉硬化等。由此可见,注重饮食是保证健康的重要因素,不合理的饮食、营养过度或不足,都会给健康带来不同程度的危害。

那么,怎么才能吃出健康呢?

饮食健康就是"平衡饮食"。平衡饮食是指提供给人体的营养种类齐全、搭配合理、数量充足,能维持机体生命活动所需的饮食。平衡饮食就是要做到荤素搭配、粮菜搭配、粗细搭配、不能偏食。一般来说,每日膳食构成要多样化,应含有五类基本食物:薯谷类、动物性食物、豆类及其制品、蔬菜水果类和纯热能食物。同时,注意摄入的糖类应由淀粉类食品供给,尽量减少食糖的摄入;脂肪应以植物油为主、动物油为辅。饮食合理、营养充足,才能保证身体健康,从而提高我们的生活质量。

下面介绍几种不健康的饮食习惯:

① 吃得太饱。长期饱餐容易引起大脑早衰、记忆力下降、思维迟钝、注意力不集中等症状。经常饱餐,尤其是晚餐吃得过饱且爱吃过甜食品的人,因摄入的总热量远远超过机体的需要,致使体内脂肪过剩、血脂增高,导致脑动脉粥样硬化。进食过量会使身体里的大量血液调集到胃肠道,以供胃肠蠕动和分泌消化液所需,从而导致大脑供血相对不足,出现"大脑不管用"的现象,智力也变得越来越差。

② 常吃烟熏火烤、长时间高温加热的食品、腌制品。熏烤食物可产生数百种有害物质,其中,人们熟知的是"苯并芘"。有资料称,1 kg 羊肉中苯并芘的含量相当于 250 根香烟。调查研究表明,爱吃熏烤食品的居民中,胃癌等癌症的发病率较高。

路边煎炸食物常常使用劣质油,而且反复高温加热产生的高温油烟有毒有害气体浓度特别大,对人的眼和咽喉刺激大。因此,常在路边吃煎炸食物者,患肺癌的概率是常人的 3 倍。

腌制食品中有较多的硝酸盐和亚硝酸盐,可与肉中的二级胺生成亚硝酸胺,是导致胃癌的直接原因,长期食用腌制食品对身体的危害较大。

长期食用熏制品、腌制品、烧烤食物和油炸食品等都可能致癌,因此,烟熏腊肉或熟制熏肉、熏鱼、熏肠、烤鸡、烤鸭(电烤和炭烤等)、叉烧、咸鱼、咸肉(火腿)、腌菜和烤羊肉串等食品不宜多吃,更不宜常吃。

③ 进食过快、食物过热或过冷、暴饮、暴食等。进食过快即食物未经细嚼就吞咽,粗糙食团使胃的负担加重;过热的食物会损伤食道黏膜,长此以往易诱发肿瘤;过冷的食物伤胃;暴饮、暴食易导致头晕脑胀、精神恍惚、肠胃不适、胸闷气急、腹泻或便秘,严重时引起急性胃肠炎,甚至胃出血。

2.远离毒害

① 吸烟对健康的危害。吸烟对健康造成的危害具有长期性和滞后性的特点,同时也是许多疾病的危险因素。烟草的烟雾中至少含有3种危险的化学物质:焦油,尼古丁和一氧化碳。焦油是由几种物质混合而成的,在肺中浓缩成一种黏性物质;尼古丁是一种会使人成瘾的药物,由肺部吸收,主要对神经系统产生影响;一氧化碳能降低红细胞将氧输送到全身的能力。一个每天吸一包香烟的人,其因患肺癌、口腔癌或喉癌致死的概率要比不吸烟的人高14倍,其因患食道癌致死的概率比不吸烟的人高4倍,死于膀胱癌的概率比不吸烟的人高2倍,死于心脏病的概率也比不吸烟的人高2倍。长期吸烟可使支气管黏膜的纤毛受损、变短,影响纤毛的清除功能。另外,被动吸烟者和主动吸烟者咽喉部受到的刺激几乎是一样的,所以,在吸烟的环境中,大家都在承担着患病的风险。全世界每年因吸烟死亡人数超过250万,烟是人类第一杀手。吸烟已成为严重危害健康、危害人类生存环境、降低人们的生活质量及缩短人类寿命的紧迫问题。为此联合国确定,每年5月31日为"全球无烟日",世界卫生组织称吸烟为"20世纪的瘟疫,慢性自杀行为",是21世纪面临的公害之一。

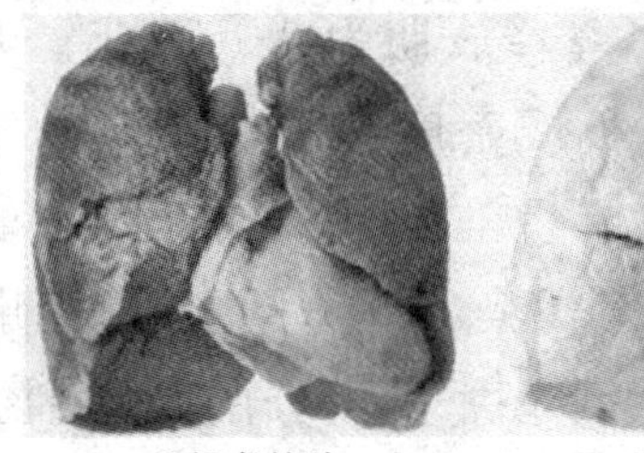

图8-2　吸烟对肺的危害

② 过量饮酒对健康的危害。适量饮酒对身体健康有益,但经常无节制地饮酒会使食欲下降、食物摄入量减少,导致营养不良、急慢性酒精中毒、酒精性脂肪肝,严重时还会造成酒精性肝硬化。经常过量饮酒还会导致记忆力衰退、判断力减弱,增加患高血压、中风等疾病的危险。

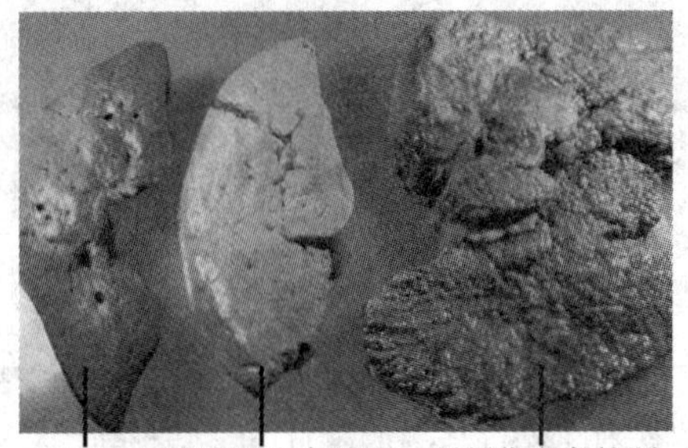

图8-3　过量饮酒对肝的危害

经常过量饮酒对肝脏的危害最大，因为酒精进入体内后90%以上是通过肝脏代谢的，其代谢产物及其引起的肝细胞代谢紊乱是导致酒精性肝炎及肝硬化的主要原因。经常过量饮酒者比适量饮酒者的口腔、咽喉部癌肿的发生率高出2倍以上，甲状腺癌的发生率增加30%～150%，皮肤癌的发生率增加20%～70%，妇女发生乳腺癌的概率增加20%～60%。同时，过量饮酒还可给社会秩序带来极大的危害，如暴力犯罪、交通事故等。近年来，酒后驾驶导致的事故越来越多，酒精已成为“马路杀手”。按现行规定，驾驶人员每100 mL血液中的酒精浓度超过20 mg（相当于喝1杯啤酒）即为酒后驾驶，超过80 mg（相当于喝2瓶以上啤酒）为醉酒驾驶。对酒后驾驶等严重交通违法行为，将严格按照《中华人民共和国道路交通安全法》有关规定，依法严惩，吊销驾照、追究刑事责任等。

③ 居室污染对健康的危害。室内环境化学污染物主要来自装修材料、家具、玩具、煤气热水器、杀虫喷雾剂、化妆品、抽烟、厨房的油烟等，对我们健康影响最大的室内污染物主要是甲醛、苯、氨和放射性物质。甲醛是世界上公认的潜在致癌物，它刺激眼睛和呼吸道黏膜等，最终造成免疫功能异常、肝损伤、肺损伤及影响神经中枢系统。甲醛释放期为3～15年。几乎所有的家庭在装修时都使用了木芯板、多层胶合板或密度纤维板制作的家具。这些板材中大量使用黏合剂，而黏合剂中的主要污染物是甲醛。苯主要来源于胶、漆、涂料和黏合剂，是强烈的致癌物。氨气污染在北方地区比较明显，室内空气氨超标主要是由于冬季施工的混凝土中含有尿素成分的防冻剂。放射性物质主要是氡。建筑材料是室内氡最主要的来源，如花岗岩、瓷砖等。

图8-4　居室污染的潜在来源

居室污染引起的主要危害为多系统、多脏器、多组织、多细胞、多基因损害，如辣眼睛、流泪、咳嗽和胸闷等刺激症状，头痛、失眠和记忆力下降等精神症状，鼻咽癌、肺癌、皮肤癌和血液癌，基因、染色体等突变，过敏、哮喘等致敏作用和变态反应及免疫力下降等。而随着经济收入和物质水平的提高，人们

对居住空间的装饰装潢变得越来越讲究，各种各样的化工材料也大量进入室内。它们散发出甲苯、二甲苯、醋酸乙酯、甲苯二异氰酸酯、氯乙烯和甲醛等挥发性有机物，以及氨、一氧化碳、一氧化氮、二氧化碳和二氧化硫等无机化合物。有关资料表明，全球每年死于居室污染的人数达到280万，室内空气中检出300多种污染物，约68%的人体疾病与居室污染有关。我国的肺癌发病率以每年26.9%的惊人速度递增，80%白血病与居室污染有直接关系。居室污染已成为危害人类健康的“隐形杀手”。

④ 日化用品对健康的危害。日化用品已成为当今社会人们离不开的生活必需品，其中以一次性餐具和化学洗涤剂与人类的关系最为密切。

一次性发泡塑料餐具在温度超过65 ℃时会产生16种毒素。也就是说，当你用塑料袋或发泡塑料餐盒去装滚烫的汤水时，已不经意间把毒素溶解在食物中了。其中，双酚类有机毒物具有环境激素效应，可导致男性雌性化，甚至造成生殖机能失常，对中枢神经系统也有严重危害。而由聚苯乙烯制造的餐盒的降解周期极长，在普通环境下，其降解周期长达200年左右，对环境造成巨大破坏。

化学洗涤剂的去污能力主要来自表面活性剂。因为表面活性剂有降低表面张力的作用，它可以渗入到连水都很难渗入的纤维空隙中，清除藏在纤维空隙中的污垢。同样，表面活性剂也可以渗入人体。沾在皮肤上的洗涤剂大约有0.5%渗入血液，若皮肤上有伤口，则渗透力提高10倍以上。人们在广泛使用化学洗涤剂洗头发、洗碗筷、洗衣服、洗澡的同时，表面活性剂就由毛孔渗入人体，由于这种污染的危害在短时间内不会很明显，因此，往往会被忽视。但是，长期使用化学洗涤剂，微量污染持续进入体内，可导致人体的各种病变，如使血液中钙离子浓度下降、血液酸化和易疲倦等。表面活性剂还使肝脏的排毒功能降低、免疫力下降、肝细胞病变加剧，容易诱发癌症。

人类的都市化生活是不可避免的，都市生活对日化用品的依赖也是不可避免的。所以，我们应该自觉行动，对一次性餐具和化学洗涤剂进行改进，使之不危害人体、不破坏生存环境、无毒无公害。

⑤ 伪劣食品对健康的危害。假冒伪劣是一个全球性的问题。我国自发展社会主义市场经济以来，就一直与假冒伪劣违法犯罪行为作斗争。假冒伪劣违法犯罪行为不仅扰乱市场秩序，损害名优产品生产企业的合法权益，而且更严重的是，它直接危害广大人民群众的身体健康，甚至破坏环境。

虽然打假年年进行，但是，情况仍不容乐观。以白酒为例，因消费群体庞大、制假容易且利润可观，故生产和销售假冒伪劣白酒的违法犯罪行为屡禁不止，假酒、毒酒使许多人双目失明，甚至造成终身残疾。制造假酒的共同特点是用工业酒精甚至甲醇勾兑散装和瓶装白酒，使甲醇含量严重超标，最高达几千倍。

除了酒类产品以外，许多有毒有害的食品如用病死猪肉加工的香肠及其制品及用霉变的陈化粮加矿物油加工的有毒大米、有毒蔬菜、有毒茶叶、劣质饮料及饮用水、毛发酱油、地沟油和劣质调味品等，造成人身伤亡的恶性事件时有发生。假冒伪劣食品对我们的生存安全构成了直接和潜在的威胁。

⑥ 农药残留对健康的危害。农药是农业生产的重要生产资料。若大量使用甚至滥用，进而导致农药残留严重超标，则不但会对环境造成污染，而且也会对人体健康造成危害，导致急性和慢性中毒、癌症、畸形和突变等。而残留的农药直接污染了农产品及其加工制成的各种食品，使其成为带“毒”的农产品和被污染的不卫生的有“农药残留”的副食品、主食品，从而危害人们的健康，形成“二次中毒”。

⑦ 滥加添加剂对健康的危害。目前，97%的加工食品都含有添加剂，QS认证过的食品都是严格按标准使用添加剂的，在安全上完全可以放心。但滥用食品添加剂和非法添加物的食品，则会对健康产生极大危害。例如，牛奶中的三聚氰胺、饮料中的糖精，以及在各种食品中违规添加的防腐剂和色素等。

汉堡包、薯条、爆米花、蛋糕、面包和饼干等中含有大量的植物奶油，其学名为氢化油。普通植物油容易氧化，放久了容易出哈喇味，氢化处理后得到固态的氢化油，固态的氢化油不易被氧化，再添加色素与香精，就成了植物黄油与植物奶油。

由于氢化油中含有38%反式脂肪酸，易增高体内的胆固醇水平，因此，对健康有害。例如，增加血液黏稠度，促进血栓形成；提高低密度脂蛋白胆固醇，促进动脉硬化；增加糖尿病的发病率；影响婴幼儿和青少年正常的生长发育，可能对中枢神经系统产生不良影响。一般的脂肪在身体里7天就代谢了，而反式脂肪在身体里50天才能代谢，这就是洋快餐会导致肥胖的原因。

科学饮食

科学饮食对所有人来说都是非常重要的，合理科学的饮食能够帮助大家强健体魄、远离疾病。适量的饮食，科学的饮食搭配及适当的运动和休息都是改善健康状况的好方法。

科学饮食讲究先后顺序。什么食物可以先吃？什么食物要后吃？乱了饮食顺序，对健康不利。进餐顺序应视各食物在胃肠道内消化的难易程度及消化速度，同时兼顾生活习惯而定。例如，各类食物中，水果的主

要成分是水和糖，易被小肠吸收；米饭、面食和肉食等含淀粉及蛋白质成分的食物，则需要在胃里停留一两个小时，甚至更长的时间。如果进餐时吃完饭菜立即吃水果，消化慢的饭菜就会阻塞消化快的水果，使所有的食物一起搅和在胃里，水果在体内三十六七摄氏度高温下，容易腐烂产生毒素，形成肠胃疾病。因此，正确的进餐顺序应为汤、青菜、饭、肉，半小时后水果。

科学饮食讲究营养平衡。从饮食科学的观点来看，强调蛋白质、碳水化合物、维生素和矿物质比例要协调，人体摄取的各种营养素比例要恰当，摄入量与机体需要量要保持平衡，即人体所需热能与热能来源配比平衡，包括氨基酸平衡、脂肪酸平衡、酸碱平衡、维生素平衡和无机盐（常量元素及微量元素）平衡等。

科学饮食讲究品种多样。任何一种天然食物都不可能提供人体所需的全部营养，因此，不可偏食。常规膳食须包括谷类、薯类、动物性食物、大豆及其制品、蔬菜和水果等。同一类食物也要经常变换品种，还要结合多种副食及零食进行食用。

科学饮食讲究科学搭配。主食、副食和零食应合理搭配，粗粮、细粮应结合食用。最理想的糖类、蛋白质和脂肪的重量比约为5∶1∶0.7，同时，应充分重视对微量元素和膳食纤维的摄取。合理配餐，避免食物相克，防止食物中毒，提高食物营养素在人体内的生物利用率，对身体健康有着极其重要的意义。

科学饮食讲究食之天然。食物原料及生产制作食品的辅助材料，包括色素、香料、调味品及添加剂等，应均为天然物质。

科学饮食讲究食深色食品。一般颜色较深的天然食品，营养价值比较高，所含维生素、微量元素、无机盐相对较多，对人体健康有好处。

中毒与急救

食物中毒是摄入了有毒有害物质后，出现的非传染性急性疾病。食物中毒分细菌性食物中毒、化学性食物中毒、有毒动植物中毒及真菌毒素和霉变食品中毒等。

细菌性食物中毒是最常见的一种食物中毒，肉类、蛋类、奶类、水产品、海产品和家庭自制的发酵食物等均可引起细菌性食物中毒。化学性食物中毒是指误食有毒化学物质或食入被其污染的食物而引起的中毒，如农药中毒（食入未清洗干净的叶类蔬菜）、亚硝酸盐中毒（食入暴腌的食品）。有毒动植物中毒是指误食有毒动植物或摄入因加工、烹调方法不当而未除去有毒成分的动植物食物引起的中毒，如河豚中毒、毒蕈（毒蘑菇）中毒、发芽马铃薯中毒、豆角中毒和生豆浆中毒等。真菌毒素和霉变食品中毒是指食用被有毒真菌及其毒素污染的食物而引起的中毒，如霉变甘蔗中毒、霉变甘薯中毒等。

一旦发生食物中毒，必须马上到医院就诊，但不要自行乱服药，若无法尽快就医，则须采取一些临时急救措施。

催吐。若吃下食物后1～2 h，则采取催吐的方法。取食盐20 g，加开水200 mL，冷却后一次喝下；若不吐，则多喝几次，以促进呕吐。也可用鲜生姜100 g，捣碎取汁后用200 mL温水冲服。若吃下去的是变质的荤食品，则可服用“十滴水”来促进呕吐，也可用筷子、手指等刺激咽喉，引发呕吐。

导泻。若吃下食物的时间超过2 h，且精神尚好，则可服用些许泻药，促使中毒食物尽快排出体外。一般用大黄30 g，一次煎服；老年患者可选用元明粉20 g，用开水冲服；老年体质较好者，也可采用番泻叶15 g，一次煎服，或用开水冲服。

解毒。若是吃了变质的鱼、虾和蟹等引起的食物中毒，可取食醋100 mL，加水200 mL，稀释后一次服下。此外，还可采用紫苏30 g、生甘草10 g，一次煎服。若是误食了变质的饮料或防腐剂，最好的急救方法是用鲜牛奶或其他含蛋白质的饮料灌服。

需强调的是，呕吐与腹泻是机体防御功能发挥作用的一种表现，它可排出一定数量的致病菌释放的肠毒素，故不应立即用止泻药。特别是有高热、毒血症及黏液脓血便的病人应避免使用，以免加重中毒症状。

由于呕吐、腹泻造成体液的大量损失，因而会引起多种并发症状，直接威胁病人的生命。此时，应大量饮用清水，以排出致病菌及其产生的肠毒素，从而减轻中毒症状。若无缓解迹象，甚至出现失水明显、四肢寒冷、腹痛腹泻加重、极度衰竭、面色苍白、大汗、意识模糊、说胡话或抽搐，甚至休克等症状，则应立即送医院救治，否则会有生命危险。

习　题

一、填空题

1. 糖类常根据它能否水解和水解的情况不同，分为______、________和______。

2. 人体血液中的葡萄糖叫________，尿液中所含的葡萄糖称为________。正常人血糖浓度为________ $mmol \cdot L^{-1}$。

3. 氨基酸分子中既含有酸性基团________，又含有碱性基团________，所以，氨基酸是既具有碱性又具有酸性的________。

4. 蛋白质分子中各种氨基酸的________和__________称为蛋白质的一级结构。

5. 能使蛋白质变性的主要因素有________、__________、________、__________、__________、__________等。

6. 核酸可分为________（RNA）和________（DNA）两大类。________大量存在于细胞核中，________主要存在于细胞质中。

7. 人类的营养素通常包括________、________、_______、_______、________和______共六大类。

二、选择题

1. 下列关于糖类物质的叙述，正确的是（　　）。

A. 糖类是有甜味的物质

B. 由碳、氢、氧三种元素组成的有机物属于糖类

C. 糖类物质又叫碳水化合物，其分子式都可用 $C_n(H_2O)_m$ 的通式表示

D. 糖类一般是多羟基醛或多羟基酮以及它们的脱水缩合产物

2. 葡萄糖是单糖的主要原因是（　　）。

A. 在糖类结构中最简单　　B. 在所有糖类中碳原子数最少

C. 分子中含有一个醛基　　D. 不能再水解生成更简单的糖

3. 下列关于淀粉和纤维素的叙述，不正确的是（　　）。

A. 它们都是混合物　　B. 它们都是天然高分子化合物

C. 它们是同分异构体　　D. 它们水解的最终产物都是葡萄糖

4. 下列物质中，能与碘作用呈现深蓝色的是（　　）。

A. 淀粉　　B. 纤维素　　C. 蔗糖　　D. 麦芽糖

5. 重金属盐能使人畜中毒，这是由于它在体内（　　）。

A. 发生了盐析作用　　B. 发生了氧化作用

C. 与蛋白质生成了配合物　　D. 使蛋白质变性

6. 下列关于酶的叙述，错误的是（　　）。

A. 酶是一种氨基酸

B. 酶的化学本质是蛋白质或 RNA

C. 酶是生物体产生的催化剂

D. 酶受到高温或重金属盐等作用时会变性

7. 市场上有一种加酶洗衣粉，即在洗衣粉中加入少量的碱性蛋白酶，它的催化活性很强，衣服的汗渍、血迹及人体排放的蛋白质油渍遇到它，皆能被水解而除去。下列衣料中不能用加酶洗衣粉洗涤的是（　　）。

A. 棉织品　　B. 毛织品　　C. 涤纶织品　　D. 锦纶织品

8. 多巴胺是一种有机化合物，它可用于帕金森综合征的治疗，其结构简式如下：

H_2N　OH　OH

。下列关于多巴胺酸碱性的叙述，正确的是（　　）。

A. 只有酸性，没有碱性　　B. 只有碱性，没有酸性

C. 既具有酸性，又具有碱性　　D. 既没有酸性，又没有碱性

扫一扫，获取参考答案

第九章

化学与环境

随着我国社会主义现代化建设的快速发展，环境保护工作越来越引起人们的关心和重视。一些发达国家在实现现代化建设过程中，曾走过一段先污染再治理的弯路。我国是发展中国家，正致力于实现现代化建设，对于环保工作，要在借鉴发达国家的经验教训的基础上，结合我国实际，勇于探索，勇于创新，开拓我们自己的环境保护道路，在发展经济的同时，创造一个整洁美好的工作和生活环境。

第一节　环境污染与治理

1-1　环境

环境是指围绕着人群的空间以及可以直接或间接影响人类生活和发展的各种因素的总和。环境有大小之分，对生物体而言，环境可以大到整个宇宙，小到单个细胞。对太阳系中的地球生物而言，整个太阳系就是地球生物生存和发展的环境；对某个具体生物群落而言，环境是指所在空间上影响该群落生存、发展的全部有机因素和无机因素的总和。与人类生存直接有关的环境包括大气、水、土壤、岩石及阳光等大环境，也包括个人活动的空间，如工厂车间、办公室、农村田野、实验室、宿舍和居室等小环境，也称工作和生活环境。

1-2　环境污染

环境污染是指人类在工业生产、生活活动等过程中，将大量的污染物质以及未能完全利用的能源（能量）排放到环境中，致使环境质量发生不利变化，如酸雨对森林和环境的破坏（酸化）、二氧化碳引起的气候变暖、氟氯烃导致的臭氧层出现空洞等现象。它们的共同结果是危害人类的健康以及人类赖以生存的环境。环境污染主要包括大气污染、水体污染和土壤污染等。

在工业文明时期，工业化使得大批农民涌入城市，导致城市人口更加集中。“城市化”和“工业化”造成大片绿地被侵占，交通拥挤，道路阻塞，供水不足及生产和消费中产生的“三废”成灾。20世纪中叶，环境污染已发展成为公害，各种环境污染事件频发，震惊世界。例如，工业废气污染导致的马斯河谷事件、多诺拉烟雾事件、伦敦烟雾事件，水体重金属Hg污染引发的日本水俣病事件，土壤重金属Cd污染引发的骨痛病事件和汽车尾气排放导致的美国洛杉矶光化学烟雾事件等。

图9-1　水污染导致鱼类大量死亡，大气污染引发沙尘暴，固体废弃物侵占大量土地

目前，环境污染问题具有全球化、多样化和复杂化，而且衍生出一系列问题。

1. 全球变暖

随着人口的增加和人类生产活动规模的增大，向大气释放的二氧化碳、甲烷和氯氟碳化合物等温室气体不断增加，导致大气的组成发生变化，同时，大气质量受到影响，气候有逐渐变暖的趋势。全球气候变暖将会对全球产生各种影响，例如，较高的温度可使极地冰川融化，一些海岸地区将被淹没。另外，全球变暖也可能影响降雨和大气环流的变化，使气候反常，造成旱涝灾害，因此，全球变暖可导致生态环境的变化及生态系统的破坏，将对人类的生活产生一系列重大影响。

图9-2　全球变暖导致冰川消融

2. 臭氧层损耗与破坏

在离地球表面20～50 km的大气平流层中集中了大气中90%的臭氧气体，形成了厚度约为3 mm的臭氧层。臭氧层中存在着氧原子(O)、氧分子

(O_2)和臭氧(O_3)的动态平衡。臭氧层能吸收太阳发射到地球的大量紫外线,保护地球上的生命免受过量紫外线的伤害,并将能量贮存在上层大气,起到调节气候的作用。

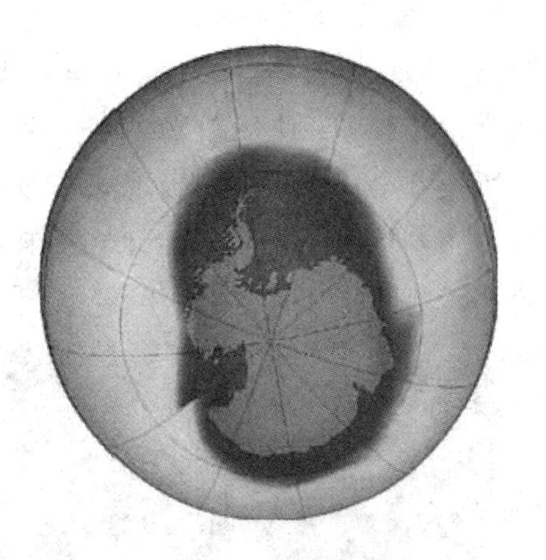
图 9-3 南极上空出现的臭氧空洞

臭氧层被破坏,将使地面受到紫外线辐射的强度增加,给地球上的生命带来很大的危害。研究表明,紫外线辐射能破坏生物蛋白质和脱氧核糖核酸,造成细胞死亡;使人类皮肤癌的发病率增大;伤害眼睛,导致白内障而使眼睛失明;抑制大豆、瓜类等的生长;穿透 10 m 深的水层,杀死浮游生物和微生物,从而影响水中生物的食物链和自由氧的来源,影响生态平衡和水体的自净能力。

臭氧层是一个很脆弱的大气层,人类排进大气中的许多化学物质能与臭氧发生反应而消耗臭氧,其中主要是氟利昂。氟利昂应用广泛,可用作清洗电路用的溶剂、喷雾推进剂和制冷剂,具有无毒或低毒、化学稳定等特点,可在环境中滞留 40～150 年。氟利昂(以 CF_2Cl_2 为例)分解臭氧分子的反应如下:

$CF_2Cl_2 \longrightarrow CF_2Cl\cdot + \cdot Cl$

$Cl\cdot + O_3 \longrightarrow ClO\cdot + O_2$

$ClO\cdot + O \longrightarrow Cl\cdot + O_2$

总反应:$O_3 + O = 2O_2$

由此可见,氟氯烃在紫外线作用下光解出的氯原子成为破坏臭氧的催化剂。除了氯氟烃外,工业废气、汽车和飞机的尾气、核爆炸产物、氨肥的分解物中可能含有氮氧化物、一氧化碳和甲烷等几十种化学物质,它们都是破坏臭氧层的因素。

3. 酸雨蔓延

酸雨是指气态污染物、飘尘和大气雨云结合形成的 pH<5.6 的雨雪或其他形式的大气降水。通常认为石化燃料燃烧放出的二氧化硫及氮氧化物是酸雨形成的主要因素。这些气体可以是当地排放的,也可以是从远处迁移来的。它们释放入大气后,在阳光和飘尘的(催化)作用下,经历各种化学和物理过程,最终成为酸雨降落到地面。

酸雨对人类环境的影响是多方面的。酸雨降落到河流、湖泊中,会影响水中鱼、虾的成长,致使鱼虾数量减少或绝迹;酸雨还可导致土壤酸化,破坏土壤

的营养，使土壤贫瘠化，危害植物的生长，造成作物减产；酸雨与大气中的烟雾结合形成酸雾，使建筑物和各种露天材料受损。在酸雨侵蚀下，许多电视铁塔或桥梁在3～5年就会出现斑驳锈块，架空输电的金属器件的寿命也大为缩短。相关资料表明，近十几年来，酸雨地区的一些古迹特别是石刻、石雕或铜塑像的损坏程度超过以往百年，甚至千年。

图9-4 酸雨导致鱼类生长畸形、树木死亡、石雕损坏

4．大气、水、土壤等环境质量下降

大气主要污染物为悬浮颗粒物、一氧化碳、臭氧、二氧化碳和氮氧化物等。大气污染导致每年有30万～70万人死亡，2500万儿童患慢性喉炎，400万～700万农村妇女和儿童受害。

人类活动使近海区的氮和磷增加50％～200％，过量营养物导致沿海藻类大量生长，波罗的海、北海、黑海和东海等出现赤潮。海洋污染导致赤潮频繁发生，破坏了红树林、珊瑚礁和海草的正常生长，使近海鱼虾锐减，渔业损失惨重。

土壤是一切农作物生长的基本要素，也是为农作物提供养分、水分的重要因素。近年来工业化产生的废气、废水、废渣，特别是重金属对土壤的污染，农业生产中采用的污水灌溉，化肥、农药和农膜等农业投入产品的不合理使用和畜禽养殖等，以及人类生活中的生活垃圾、废旧家用电器、废旧电池和废旧灯管等随意丢弃及日常生活污水排放，都是造成土壤污染的主要原因。

1-3　环境污染综合治理

1. 大气污染综合治理

(1)大气和大气污染。

大气系指包围在地球周围的气体，其厚度为 1000～1400 km。清洁的大气是生物赖以生存的环境要素之一。室内外供动植物生存的气体习惯上称为空气，通常情况下，每人每日平均吸入 10～12 m^3空气，在 60～90 m^2肺泡上进行气体交换，以维持人体正常生理活动。清洁空气除了要符合一定的污染物允许标准(包括能见度、颗粒物、臭氧和其他毒物、恶臭和刺激性等有关规定)外，通常还要符合：①二氧化碳的最高允许含量不超过 0.1%(体积比，正常值为0.03%)。如果达到 0.4%，就会出现昏迷、呕吐等症状；若达到 3.6%，则会出现窒息、休克等严重症状；达到 10%，则会死亡。②适量负离子浓度。负离子浓度可作为空气新鲜程度的一个重要指标。若负离子浓度为每立方厘米 1000～1500 个，则可显著提高人的健康水平和工作效率；若负离子浓度为每立方厘米 5000～10000 个，则会使人感到呼吸舒畅、心旷神怡。

随着工业和交通运输业等的迅速发展，特别是煤和石油的大量使用，将产生大量的烟尘、二氧化硫、氮氧化物、一氧化碳和碳氢化合物等有害物质，并排放到大气中，若有害物质浓度超过环境所能允许的极限并持续一定时间后，则会改变大气特别是空气的正常组成，破坏自然的物理、化学和生态平衡体系，从而对人类和自然资源等造成危害。这种情况即被称为大气污染或空气污染。各种污染物的浓度限值如表 9-1 所示。

图 9-5　工厂排放污染物进入大气

表 9-1 各项污染物的浓度限值

污染物名称	取值时间	浓度限值			浓度单位
		一级标准	二级标准	三级标准	
二氧化硫 SO_2	年平均 日平均 1h 平均	0.02 0.05 0.15	0.06 0.15 0.50	0.10 0.25 0.70	$mg \cdot m^{-3}$ (标准状况)
总悬浮颗粒物 TSP	年平均 日平均	0.08 0.12	0.20 0.30	0.30 0.50	
可吸入颗粒物 PM_{10}	年平均 日平均	0.04 0.05	0.10 0.15	0.15 0.25	
氮氧化物 NO_x	年平均 日平均 1h 平均	0.05 0.10 0.15	0.05 0.10 0.15	0.10 0.15 0.30	
二氧化氮 NO_2	年平均 日平均 1h 平均	0.04 0.08 0.12	0.04 0.08 0.12	0.08 0.12 0.24	
一氧化碳 CO	日平均 1h 平均	4.00 10.00	4.00 10.00	6.00 20.00	
臭氧 O_3	1h 平均	0.12	0.16	0.20	
铅 Pb	季平均 年平均	1.50 1.00			$\mu g \cdot m^{-3}$ (标准状况)
苯并芘 BP	日平均	0.01			
氟化物 以 F^- 计	日平均 1 小时平均	7① 20①			
	月平均 植物生长季平均	1.8② 2.0②		3.0③ 2.0③	$\mu g \cdot dm^{-2} \cdot d^{-1}$

注:① 适用于城市地区。
② 适用于牧业区和以牧业为主的半农半牧区、蚕桑区。
③ 适用于农业和林业区。

(2)大气污染对生物的危害。

大气污染对人体健康的危害可分为急性危害和慢性危害。

急性危害是指人体受到污染的空气侵袭后,在短时间内表现出不适或中毒症状的现象。历史上曾发生过数起急性危害事件,例如,伦敦烟雾事件造成空气中二氧化硫浓度高达 3.8 $mg \cdot m^{-3}$,总悬浮颗粒物浓度达 4.5 $mg \cdot m^{-3}$,伦敦地区在一周内死亡四千多人;洛杉矶光化学烟雾事件是由于空气中碳氢化合物和氮氧化物急剧增加,受强烈光照射发生一系列光化学反应,形成臭氧、过氧乙酰硝酸酯和醛类等烟雾,导致许多人喉头发炎、鼻和眼受刺激红肿,并伴有不同程度的头痛。

光化学烟雾形成过程可用如下反应来描述：

引发反应：$NO_2 + h\nu \longrightarrow NO + O\cdot$

$O\cdot + O_2 + M \longrightarrow O_3 + M$

$NO + O_3 \longrightarrow NO_2 + O_2$

自由基传递反应：$RH + HO\cdot \xrightarrow{O_2} RO_2\cdot + H_2O$

$RCHO + HO\cdot \xrightarrow{O_2} RC(O)O_2\cdot + H_2O$

$RCHO + h\nu \xrightarrow{2O_2} RO_2\cdot + H_2O_2\cdot + CO$

$HO_2\cdot + NO \longrightarrow NO_2 + HO\cdot$

$RO_2 + NO \xrightarrow{O_2} NO_2 + R'CHO + HO_2\cdot$

$RC(O)O_2\cdot + NO \xrightarrow{O_2} NO_2 + RO_2\cdot + CO_2$

终止反应：$HO\cdot + NO_2 \longrightarrow HNO_3$

$RC(O)O_2 + NO_2 \longrightarrow RC(O)O_2NO_2$

$RC(O)O_2NO_2 \longrightarrow RC(O)O_2\cdot + NO_2$

慢性危害是指人体长期在低污染物浓度的空气作用下产生的危害。这种危害往往不易引人注意，而且难以鉴别，其危害途径是污染物与呼吸道黏膜接触，主要症状是眼和鼻黏膜刺激、慢性支气管炎、哮喘、肺癌及因生理机能障碍而加重高血压、心脏病的病情等。实践证明，美、日、英等工业发达国家在近30年患呼吸道疾病人数和死亡率不断增加。

此外，随着工业和交通运输业等的发展，空气中致癌物质的种类和数量也在不断增加。根据动物试验结果，确定有致癌作用的物质达数十种，如某些多环芳香烃和脂肪烃及砷、镍、铍、汞和铅等金属元素。近年来，世界各国的肺癌发生率和死亡率明显上升，特别是工业发达国家，而且城市的肺癌发生率和死亡率高于农村。虽然肺癌的病因至今仍不完全清楚，但大量事实说明，空气污染是肺癌的重要致病因素之一，且空气污染程度与居民肺癌死亡率之间呈一定的正相关关系。

大气污染对植物的危害与对人体的危害相似，对植物的危害可分为急性危害、慢性危害和不可见危害三种。急性危害可导致作物产量显著降低，甚至导致作物枯死。慢性危害的大多数症状不明显，常根据受害初期叶片上的斑点变化来判断。不可见危害只造成植物生理上的障碍，使植物的生长在一定程度上受到抑制，但从外观上一般看不出症状。

(3)大气污染物及其来源。

大气污染物的种类有数千种，已发现的有危害作用而被人们注意到的有

100多种，其中大部分是有机化合物。常见的大气污染物主要有二氧化硫、氮氧化物、一氧化碳、碳氢化合物、颗粒性物质、臭氧、醛类（乙醛和甲醛等）和过氧乙酰硝酸酯等。

大气污染源可分为自然污染源和人为污染源两种。自然污染源是由自然现象造成的，如火山爆发时喷射出大量粉尘、二氧化硫气体等，森林火灾产生大量二氧化碳、碳氢化合物和热辐射等。人为污染源是由人类的生产和生活活动造成的，它是大气污染的主要来源，如工业企业、家庭炉灶及取暖设备使用燃料的燃烧，工厂生产过程的排气和交通运输工具排放的尾气等。

(4)大气污染综合防治。

大气污染综合防治是从整体出发对一个特定区域综合运用各种防治污染的技术措施，统一规划能源结构、工业发展、城市建设布局与治理设施，以改善大气质量。

要控制大气污染，需要采取一系列重要的措施。首先，加强对污染物的治理。例如，在煤燃烧前加CaO进行脱硫，煤燃烧后将尾气通入吸收塔并用$CaCO_3$粉进行燃烧后脱硫等。

图9-6　脱硫塔

$$2SO_2+O_2+2CaO\xlongequal{高温}2CaSO_4$$

$$CaCO_3+SO_2\xlongequal{}CaSO_3+CO_2$$

$$2CaSO_3+O_2\xlongequal{}2CaSO_4$$

其次，实施清洁生产。采用清洁的能源和原材料，可减少排放废物对人类和环境带来的风险，例如，开发洁净煤技术，将煤气化或液化后再加以利用。

$$C(s)+H_2O(g)\xrightarrow{高温}CO(g)+H_2(g)$$

目前，我国部分城市的空气质量仍处于较严重的污染水平，这主要是因为能源仍以煤为主，且能耗大，浪费严重。通过改善能源结构及大力节约能源，可以有效地解决城市大气污染问题。例如，在有条件的城市积极发展集中供热，这样可节约30%～35%的燃煤，同时还有利于提高除尘效率，便于采取脱硫措施以减少粉尘和SO_2的排放量。在大力节能的同时，积极开发清洁能源，如水电、地热、风能、海洋能、核电及太阳能等。

随着经济持续的高速发展，我国汽车的保有量急剧增加，汽车尾气的污染已经成为人类健康的一大公害，因此，必须采取综合防治的措施。例如，使用无铅汽油，改进发动机结构和燃烧方式，从而减少污染物排放；安装尾气催化净化装置，对机动车排向大气的废气作最后处理，达标后排放；大力发展环保

汽车，环保汽车从燃料、发动机结构、净化措施乃至车身用材与设计等都与传统汽车不同，它的主要特点是节能降耗、少污染甚至是零污染。如图 9-7 所示，使用汽车尾气催化转化装置可将汽车尾气中的 CO、NO 和 C_7H_{16} 处理掉。

$$2CO+2NO\xlongequal{}2CO_2+N_2$$

$$2CO+O_2\xlongequal{}2CO_2$$

$$C_7H_{16}+11O_2\xlongequal{}7CO_2+8H_2O$$

反应中的催化剂可使用贵金属铂（Pt）、钯（Pd）和铑（Rh）等。

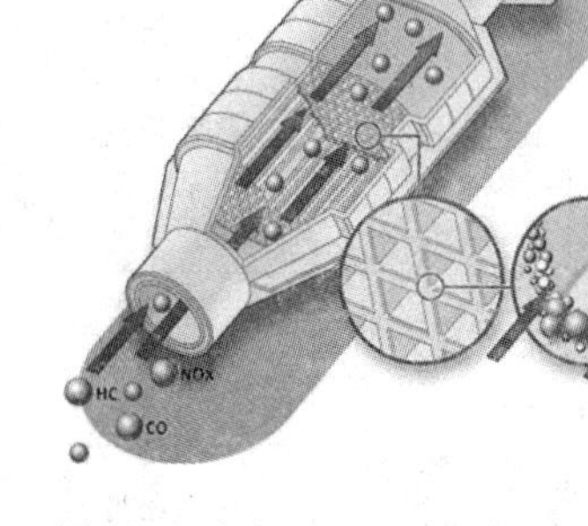

图 9-7　汽车尾气三元催化转化器

表 9-2　大气中主要污染物的常用治理方法

序号	污染物	治理方法	方法说明
1	粉尘	机械法	利用粉尘粒子的重力、惯性、离心力比气体大的特点，将烟道气或其他工艺气体通过气固沉降器、旋风分离器等将气体中的尘粒捕集下来。此法的优点是所用设备结构简单，造价低，操作方便；缺点是不能有效地去除颗粒较小的粉尘
		洗涤法	一般用水作洗涤剂，使含尘气体与水密切接触，粉尘被洗涤水带走。洗涤水再经处理后可循环使用。该法除尘效率超过 80%
		过滤法	含尘气体通过多孔过滤介质，截留其中粉尘而与气体分离。此法适用于含尘浓度较低、粉尘颗粒较小的场合，除尘效率超过 99%。工业上常用袋式过滤器，过滤介质有棉、毛、化纤织物和泡沫塑料等，高温废气可用玻璃纤维和矿物棉等。使用过程中需及时清除过滤层上积尘，因此，需配备一定设备
		静电法	在外加电场作用下，气体中的粉尘带负电荷且趋向正极，到达正极后电性中和而沉积于其上。此法除尘效率超过 99%，可除去粒径小于 10 μm 的飘尘。此法的气体压降小，但设备投资和占地面积大
2	二氧化硫	稀释法	二氧化硫主要从化石燃料中产生。采用稀释法处理，即将含硫烟气通过烟囱向高空排放。如前所述，此法中二氧化硫的排放总量未减少，故并不是彻底的治理方法
		化学法	分干法和湿法两类 干法。通过吸附剂（如活性炭等）将烟气中的二氧化硫脱除。若在活性炭中添加一定的催化剂，则使吸附的二氧化硫氧化，用水淋洗即产生稀硫酸，同时使活性炭再生而又可重新使用 湿法。通常是利用碱性溶液吸收气体中的二氧化硫，同时起中和反应。例如，石灰乳法是用 5%～10% 氢氧化钙乳浊液处理含硫气体，可生成亚硫酸钙；氨水法是用稀氨水液作吸收剂，生成亚硝酸铵和亚硫酸氢氨。也可用碳酸钠溶液脱除二氧化硫。化学法的脱除效率较高，是目前应用最多的方法

续表

序号	污染物	治理方法	方法说明
3	碳氢化合物	吸附法	碳氢化合物主要来自炼油厂、石油化工厂和汽车尾气等。除本身有一定的毒性外，还能在大气中与氮氧化物等在紫外线照射下发生光化学反应，形成毒性更大的光化学烟雾。碳氢化合物可利用活性炭作吸附剂除去。如用苯制取顺丁烯二酸酐时，用活性炭脱除尾气中的苯后再放空
4	氮氧化物	吸收法	氮氧化物主要指一氧化氮和二氧化氮，它们大多来自硝酸厂、电镀厂等。二氧化氮及其与一氧化碳的混合物能与碱性溶液反应生成亚硝酸盐和硝酸盐
		催化还原法	氮氧化物在特定的催化剂作用下能与还原剂(如氢、氨和甲烷等)作用转化为氮气，所用催化剂为铂、钯、铊和金属氧化物等
		吸附法	硝酸尾气中的氮氧化物可用固体吸附剂(如天然沸石、活性炭、硅胶、离子交换树脂等)吸附。此法净化度较高，且解吸出来的高浓度氮氧化物又可制硝酸，但技术难度大，设备投资和能耗较高

2. 水污染综合治理

(1)水与水污染。

水是自然界中普遍存在的物质之一。没有水就没有生命，人类在生活中离开水，就无法生存，水是人类生存环境的一个重要组成部分。

我国是一个干旱缺水严重的国家。目前，全国600多个城市中大约一半的城市缺水，水污染的恶化更使水资源短缺雪上加霜：我国江河湖泊普遍遭受污染，全国75%的湖泊出现了不同程度的富营养化；90%的城市水域污染严重，南方城市总缺水量的60%～70%是由水污染造成的；对我国118个大中城市的地下水调查显示，有115个城市的地下水受到污染，其中重度污染约占40%。水污染破坏了水体的使用功能，加剧了水资源短缺，给我国可持续发展战略的实施带来了负面影响。所以，在我国提倡合理用水、节约用水、控制水体污染、保护水资源是当务之急的重要事情。

水体污染是指一定量的污水、废水和各种废弃物等污染物质进入水域，超出了水体的自净和纳污能力，导致水体及其底泥的物理性质、化学性质和生物群落组成发生不良变化，从而破坏水中固有的生态系统和水体的功能，降低水体使用价值的现象。

造成水体污染的因素是多方面的，有自然因素和人为因素，常见的人为污染因素有：向水体排放未经过妥善处理的城市生活污水和工业废水；施用的化肥、农药及城市地面的污染物，被雨水冲刷，随地表径流进入水体；随大气扩散的有毒物质通过重力沉降或降雨而进入水体等。其中第一项是水体污染的主要因素。

依据地表水水域环境功能和保护目标，按功能高低依次划分为五类：

Ⅰ类，主要适用于源头水、国家自然保护区。

Ⅱ类，主要适用于集中式生活饮用水地表水源地一级保护区、珍稀水生生物栖息地、鱼虾产卵场和仔稚幼鱼的索饵场等。

Ⅲ类，主要适用于集中式生活饮用水地表水源地二级保护区、鱼虾越冬场、洄游通道、水产养殖区等渔业水域及游泳区。

Ⅳ类，主要适用于一般工业用水区及人体非直接接触的娱乐用水区。

Ⅴ类，主要适用于农业用水区及一般景观要求水域。

同一水域兼有多类功能类别的，依最高功能类别划分。按照上面的划分，地表水环境质量标准如表 9-3 所示。

表 9-3　地表水环境质量标准(单位：$mg \cdot L^{-1}$)

序号	标准值 项目 \ 分类		Ⅰ类	Ⅱ类	Ⅲ类	Ⅳ类	Ⅴ类
1	水温(℃)		人为造成的环境水温变化应限制在：周平均最大温升≤1；周平均最大温降≤2				
2	pH(无量纲)		6～9				
3	铜	≤	0.01	1.0	1.0	1.0	1.0
4	锌	≤	0.05	1.0	1.0	2.0	2.0
5	总磷(以 P 计)	≤	0.02(湖、库 0.01)	0.1(湖、库 0.025)	0.1(湖、库 0.05)	0.3(湖、库 0.1)	0.4(湖、库 0.2)
6	高锰酸盐指数	≤	2	4	8	10	15
7	溶解氧	≥	饱和率 90%(或 7.5)	6	5	3	2
8	化学需氧量(COD)	≤	15	15	20	30	40
9	五日生化需氧量(BOD_5)	≤	3	3	4	6	10
10	氟化物(以 F^- 计)	≤	1.0	1.0	1.0	1.5	1.5
11	硒	≤	0.01 以下	0.01	0.01	0.02	0.02
12	砷	≤	0.05	0.05	0.05	0.1	0.1
13	汞	≤	0.00005	0.00005	0.0001	0.001	0.001
14	镉	≤	0.001	0.005	0.005	0.005	0.01
15	铬(六价)	≤	0.01	0.05	0.05	0.05	0.1
16	铅	≤	0.01	0.01	0.05	0.05	0.1
17	氰化物	≤	0.005	0.05	0.2	0.2	0.2
18	挥发酚	≤	0.002	0.002	0.005	0.01	0.1
19	石油类	≤	0.05	0.05	0.05	0.5	1.0
20	阴离子表面活性剂	≤	0.2	0.2	0.2	0.3	0.3
21	粪大肠菌群(个/L)	≤	200	2000	10000	20000	40000
22	氨氮(NH_3-N)	≤	0.15	0.5	1.0	1.5	2.0
23	硫化物	≤	0.05	0.1	0.2	0.5	1.0
24	总氮(湖、库，以 N 计)	≤	0.2	0.5	1.0	1.5	2.0

(2)水体污染物及其危害。

水体污染物从化学角度可分为无机有害物、无机有毒物、有机有害物、有机有毒物四类。

无机有害物如砂、土等颗粒状的污染物，它们一般和有机颗粒性污染物混合在一起，统称为悬浮物或悬浮固体，它们能使水变浑浊。此外，无机有害物还有酸、碱、无机盐类物质及氮、磷等营养物质。无机有毒物主要有非金属无机毒性物质如氰化物(CN)、砷(As)及金属毒性物质如汞(Hg)、铬(Cr)、镉(Cd)、铜(Cu)和镍(Ni)等。长期饮用被汞、铬、铅及非金属砷污染的水，会引发急、慢性中毒或导致机体癌变，危害严重。

有机有害物如生活及食品工业污水中所含的碳水化合物、蛋白质和脂肪等。有机有毒物多属于人工合成的有机物质，如农药 DDT、“六六六”、有机含氯化合物、醛、酮、酚、多氯联苯和芳香族氨基化合物、高分子聚合物(塑料、合成橡胶和人造纤维等)和染料等。有机污染物因须通过微生物的生化作用才能分解和氧化，所以，要大量消耗水中的氧气，因而使水质变黑、发臭，影响甚至窒息水中鱼类及其他水生生物。

含植物营养物质(N、P 和 K 等)的废水进入天然水体，造成水体富营养化，使藻类大量繁殖，从而消耗水中的溶解氧，造成水中鱼类窒息而无法生存、水产资源破坏。此外，水中氮化合物的增加给人畜健康带来很大危害，亚硝酸根离子与人体内血红蛋白反应生成高铁血红蛋白，它使血红蛋白丧失输氧能力，从而引起中毒。硝酸盐和亚硝酸盐是形成亚硝胺的物质，而亚硝胺是致癌物质，可诱发食道癌、胃癌等。

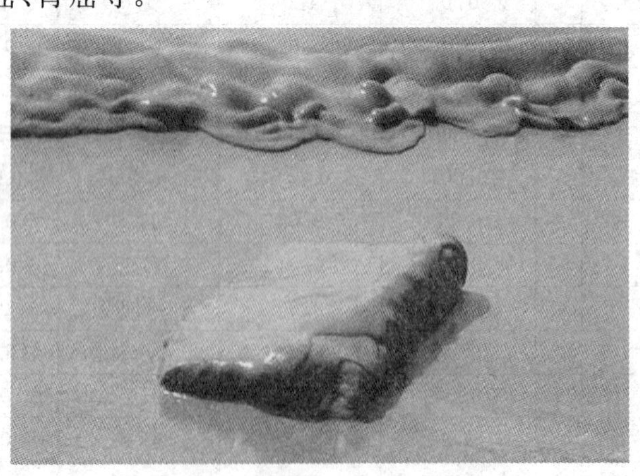

图 9-8　水体富营养化导致蓝藻暴发

(3)水污染综合治理。

解决我国的水污染问题要从多方面着手综合考虑。

推行清洁生产、降低单位产品用水量、一水多用及提高水的重复利用率等措施，减少耗水量。

建立城市污水处理系统，大力发展污水处理技术。工业企业对其排放的有害、有毒污染物必须进行单独处理或预处理，并将城市污水处理与工业废水治理结合起来。

化学法是污水处理中非常重要的方法。例如，用硫酸中和碱性废水；利用明矾水解反应形成的 $Al(OH)_3$ 为胶体来吸附杂质，净化水质；用次氯酸钠作氧化剂，将氰化物氧化成氮气进行氰化物处理；用亚硫酸钠作还原剂将六价铬还原为三价铬，实现六价铬废水的还原处理。

其他措施还包括进行产业结构调整，例如，关、停、并、转耗水量大、污染重和治污代价高的企业；改漫灌为滴灌或喷灌，走可持续发展之路等。

图 9-9　农业生产中采用喷灌代替传统漫灌

3. 固体废弃物污染综合治理

(1)固体废弃物污染。

未经处理的工厂废弃物和生活垃圾简单露天堆放，不仅占用土地，破坏景观，而且废弃物中的有害成分可随风飘散，伴随侵入土壤和地下水源而污染河流，这个过程就是固体废弃物污染。

(2)固体废弃物污染防治。

“减量化、资源化、无害化”是固体废弃物污染防治的总原则。“减量化”是通过适宜的手段减少固体废弃物的数量和容积。“资源化”是指采用工艺技术，从固体废弃物中回收有用的物质与资源。“无害化”是将不能回收利用资源化的固体废弃物，通过物理、化学等手段进行最终处置，使之不损害人体健康、不污染周围的自然环境。

第二节　资源的综合利用

2-1　资源综合利用的重要性

改革开放以来,我国经济持续快速发展,各项建设均取得了巨大成就。但与此同时,我国也付出了巨大的资源和环境代价,经济发展与资源环境的矛盾日益突出。“十三五”时期,我国仍将处于工业化和城镇化加快发展的阶段,面临的资源和环境形势将更加严峻。

资源综合利用包括两个方面:一方面是天然资源(包括矿物资源、植物资源和动物资源等)的综合利用;另一方面是工艺生产丢弃的“三废”(废气、废液、废渣)的综合利用。自然界的物质很少是纯净的单质,有的是混合物,有的是化合物。在加工这些原料时,除了产生主产品外,还会产生副产品、下脚料等,需要将这些副产品、下脚料等转化为可利用资源。而且,工业生产丢弃的“三废”、不合格产品以及使用的后废旧产品等也需要转化为可利用资源。

2-2　资源综合利用举例

1. 云南红塔滇西水泥股份有限公司在矿产资源开采加工过程中综合利用废渣生产水泥

云南红塔滇西水泥股份有限公司所在地是大理市石灰石的主要产区,矿山开采过程中剥离的大量含土废渣中富含大量 CaO、SiO_2,它们是生产水泥的必需原料。为了合理有效地利用资源,公司探索出了适应低品位石灰石的水泥熟料配方。在工业选矿尾矿、铜渣、硫酸渣的利用上,传统原料都使用铁矿石,因为铁矿石是铁质原料水泥生产所必需的,但这样不仅浪费资源,而且生产成本较高。滇西水泥公司采用黄金矿的选矿尾矿、铜冶炼的铜渣及硫酸厂的硫酸渣作为铁质原料,这些废渣都富含 Fe_2O_3,以前处理这些废渣不但占用大量土地,而且对环境造成较大污染。但废渣综合利用不仅节约了资源、降低了生产成本,还有效地保护了环境。

2. 安徽省庐江县利用农村秸秆产生燃气

农村秸秆作为一种生物质长期被当作废物焚烧,这样不仅浪费资源,而且污染空气。安徽省庐江县在2010年建成的秸秆气化站很好地解决了秸秆的综合利用问题,该站将农作物秸秆通过固定的装置在缺氧状态下进行热化学反

应处理，转化为CO、H_2和CH_4等高品位燃气。目前，已建成气化站厂房及配套用房600多m^2，安装气化机组和储气柜等设施，完全符合项目设计要求。若项目投产后，则年生产秸秆燃气44万m^3，供气能力达300户，可使村民彻底告别"家家烧火、户户冒烟"的历史，既能提高村民生活用能品质，又能改善当地居民区的环境。

图9-10　家用小型秸秆燃气系统

3. 废干电池综合利用

通过溶解、熔化、洗涤、过滤、蒸发和煅烧废干电池等，可以回收锌、铜、石墨、二氧化锰、氯化铵和硫酸铜等。

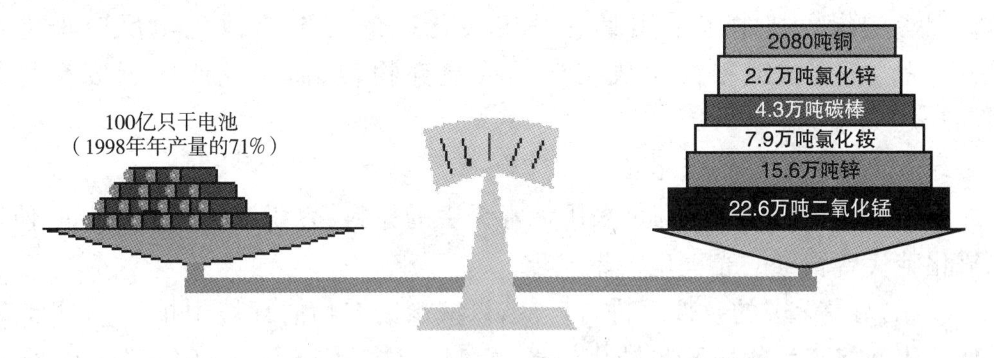

图9-11　干电池中可回收组分示意图

剪下废干电池外壳的金属锌皮，用水洗净后剪碎，将碎锌片放在坩埚中加热至熔化，除去上面的浮渣，将熔融物倒在铁板上(或水中)冷却。按上述方法再熔化一次，冷却得到锌块，或待凝固时捶碎，得到锌粒。

废电池中的黑色填充物80%以上是二氧化锰。取废电池的黑色填充物，先清除其表面杂质，然后加水搅拌，用纱布过滤，将糊状滤液转移到研钵中研磨后再进行抽滤，之后用水冲洗沉淀，直至水面上无漂浮物，将沉淀放在坩埚内灼烧至无燃烧物，以除去有机物和碳，这样就回收得到二氧化锰。

用废电池的锌片还可以制取氯化锌。将锌片洗净后放在烧杯内，倒入适量的盐酸溶液，反应式为：$Zn+2HCl=ZnCl_2+H_2\uparrow$，将反应后的溶液蒸发，即得到白色氯化锌固体。

第三节　绿色化学

3-1　绿色化学

化学在为人类创造财富的同时，给人类带来了严重的危害。目前，全世界每年产生的有害废弃物为3亿～4亿吨，这些有害废弃物给环境造成了危害，并威胁着人类的生存。严峻的现实迫使各国必须寻找一条不破坏环境、不危害人类生存的可持续发展的道路。“绿色化学”的口号最早出现在美国，目前，已得到各国的积极响应。1966年，美国设立“美国总统绿色化学挑战奖”，以表彰那些在绿色化学领域作出贡献的个人、团体和组织。绿色化学的核心是利用化学原理从源头上减少和消除污染，又称为环境无害化学，与其相对应的技术称为绿色技术、环境友好技术。绿色化学将改变化学工业的面貌，为子孙后代造福。

理想的绿色技术应采用具有一定转化率的高选择性化学反应来生产目标产品，不生成或很少生成副产品或废弃物，从而实现或接近废弃物的“零排放”过程。

绿色化学的主要特点是：

① 充分利用资源和能源，采用无毒无害的原料、容积和催化剂，例如，使用二氧化碳代替剧毒的光气生产聚氨酯。

② 在无毒无害的条件下进行反应，以减少废弃物向环境中排放。例如，通过加转化酶将废生物质原料转化为动物饲料，该反应不需要任何催化剂，常温常压即可反应。

③ 提高原子的利用率，力图使所有作为原料的原子都被产品所消纳，从而实现“零排放”。例如，用硫酸铜和铁反应生产铜和硫酸亚铁，反应中没有任何排放，这就是绿色化学。

④ 生产出有利于环境保护、社区安全和人体健康的产品。例如，使用淀粉生产全生物降解塑料，完全不污染环境。

绿色化学的研究者们总结出了绿色化学的12条原则，这些原则可作为化学家开发和评估合成路线、生产过程及化合物的指导方针和标准。

① 防止污染优于污染形成后处理。

② 设计合成方法时应最大限度地使所用的全部材料均转化到最终产品中。

③ 尽可能使反应中使用和生成的物质对人类和环境无毒或毒性很小。

④ 设计化学产品时应尽量保持其功效而降低其毒性。

⑤ 尽量不用辅助剂，需要使用时应采用无毒物质。

⑥ 能量消耗越低越好，应考虑环境和经济影响，尽可能在常温常压下进行反应。

⑦ 最大限度地使用可再生原料。

⑧ 尽量避免不必要的衍生步骤。

⑨ 催化试剂优于化学计量试剂。

⑩ 化学品应设计成使用后容易降解为无害物质的类型。

⑪ 分析方法应能真正实现在线监测，并在有害物质形成前加以控制。

⑫ 化工生产过程中各种物质的选择与使用，应避免发生化学事故。

3-2　绿色化学的实现途径

① 开发绿色实验。例如，实验室用 H_2O_2 分解制取 O_2 代替 $KClO_3$ 分解法，实现了原料和反应过程的绿色化。

② 防止实验过程中尾气、废弃物等对环境的污染。例如，实验中有危害性气体产生时要加强尾气吸收，尽可能再利用实验产物。

③ 在保证实验效果的前提下，尽量减少实验试剂的用量，使实验小型化、微型化。

④ 对于危险或反应条件苛刻、污染严重或仪器和试剂价格昂贵的实验，可采用计算机模拟化学实验或观看实验录像等方法。

⑤ 妥善处置实验产生的废弃物，防止污染环境。

3-3　开展清洁生产

绿色化学是设计对环境没有或尽可能小的负面影响，并在技术上、经济上可行的化学产品和化学过程的科学。事实上，没有一种化学物质是完全良性的，因此，化学产品及其生产过程或多或少会对环境产生负面影响，绿色化学的目的是用化学方法预防化学过程中的污染。

绿色化学的发展还能将传统的化学研究和化工生产从“粗放型”转变为“集约型”，并充分利用每个原料的原子，做到物尽其用。发展绿色化学意味着要从过去的污染环境的化工生产转变为安全的、清洁的生产。这就要求我们

开展清洁生产，即在污染前采取防治对策，将污染消除在生产过程中，实行工业生产全过程控制。

清洁生产的重点在于：

① 设计比现有产品的毒性更低或更安全的化学产品，以防止意外事故的发生。

② 设计新的更安全的、对环境良性的合成路线。例如，尽量利用分子机器型催化剂、仿生合成等，使用无害和可再生的原材料。

③ 设计应考虑节约原材料，少用昂贵、稀缺原料。

现今社会中，一提起化学，很多人都要紧皱双眉，他们认为化学是环境污染的根源。其实，这完全是因为他们对化学这门科学缺乏全面认识而造成的一种误解，只要你留心地观察和仔细地思考，就会发现衣食住行以及医疗卫生等都离不开化学，可以毫不夸张地说，人类的生活离不开化学。

诚然，化学产品和化工生产造成了环境污染，但是，“解铃还需系铃人”，相信化学家能够利用绿色化学和绿色生产等方法来减少环境污染，让化学成为环境的朋友。

阅读材料

居室装修中的隐形杀手——甲醛

居室环境是人类最重要的环境之一，越来越严重的装修污染已经成为人类健康的巨大威胁。甲醛、苯系物和氨等都是常见的室内装修污染物，其中甲醛的危害性最大，下面让我们一起来认识甲醛。

一、室内环境中的甲醛从哪里来

甲醛是一种无色、具有刺激性且易溶于水的气体。甲醛有凝固蛋白质的作用，其35%～40%的水溶液称为“福尔马林”，常作为浸渍标本的溶液。甲醛是具有较高毒性的物质，在我国有毒化学品优先控制名单上高居第二位。

甲醛具有较强的黏合性，同时可加强板材的硬度及提高其防虫、防腐能力，因此，目前市场上的各种刨花板、中密度纤维板和胶合板等均使用以甲醛为主要成分的脲醛树脂作为黏合剂。另外，新式家具、墙面、地面的装修辅助设备均要使用黏合剂，因此，凡是用到黏合剂的地方总会有甲醛气体的释放，从而对室内环境造成危害。由于由脲醛树脂制成的脲-甲

醛泡沫树脂隔热材料有很好的隔热作用，因此，常被制成建筑物的围护结构，使室内温度不受室外的影响。此外，甲醛还可来自化妆品、清洁剂、杀虫剂、消毒剂、防腐剂、印刷油墨和纸张等。

室内环境中的甲醛可以是来自室内本身的污染，也可以是来自室外空气的污染。室外的工业废气、汽车尾气和光化学烟雾等，都可以在一定程度上排放或产生一定量的甲醛，但这一部分含量很少。据有关报道，城市空气中甲醛的年平均浓度为0.005～0.01 mg·m^{-3}，一般不超过0.03 mg·m^{-3}。室内使用的一些建筑与装修材料、生活用品等化工产品，也是室内甲醛污染的来源之一。

一般新装修的房子中甲醛的含量可达到0.40 mg·m^{-3}，个别有可能达到1.50 mg·m^{-3}。研究表明，甲醛在室内环境中的含量与房屋的使用时间、温度、湿度及房屋的通风状况有密切的关系。在一般情况下，房屋的使用时间越长，室内环境中甲醛的残留量越少；温度越高、湿度越大，越有利于甲醛的释放；通风条件越好，建筑、装修材料中甲醛的释放也越快，越有利于室内环境的清洁。

二、甲醛污染对人体健康的危害

甲醛已经被世界卫生组织确定为致癌和致畸形物质，是公认的变态反应源，也是潜在的强致突变物之一。

研究表明，甲醛具有强烈的致癌和促癌作用。甲醛对人体健康的影响主要表现在嗅觉异常、刺激、过敏、肺功能异常、肝功能异常和免疫功能异常等方面。甲醛浓度在每立方米空气中为0.06～0.07 mg·m^{-3}时，儿童就会发生轻微气喘；室内空气中甲醛浓度为0.1 mg·m^{-3}时，就有异味和不适感；室内空气中甲醛浓度达到0.5 mg·m^{-3}时，可刺激眼睛，引起流泪；室内空气中甲醛浓度达到0.6 mg·m^{-3}，可引起咽喉不适或疼痛；室内空气中甲醛浓度更高时，可引起恶心呕吐、咳嗽胸闷、气喘，甚至肺水肿；室内空气中甲醛浓度达到30 mg·m^{-3}时，会立即致人死亡。

长期接触低剂量甲醛可引起慢性呼吸道疾病、鼻咽癌、结肠癌、脑瘤、月经紊乱、妊娠综合征、新生儿染色体异常、白血病、青少年记忆力和智力下降等。在所有接触者中，儿童和孕妇对甲醛尤为敏感，危害也就更大。

世界卫生组织（WHO）工作组曾规定了甲醛对嗅觉、眼睛刺激和呼吸道刺激潜在致癌力的阈值，并指出当甲醛在室内环境中的浓度超标10%时，就应引起足够的重视。

三、如何防止、防治甲醛对室内环境的污染

控制室内环境中的甲醛污染,首先应该坚持从装修前入手。选择的装饰材料要符合国家环保的标准,特别是复合地板、大芯板,要把甲醛量作为选择的主要条件。要选择对室内环境污染小的施工工艺,除了特殊要求外,一般不要在复合地板下面铺装大芯板,用大芯板打的柜子和暖气罩里面要用甲醛捕捉剂进行处理,最好选用漆膜比较厚、封闭性好的油漆。其次,装修好的房子要经常通风换气,往往能得到事半功倍的效果,甚至比用各种方法治污更有效。

习　题

1. 下列哪项不属于由环境污染演化而来的问题(　　)。
   A. 酸雨　　B. 全球变暖　　C. 水土流失　　D. 土地资源锐减
2. 我国确立(　　)为基本国策。
   A. 民族团结　　B. 扶贫　　C. 保护环境　　D. 发展经济
3. 下列哪一项是不可以分类回收、循环再生的垃圾(　　)。
   A. 废塑料　　B. 剩饭　　C. 废纸　　D. 废玻璃
4. 能引起大气污染的物质主要来源于(　　)。
   A. 人类活动　　B. 自然过程　　C. 植物生长　　D. 动物呼吸
5. 下列哪项不属于室内装修产生的主要污染物(　　)。
   A. 甲醛　　B. 苯　　C. 挥发性有机物　　D. 酸
6. 什么是清洁生产? 为什么要开展清洁生产?
7. 请简述固体废弃物的危害。
8. 开发新能源的重要性是什么? 请列举5种清洁能源。
9. 酸雨的危害主要表现在哪些方面?
10. 水体富营养化的原因和后果是什么?
11. 你认为废纸应如何进行综合利用?
12. 你认为城市水污染和农村水污染有什么区别?

扫一扫,获取参考答案

第十章

化学与材料

图 10-1a 为安徽奇瑞汽车，你能指出其各个部件所使用材料的类型吗？

图 10-1a　安徽奇瑞汽车结构示意图

第一节　高分子材料

高分子材料是由相对分子质量较高的化合物构成的材料，包括涂料、胶黏剂、橡胶、塑料、纤维和高分子复合材料。目前，高分子材料已广泛应用于汽车、航空航天、家电等领域，成为国民经济建设与人民日常生活必不可少的重要材料之一。

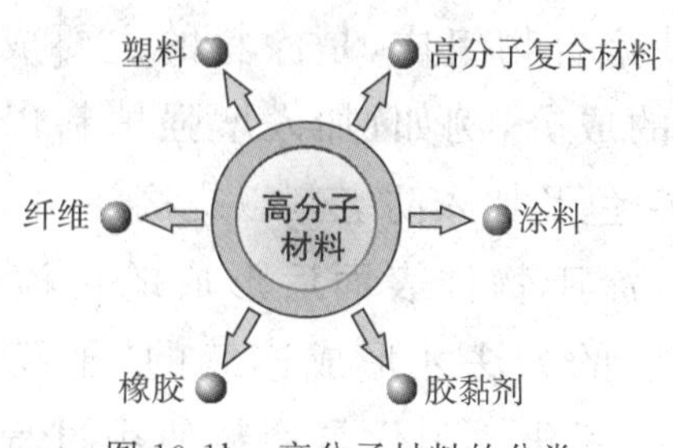

图 10-1b　高分子材料的分类

阅读材料

聚合物

超市中蔬菜瓜果使用的保鲜膜,其主要成分是聚乙烯材料。合成聚乙烯(PE)的原料是乙烯($CH_2=CH_2$),乙烯经过一定的条件聚合得到聚乙烯(如图10-2所示)。上述聚乙烯称为聚合物,合成聚乙烯的原料乙烯叫单体,聚合物是高分子材料的主要成分,聚合物不同,高分子材料的性能和用途就会不同。

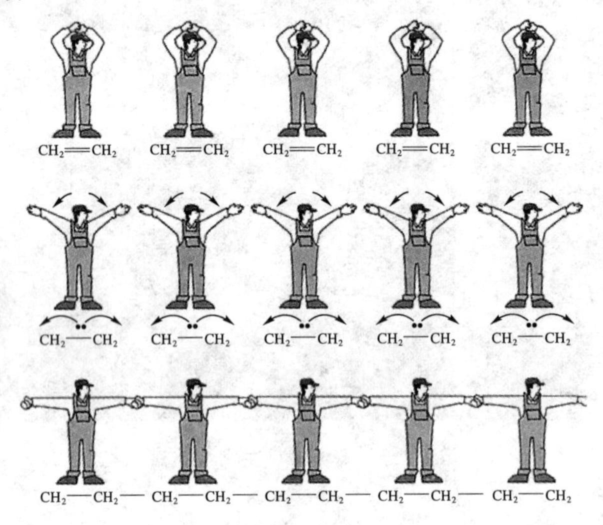

图10-2 聚乙烯(PE)合成示意图

1-1 涂料

涂料为人类带来了丰富多彩的生活,其品种很多,如聚氨酯涂料、丙烯酸酯涂料和有机硅涂料等。涂料一般由成膜物质、颜料、溶剂和添加剂四部分组成。其中,成膜物质是指涂在汽车、飞机和墙壁等物体表面能干结成膜的材料,它主要由一种或几种聚合物组成,是涂料的主要成分。另外,可根据需要在涂料中加入一些特定的成分,例如,加入增强填料以提高涂料的强度、加入颜料以配制成所需要的颜色及加入防老剂以提高涂料的老化性等。

涂料大部分是液态,涂于物件表面后形成的可流动的液态薄层,通称为“湿膜”。“湿膜”通过不同的方法才形成连续的“干膜”。这个由“湿膜”变为“干膜”的过程称为干燥或固化。固化是涂料使用过程中非常重要的过程,一般将固化方式分为两大类,即物理方式固化和化学方式固化。物理方式固化

是指成膜物质在“湿膜”和“干膜”中的结构未发生变化，化学方式固化是指成膜物质在从“湿膜”变为“干膜”的过程中形成了体型网状结构。

图 10-3　丙烯酸酯涂料用于房屋内墙

图 10-4　有机硅涂料用于轮船

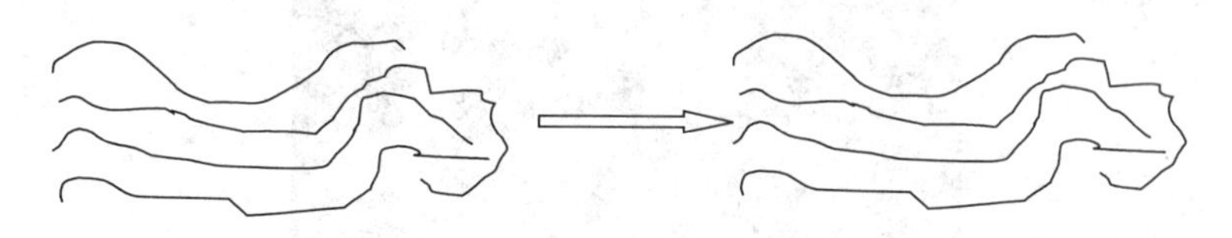

图 10-5　物理方式固化

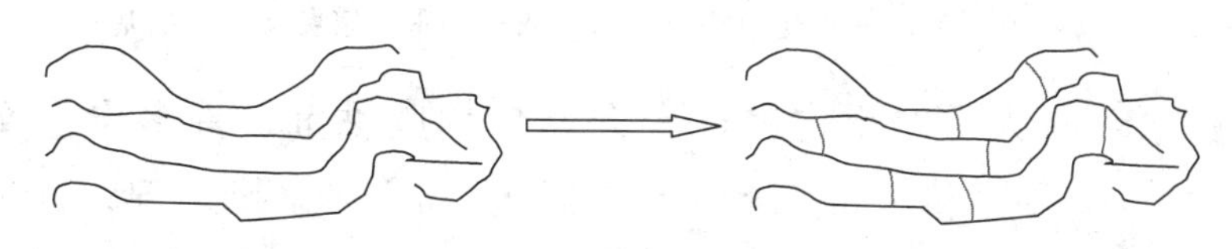

图 10-6　化学方式固化

为什么要在物体表面涂上一层“保护膜”呢？一是为了避免或延缓物体表面受到各种腐蚀性气体、微生物和紫外线的侵蚀；二是赋予物体一定的功能，如绝缘、耐热、防滑、保温和导电等；三是赋予物体美丽的造型和外观，起到美化人类生活环境的作用。不同种类的涂料，其用途也各不同，如表 10-1 所示。

表 10-1　常见涂料的品种和主要用途

品种	主要用途
醇酸漆	一般金属、木器、家庭装修、农机、汽车和建筑等的涂装
丙烯酸乳胶漆	内外墙、皮革、木器、家具和地坪等的涂装
溶剂型丙烯酸漆	汽车、家具、电器、塑料、电子、建筑和地坪等的涂装
环氧漆	金属防腐、地坪涂装、汽车底漆、化学防腐
聚氨酯漆	汽车、木器、家具和仪器仪表的涂装及装修、金属防腐、化学防腐、绝缘涂料
硝基漆	木器和家具的涂装、装修、金属装饰
氨基漆	汽车、电器、仪器仪表、木器、家具等的涂装及金属防护
不饱和聚酯漆	木器、家具和地坪的涂装、化学防腐、金属防护
酚醛漆	绝缘、金属防腐、化学防腐、一般装饰
乙烯基漆	化学防腐、金属防腐、绝缘、金属底漆、外用涂料

1-2 胶黏剂

胶黏剂又称黏合性、黏接剂，简称胶，是一种把纸、布、皮革、木、金属、玻璃、橡皮或塑料之类的材料黏合在一起的物质。黏料是胶黏剂的主要成分，是主要以聚合物为基础的材料，它可以是天然材料、有机材料或无机材料。胶黏剂因具有耐高低温、黏接不破坏、质轻的优点，故应用比较广泛。

图 10-7 2000 年前的秦朝用糯米浆与石灰作糯米砂浆黏合长城的基石

早在数千年前，人类的祖先就已经开始使用胶黏剂。许多出土文物表明，5000 年前，人们就会用黏土、淀粉和松香等天然产物做胶黏剂；4000 多年前，人们就会用生漆做胶黏剂和涂料来制造器具；3000 年前的周朝已用动物胶作木船的填缝密封胶。

图 10-8 磷酸盐无机胶黏剂用于制造大型彩绘铜车马

上世纪初，合成酚醛树脂的发明开创了胶黏剂的现代发展史。目前，胶黏剂的应用非常广泛，尤其在高技术领域中的应用。据报道，国外在生产一辆汽车时要使用 5～10 kg 胶黏剂；一架波音飞机的黏接面积达到 2400 m^2；一架宇航飞机需要黏接 30000 块陶瓷片。

随着我国汽车、电子、电器等行业的快速发展，纳米材料等在胶黏剂工业中得到应用，今后胶黏剂的性能将更加优异，应用范围也将不断扩大。无溶剂胶黏剂、纳米胶黏剂、特种胶黏剂是未来胶黏剂的主要发展方向。

1-3　塑料

塑料是指以合成树脂为主要成分，适当加入（或不加）添加剂（如增塑剂、稳定剂和防老剂等）配制而成的一类高分子材料。

塑料加热到一定温度范围时开始软化，直至熔化成流动的液体，熔化后的塑料冷却后又变成固体，加热后又熔化，这种现象称为热塑性。聚乙烯、聚丙烯和聚氯乙烯等都属于热塑性塑料。而有些塑料只是在制造过程中受热变软，并可以加工成一定的形状，但加工成型后就不会受热熔化，这种塑料称为热固性塑料，如氨基树脂和环氧树脂等。那么为什么会出现热塑性和热固性现象呢？

热塑性塑料具有长链状的线型结构。长链之间是以分子间作用力结合在一起的，受热时这种作用力会减弱，长链间发生相应的滑动，因此，塑料受热会熔化成液体。当塑料冷却时，长链间的距离拉近，所以，会重新硬化。

热固性塑料在形成初期也是线型长链结构，且受热会熔化流动。但在进一步受热时，长链间会形成共价键，因而形成体型网状结构，使塑料硬化定型。再受热时，长链间的滑动受到限制，因此，不会再熔化。

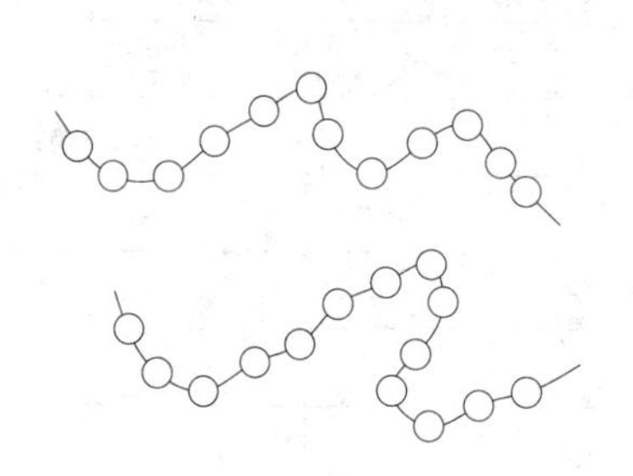

图 10-9　热塑性塑料的线型结构

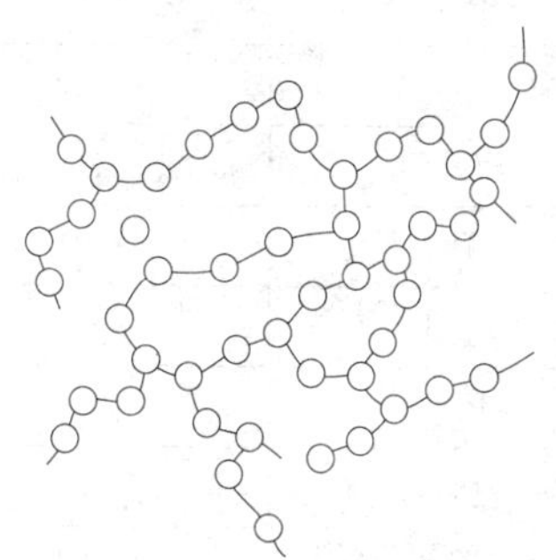

图 10-10　热固性塑料的体型网状结构

以上是按照受热后塑料状态的变化进行分类的。另外，塑料按照用途可以分为通用塑料、工程塑料以及特种塑料。其中，常用塑料如表 10-2 所示，PE、PP、PVC、PS 并称为“四大通用塑料”，PA、PC、POM、PPO、ABS 称为“五大工程塑料”。

塑料
- 通用塑料（一般指产量大、用途广、成型性好、价廉的塑料）
- 工程塑料（产量较小、价格较高，并具有优良特性的塑料）
- 特种塑料（具有耐热、自润滑等特种功能的塑料）

表 10-2 常用塑料

英文简称	中文学名	俗称
PE	聚乙烯	
PP	聚丙烯	百折胶
HDPE	高密度聚乙烯	硬性软胶
LDPE	低密度聚乙烯	
LLDPE	线型低密度聚乙烯	
PVC	聚氯乙烯	
GPPS	通用级聚苯乙烯	硬胶
EPS	发泡聚苯乙烯	发泡胶
HIPS	抗冲击性聚苯乙烯	耐冲击硬胶
AS,SAN	丙烯氰-苯乙烯共聚物	透明大力胶
ABS	丙烯氰-丁二烯-苯乙烯共聚合物	超不碎胶
PMMA	聚甲基丙烯酸甲酯	亚克力,有机玻璃
EVA	乙烯-醋酸乙烯共聚物	橡皮胶
PET	聚对苯二甲酸乙酯	聚酯
PBT	聚对苯二甲酸丁二醇酯	
PA	聚酰胺	尼龙
PC	聚碳酸酯	防弹胶
POM	聚甲醛	赛钢、夺钢
PPO	聚苯醚	Noryl
PPS	聚苯硫醚	
PU	聚胺基甲酸酯	
PS	聚苯乙烯	

近几年,研制出许多新型的塑料材料,如变色塑料薄膜、ABS 塑料、塑料血液、新型防弹塑料、降低汽车噪音的塑料等,如图 10-11、图 10-12 所示。

图 10-11 PP 薄膜

图 10-12 ABS 托盘

1-4　橡胶

橡胶一词来源于印第安语 cau-uchu，意为“流泪的树”。橡胶是橡胶工业的基本原料，广泛用于制造轮胎、胶管、胶带、电缆及其他各种橡胶制品。天然橡胶是由三叶橡胶树割胶时流出的胶乳经凝固、干燥后制得的，但天然橡胶远远不能满足人们的需要，于是科学家开始研究用化学方法人工合成橡胶。

天然橡胶的化学组成是聚异戊二烯：

$$\left[-\overset{H_2}{C}-\underset{\underset{CH_3}{|}}{C}=\underset{H}{C}-\overset{H_2}{C}- \right]_n$$

人们通过模仿天然橡胶的化学组成，制备了一系列的合成橡胶，包括异戊橡胶、丁苯橡胶和顺丁橡胶等应用较为广泛的通用型橡胶和硅橡胶、氯丁橡胶、氟橡胶等具有特殊性能的特种橡胶。

橡胶必须经过硫化才能使用，硫化可使橡胶分子之间通过硫桥交联起来，形成体型网状结构，从而使橡胶具有较高的强度、韧性、良好的弹性和化学稳定性等，如图 10-13、图 10-14 所示。

图 10-13　未加硫的橡胶分子

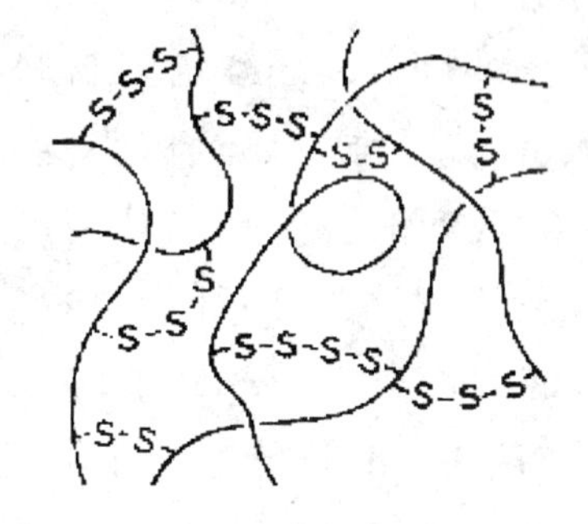

图 10-14　加硫的橡胶分子

纤维制品与我们的生活息息相关，如我们穿的衣服、棉被、宇航服等。那么，制备这些物品的原料是从哪里来的呢？一部分是利用自然界中存在的天然纤维，如棉花、蚕丝、木材等经过纺织加工而成；另一部分是人类将木材、甘蔗、芦苇等含有天然纤维的物质经过化学方法加工成人造纤维。后来发展到利用石油、天然气、煤和农副产品作原料制成单体，再经化学方法合成和机械加工制得合成纤维。

合成纤维具有强度高、弹性好、耐磨、耐化学腐蚀和不怕虫蛀等优良性能，但吸水性和透气性不如天然纤维。纤维更大的作用已不局限于日常穿着方面：黏胶基碳纤维帮导弹穿上“防热衣”，可以耐几万摄氏度的高温；聚酰亚胺纤维可以做高温防火保护服、赛车防燃服、装甲部队的防护服和飞行服等；碳纳米管可用作电磁波吸收材料，用于制作隐形材料、电磁屏蔽材料、电磁波辐射污染防护材料和“暗室”（吸波）材料，如图10-15、图10-16所示。

图10-15　碳纤维做成的“防热衣”

图10-16　聚酰亚胺纤维做成的飞行服

1-5　高分子复合材料

20世纪40年代，因航空工业的需要，发展了玻璃纤维增强塑料（俗称“玻璃钢”），从此出现了“复合材料”这一名称。复合材料是指由两种或两种以上不同物质以不同方式组合而成的材料，它可以发挥各种材料的优点，克服单一材料的缺陷，扩大材料的应用范围。

复合材料中以纤维增强材料应用最广、用量最大，其特点是密度小、强度大。例如，碳纤维与环氧树脂复合的材料，其强度比钢和铝合金大数倍，还具有优良的自润滑、耐热、耐疲劳、消声和电绝缘等性能。纤维增强材料的另一个特点是各向异性，即纤维材料在纵向与横向的强度不同，因此，可按制件不同部位的强度要求设计纤维的排列。以碳纤维和碳化硅纤维增强的铝基复合材料，在500 ℃时仍能保持足够的强度。碳纤维增强碳复合材料、石墨纤维增强碳基复合材料或石墨纤维增强石墨复合材料构成耐烧蚀材料，已用于航天器、火箭导弹和原子能反应堆中，如图10-17、图10-18所示。

图10-17　纤维复合材料应用于风电叶片

图10-18　玻璃钢制成的冷却塔

第二节　无机非金属材料

无机非金属材料是除高分子材料和金属材料以外的所有材料的统称。陶瓷、玻璃、水泥是三大传统无机非金属材料。硅酸盐材料是传统无机非金属材料的主要组成物质，是硅、氧与其他化学元素（主要是铝、铁、钙、镁、钾、钠等）结合而成的化合物的总称。硅酸盐在地壳中分布极广，是构成多数岩石（如花岗岩等）和土壤的主要成分。

硅酸盐的基本结构是硅-氧四面体，在这种四面体内，硅原子占据中心，四个氧原子占据四角，如图 10-19 所示。这些四面体依着不同的配合，形成了各类硅酸盐，如图 10-20 所示。它们大多数熔点高，化学性质稳定，广泛应用于各种工业、科学研究及日常生活。

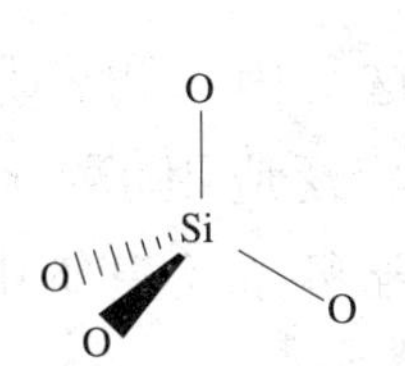

图 10-19　硅酸盐的结构

图 10-20　硅酸盐矿石

表 10-3　常见硅酸盐化合物及其组成

名称	化学组成
硅酸钠	$Na_2O \cdot SiO_2$
石棉	$CaO \cdot 3MgO \cdot 4SiO_2$
长石	$K_2O \cdot Al_2O_3 \cdot 6SiO_2$
普通玻璃的大致组成	$Na_2O \cdot CaO \cdot 6SiO_2$
水泥的主要成分	$3CaO \cdot SiO_2 \cdot 2CaO \cdot SiO_2 \cdot 3CaO \cdot Al_2O_3$
黏土的主要成分	$Al_2O_3 \cdot SiO_2 \cdot 2H_2O$
石英	SiO_2

2-1　陶瓷

陶瓷是陶器和瓷器的总称。我国早在公元前 8000－公元前 2000 年就发明了陶器，陶都宜兴的陶器和瓷都景德镇的瓷器，在世界上都享有盛誉。瓷器成了中华民族文化的象征之一。

黏土是制造陶器的主要原料，手工制造陶器的过程如图 10-21 所示。随着科学技术的发展，陶器生产已经实现了自动化。

图 10-21　手工制造陶器的过程

地下出土的古代陶瓷历经数千年仍然保持其本色，这是因为陶瓷具有抗氧化性、抗酸碱腐蚀、耐高温和绝缘等优点。如今陶瓷仍广泛应用于生产和生活中，如日常生活中的餐具、茶具，艺术陶瓷中的花瓶、雕塑品及建筑中的砖瓦、面砖和外墙砖等陶瓷制品。

一般烧制的陶瓷制品的表面比较粗糙，而且有不同程度的渗透性。日常生活中我们见到的许多陶瓷制品，其表面光滑、不渗水，而且色彩丰富，非常漂亮，这是烧制前在坯体上涂了彩釉的缘故。

表 10-4　各种陶瓷及其特点

名称	特点	制品
青花	明快、清新、雅致、大方，装饰性强，永不掉色	青花瓷
斗彩	静动兼蓄，对比鲜明，既素雅又堂皇	民国斗彩团花小罐

续表

名称	特点	制品
釉里红	稳重，敦厚，朴实	四系扁壶
粉彩	形象概括夸张，民间风格浓厚，装饰性强	清乾隆粉彩九桃瓶
新彩	色彩丰富，装饰多样，花纹生动，格调新颖	雪景缸
颜色釉	色若虹霞，五彩缤纷	青釉茶壶
综合彩	变化灵活，丰富多彩，争奇斗艳	艺术瓷器

2-2　玻璃

我们平常所说的“玻璃”是指普通玻璃，普通玻璃的主要成分是 $Na_2O \cdot CaO \cdot 6SiO_2$，其中 SiO_2 是主要成分。这种物质不是晶体，称作玻璃态物质，没有一定的熔点，在某个范围内逐渐软化，在软化状态时可以被加工成任何形状的制品。

生产玻璃的主要原料是纯碱（Na_2CO_3）、石灰石（$CaCO_3$）和石英（SiO_2）。玻璃的加工是一个非常复杂的过程,包括一系列物理、化学变化,其结果是使各种原料混合物变成复杂的熔融物,一般采用连续性的加工过程,如图 10-22 所示。

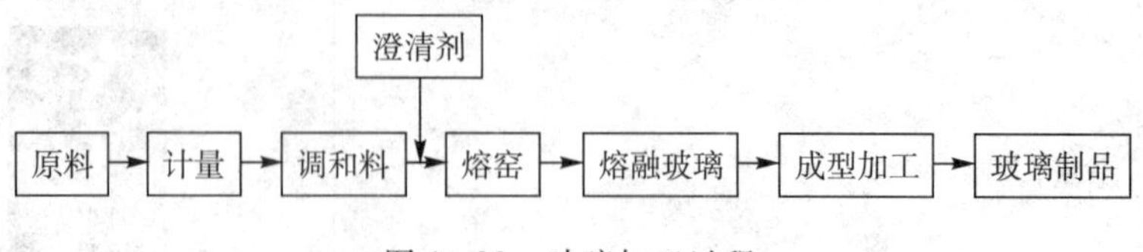

图 10-22　玻璃加工过程

玻璃有很多种,其颜色和功能各不相同,如变色玻璃、隔音玻璃和彩色玻璃等,这主要是由于玻璃在加工过程中加入了不同的物质。例如,加入 PbO(氧化铅)制得的光学玻璃折光率高,可用于制造眼镜片、照相机和望远镜等;加入某些金属氧化物,可以制成彩色玻璃;加入 Co_2O_3(氧化钴)的玻璃呈蓝色,加入 Cu_2O 的玻璃呈红色。

把普通玻璃放入钢化炉中加热,当接近软化温度时,迅速将普通玻璃从炉内取出,然后用冷风急吹,即制得钢化玻璃。钢化玻璃的机械强度比普通玻璃大 4～6 倍,具有抗震裂、不易破碎等特性,一旦破碎,碎块没有尖锐的棱角,不易伤人,常用于汽车、军工等领域。

图 10-23　火车钢化玻璃窗

图 10-24　隔音玻璃

阅读材料

防弹玻璃是一种由多层玻璃、胶片和防弹膜组成的多层夹胶玻璃结构,每一层玻璃和 PVB(聚乙烯醇缩丁醛)胶片都起着防止子弹冲击的特殊作用。遭袭击的外层玻璃因子弹的冲击而破坏,并在冲击点处形成很细的纹状,且吸收部分能量,余下夹层玻璃中多层 PVB 胶片继续吸收并扩

散因冲击而造成的震动，从而阻止子弹的穿透。

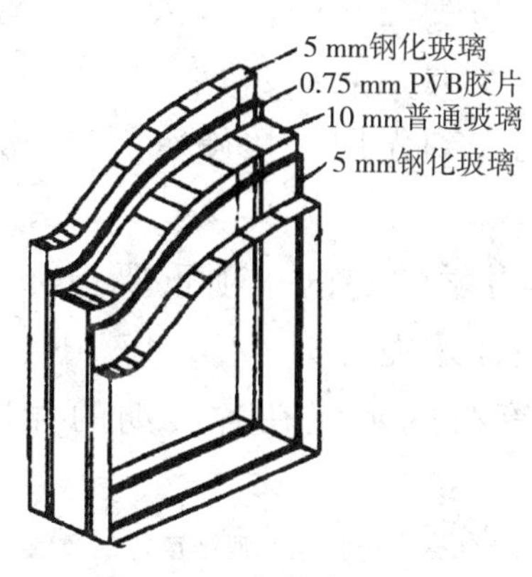

图 10-25　防弹玻璃结构

2-3　水泥

水泥的主要成分是硅酸三钙、硅酸二钙和铝酸三钙等。以石灰石（$CaCO_3$）、黏土（SiO_2）为主要原料，经研磨、混合后在水泥回转窑中高温煅烧，然后加入适量石膏、铁矿石（Fe_2O_3）并研磨成细粉就得到普通硅酸盐水泥，其生产过程如图 10-26 所示。

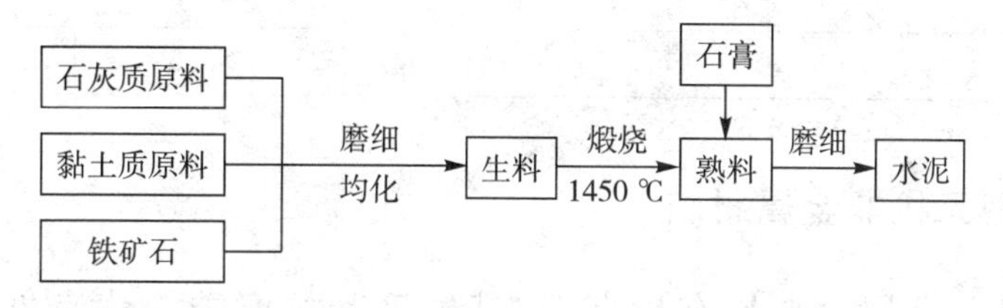

图 10-26　水泥生产过程示意图

水泥加水拌匀后成为可缓慢流动的浆体，随后，水泥浆逐渐变稠而失去流动性，但尚不具有强度的过程，称为水泥的凝结。凝结过后，水泥浆产生明显的强度并逐渐成为坚硬的固体，这一过程称为水泥的硬化。由于水泥具有这一优良的特性，因而是非常重要的建筑材料，用于高楼大厦和各种建筑工程。

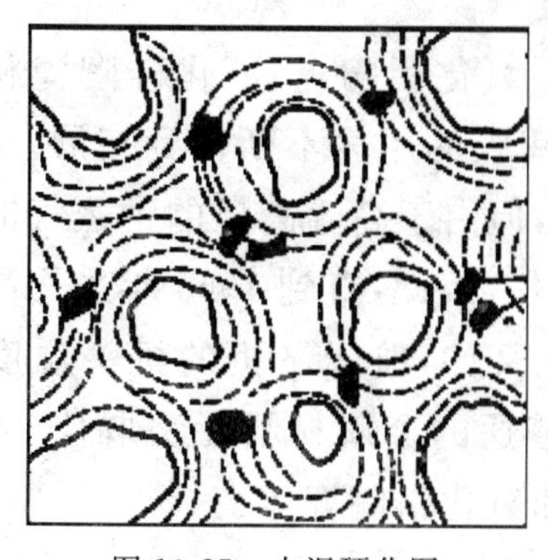

图 10-27　水泥硬化图

图 10-28　水泥施工现场

水泥的吸水能力很强，易受空气中的水蒸气、二氧化碳影响而降低水泥强度。一般来说，水泥贮存3个月后，强度降低10%～20%。所以，水泥存放期一般不超过3个月，应做到先到先用。快硬水泥、铝酸盐水泥的规定储存期限更短(1～2个月)。

水泥强度是表示水泥力学性能的一项重要指标，是评定水泥强度等级的依据。根据国家标准，硅酸盐水泥分为42.5、42.5R、52.5、52.5R、62.5、62.5R等6个强度等级，各强度等级的水泥在各龄期的强度值不得低于表10-5中的数值。

表10-5　硅酸盐水泥强度等级数值

强度等级	抗压强度(MPa)		抗折强度(MPa)	
	3 d	28 d	3 d	28 d
42.5	≥17.0	≥42.5	≥3.5	≥6.5
42.5R	≥22.0	≥42.5	≥4.0	≥6.5
52.5	≥23	≥52.5	≥4.0	≥7.0
52.5R	≥27	≥52.5	≥5.0	≥7.0
62.5	≥28	≥62.5	≥5.0	≥8.0
62.5R	≥32	≥62.5	≥5.5	≥8.0

2-4　新型无机非金属材料

传统无机非金属材料具有耐高温、高硬度和抗腐蚀等优良性能，但其抗拉强度低、韧性差。

现代科学技术的发展对材料提出了更高的要求，这大大促进了无机非金属材料的发展，出现了许多具有特殊性能的新型无机非金属材料，广泛应用于建筑、冶金、机械及尖端科技领域。

1.高温结构陶瓷

随着现代科学技术的发展，人们研制出了氧化铝陶瓷、氮化硅陶瓷和碳化硅陶瓷等具有特殊性能的新型陶瓷材料，使陶瓷的用途不断得到拓展。例如，钠蒸气放电发光问题早在1950年就得以解决，但由于高温高压的钠蒸气的腐蚀性极强，一般的抗钠玻璃和石英玻璃均不能胜任，因此，直到1965年采用高温氧化铝陶瓷材料才成功制取第一支高压钠灯。又如，航天飞机的机头温度高达2760 ℃，通常采用碳化硅、氮化硅复合材料，普通的金属材料无法取代。此外，高温结构陶瓷还有氮化硼陶瓷、碳化硼陶瓷和氧化锆陶瓷等。

图 10-29　高温陶瓷在航空领域的应用

图 10-30　高压钠灯

阅读材料

钻石、宝石、玉石的成分一样吗?

钻石就是金刚石,其成分是碳;宝石的主要成分是氧化铝,不同颜色的宝石是因为其中含少量不同的金属氧化物杂质;玉石的主要成分是硅酸盐。所以,钻石、宝石、玉石都是价格昂贵的“石头”,但它们不是同一类物质。

2. 光导纤维

从高纯的二氧化硅(或称石英玻璃)熔融体中,拉出直径约 100 μm 的细丝,就得到石英玻璃纤维。石英玻璃纤维传导光的能力非常强,所以,称为光导纤维,简称光纤。将一定数量并经过技术处理的光纤按照一定方式组成缆心,外包护套或外护层,即可得到光缆。

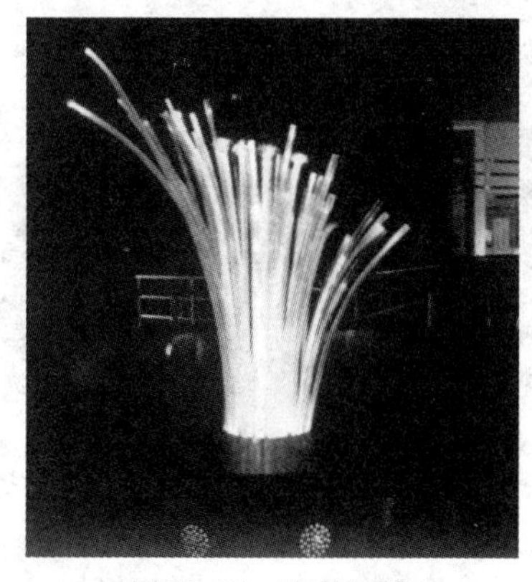

图 10-31　光导纤维

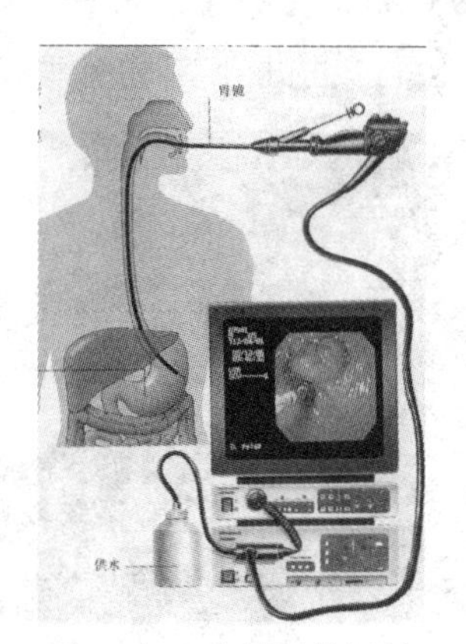

图 10-32　光导纤维胃镜

目前的光纤通信，是通过发送端把声音或图像转换成电信号，然后通过光发射机把电信号转换成光信号，由光导纤维传送到接收端，接收端把光信号还原成电信号，再经调解放大后恢复为原始信号（声音或图像）。未来的光纤通信，可以不用电信号，而是将声音或图像直接转换成光信号，然后用光纤进行传输。到那时，电话、电报和电视等电通信方式将变成“光话”“光报”“光视”等光通信方式，人类将进入一个无限美好的真正的光通信时代。光纤除了可以用于通信外，还可用于医疗、信息处理、遥测遥控和照明等方面。

阅读材料

光的传导现象

1870年，英国科学家丁达尔做了一个有趣的实验：让一股水流从玻璃容器的侧壁细口自由流出，以一束细光束沿水平方向从开口处的正对面射入水中。丁达尔发现，细光束不是穿出这股水流射向空气，而是沿着水流弯弯曲曲地传播。这就是光的传导现象。

第三节　用途广泛的金属材料——合金

3-1　合金概述

合金是指由两种或两种以上的金属（或金属与非金属）熔合而成的具有金属特性的物质。我们日常生活中所看到的金属制品大部分都由合金材料制成，如高压锅、飞机外壳和金首饰等。

图10-33　铝合金门窗

图10-34　不锈钢高压锅

为什么我们使用的金属材料主要是合金，而不是纯金属呢？这是因为合金与纯金属相比，具有许多优良的性能，如硬度大、熔点低、密度小、耐磨和耐腐蚀等。合金的这些性能可以通过添加金属（或非金属）的含量和制备合金的条件等调节。虽然目前已制得的纯金属仅有90多种，但是合金已达几千种，大大拓展了金属材料的应用范围和价值。

纯铝很软，加入少量铜、镁、锰、硅熔合后就会变硬（简称硬铝），这是为什么呢？通过分析发现，纯铝与硬铝的原子排列结构不同。纯铝中原子大小和形状都是相同的，原子排列十分规整；而硬铝中加入了铜、镁等合金元素，改变了铝原子的规则排列，使原子层之间的相对滑动变得困难。因此，一般情况下，合金比纯金属的硬度大。

图 10-35　纯铝

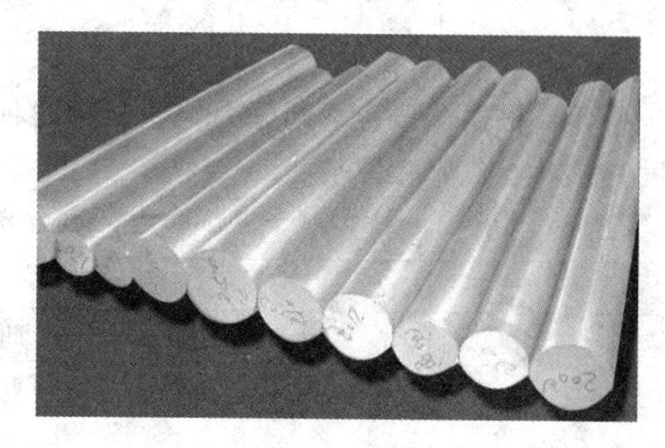

图 10-36　硬铝

图 10-37　纯铝原子排列规整

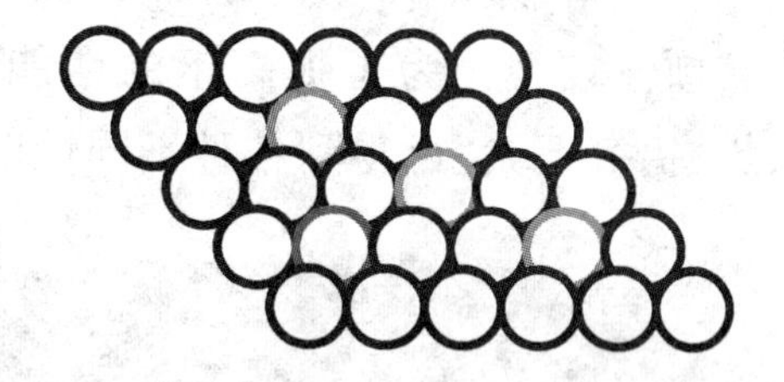

图 10-38　硬铝原子层间滑动困难

阅读材料

金属之最

地壳中含量最多的金属元素——铝

人体中含量最高的金属元素——钙

目前世界年产量最高的金属——铁

导电、导热性最好的金属——银

硬度最高的金属——铬

熔点最高的金属——钨

熔点最低的金属——汞

想一想

1906年，库利奇用钨丝代替竹丝作为灯泡的灯丝，使灯泡的质量得到提高，想一想灯泡里的灯丝为什么要选用钨丝？

3-2 合金的分类

1.铁合金

铁合金根据含碳量不同分为生铁和钢两种，生铁和钢的性能、用途也各不相同，如表10-6所示。

表10-6 生铁和钢的比较

种类	碳元素含量	机械性能	主要用途
生铁	2.11%～4.3%	硬而脆、无韧性、可铸、不可锻压	用于制造机座、管道等
钢	0.02%～2.11%	坚硬、韧性大、可塑性好、可铸、可锻压、可压延	用于制造机械、交通工具等

钢又可分为碳素钢和合金钢两类。碳素钢根据含碳量不同可分为高碳钢、中碳钢和低碳钢，其中含碳量高的碳素钢，其硬度较大；含碳量低的碳素钢，其韧性较强。为了提高钢的性能，人们有目的地向碳素钢中加入铬、镍、铜、钨、铝等元素，可得到各种不同性能的合金钢，如不锈钢等。

图10-39 生铁铸造的齿轮、管件

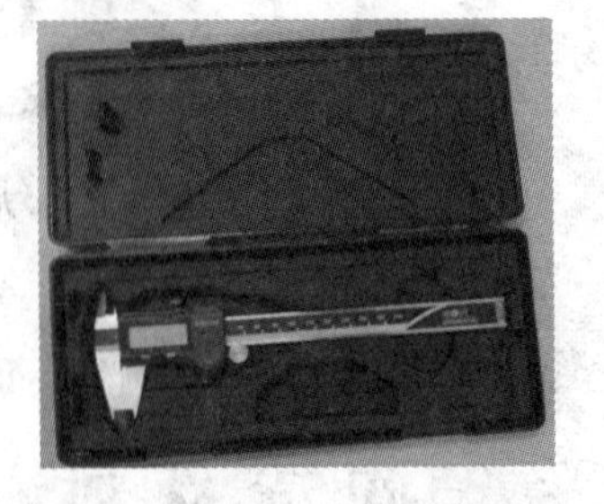

图10-40 合金钢制成的卡尺

2.铝合金

纯铝的密度小（$\rho=2.7\ g \cdot m^{-3}$），大约是铁的1/3，熔点低（660 ℃），抗腐蚀性能好，易于加工，可制成各种型材、板材。但是纯铝的强度很低，不宜作结构

材料。经过长期的生产实践和科学实验，人们用加入少量合金元素(如铜、硅、镁、锌、锰)及热处理等方法来强化铝，得到了一系列性能良好的铝合金。

铝合金已在航空、航天、汽车、机械制造、船舶及化学工业中大量应用，是目前应用最广泛的合金之一。例如，硬铝(一种铝合金)中含2.2%～4.9%铜、0.2%～1.8%镁、0.3%～0.9%锰及少量硅，它的密度小、强度高，是制造飞机和宇宙飞船的理想材料。

图10-41　铝合金用于制造宇宙飞船的外壳

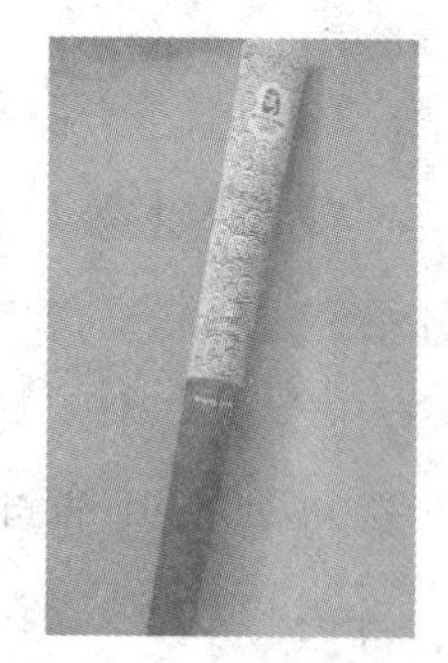

图10-42　铝合金用于制造2008年奥运火炬

3. 铜合金

铜合金是与人类关系非常密切的金属材料，具有优良的导电性、导热性、延展性和耐蚀性，被广泛地应用于电气、轻工、机械制造、建筑、国防等领域，在我国金属材料的消费中仅次于铝。常见的铜合金主要有黄铜(铜-锌合金)、青铜(铜-锡合金)和白铜(铜-镍合金)等。

4. 金合金

纯金质地软、价格贵、色泽单调。若将纯金同其他金属结合起来，做成金合金，则既能弥补不足，又能使性能更加优良。现代的金合金已广泛应用于火箭、超音速飞机、核反应堆和宇宙航行等工业中。此外，用金合金制成的金币、金首饰也深得人们的喜爱。我们平时看到的22 K、18 K金首饰，是金含量不同的金合金。

图10-43　汉代青铜镜

图10-44　金手镯

青铜器

青铜器，流行于新石器时代晚期至秦汉时代，以商周器物最为精美。据古代文献记载，青铜器有两种基本功能或用途：一是“纳（内）、入”，即盛装物件；二是“设”，即陈设布列。“纳”是青铜器的基本功用，其基本目的是“示和”，所纳对象为肉食、主食等生活必需品。“纳”主要就是把此类物品分别纳入鼎、樽等各类器物中，然后进行调和，祭祀祖先。

“示和”还有另一层或者说更深一层的意义。原来制作青铜器不仅用来盛装给祖先奉献的礼物，还有一个重要作用是“象物”，也就是在青铜器外表刻画图像，类似西方的“图腾”。

5. 现代合金

（1）形状记忆合金。

20 世纪 60 年代初，美国马里兰州海军军械研究所的科学家比勒，用镍钛合金丝做试验。镍钛合金丝弯弯曲曲，为了使用方便，他把这些合金丝弄直了。但当他无意中把合金丝靠近火的时候，奇迹发生了：已经弄直的合金丝居然完全恢复了原来弯弯曲曲的形状。这种合金称为形状记忆合金。

未放入热水前

放入热水后

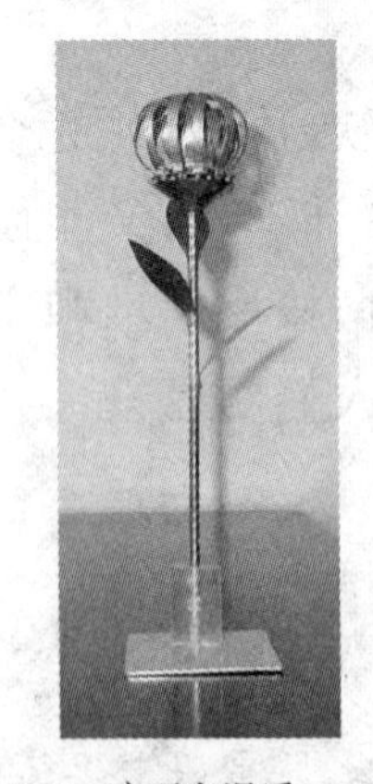

凉至室温后

图 10-45　记忆合金花的变化情况

形状记忆合金的主要材料是镍、钛、铜和铍青铜等，其产地分别是我国西部地区的金昌、遵义、白银和石嘴山等。形状记忆合金的特点是一定的外力作用可以改变其形态（形状和体积），但当温度升高到某一值时，它又可完全恢复

为原来的形态。根据这一特性，可以将形状记忆合金应用于航空、医学、汽车、电子设备和生活用品等领域。

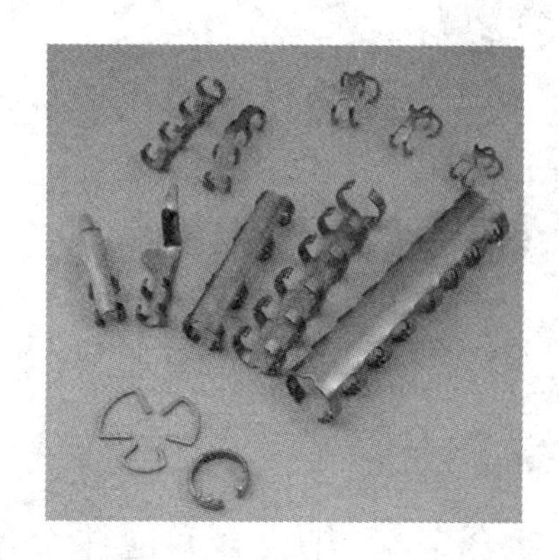
图 10-46　形态记忆合金用作骨科材料

图 10-47　用于太空领域的记忆合金天线

阅读材料

合金具有“记忆”的原因

分析表明，形状记忆合金材料存在着一对可逆转变的晶体结构。例如，含有镍钛记忆合金有两种晶体结构，一种是菱形的，另一种是立方体的，在一定温度条件下，这两种晶体结构可相互转变。高于这一温度，它会由菱形结构转变为立方体结构；低于这一温度，又会由立方体结构转变为菱形结构。晶体结构的类型改变，它的形状也就随之改变。

(2)储氢合金。

20 世纪 60 年代，出现了能储存氢的合金，统称为储氢合金，这些合金具有很强的捕捉氢的能力。在一定的温度和压力条件下，氢分子在合金中先分解成氢原子，这些氢原子会“见缝插针”般地进入合金原子之间的缝隙中，并与合金进行化学反应生成金属氢化物，外在表现为“吸收”大量氢气，同时放出大量热量。当对这些金属氢化物进行加热时，它们又会发生分解反应，氢原子又能结合成氢分子释放出来，并伴随有明显的吸热现象。目前，储氢合金主要有钛系、锆系、铁系及稀土系储氢合金。新型储氢合金材料的研究和开发，将为氢气作为能源的实际应用起到重要的推动作用。此外，储氢合金还可以用于制备制冷或采暖设备以及镍氢充电电池等。

图 10-48 储氢合金用于制造镍氢电池和太阳能

现代合金除了以上介绍的两种外,还有钛合金、耐热合金和泡沫金属等,它们已广泛应用于卫星、航空航天、生物工程和电子工业等领域。

图 10-49 钛合金用于制造飞机挂架

图 10-50 泡沫金属用于制造热交换器

阅读材料

神奇的纳米材料

如果我们仔细观察,就会发现破土而出的荷叶表面永远是洁净的。这是为什么呢?研究发现,荷叶表面布满了很多“小山包”,上面长满绒毛(我们用手触摸可以感觉到),这些“小山包”很小,我们用肉眼看不到,“山包”间的缝隙也很小,水、灰尘等物质无法渗透进去,只能在荷叶表面,水珠滚动时吸附灰尘并滚出叶面,这就是荷叶能够自洁的原因,即“莲花效应”。“莲花效应”的关键是荷叶表面具有“小山包”结构,因此,能够达到

自洁的效果。

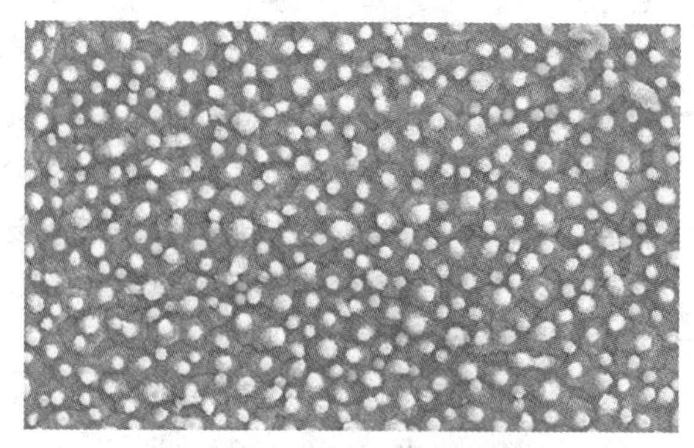

图 10-51　清洁的荷叶

图 10-52　荷叶表面的微观结构

纳米是一种度量单位，1 纳米（nm）等于 10^{-9} 米（m），相当于头发丝直径的五万分之一。纳米材料是指微观结构具有纳米尺度的材料。

由于纳米材料的颗粒尺寸较小，因此，纳米材料具有许多特殊的性能，如前面提到的自洁性能。其实，自然界中的一些动物也具有自洁作用，例如，用肉眼看海豚的皮肤很光滑，实则布满了纳米级的微小结构。这些微小结构使海中有害的微生物无法附着，因而具有自我清洁和保护功能。利用纳米材料的这一特性，可以制造具有自洁功能的纸张、涂料和陶瓷制品等。

另外，纳米材料因对电磁波具有良好的吸收能力，可用于制备军事上所需的隐形材料。例如，将纳米材料制备成隐形涂料涂于飞机表面，可以避开雷达、红外线探测器等仪器的侦测，从而降低被敌军发现的概率。还可利用这一性质制备“超级苍蝇”检测器，即外形酷似苍蝇的检测器，它的眼睛具有摄像功能，身体由纳米材料做成，可以避开敌人的探测，并能获取敌人的秘密资料。

此外，纳米材料在医药保健、家电和化工等领域也有着广泛的应用。例如，利用纳米材料的表面效应制备高效催化剂和储氢材料，利用纳米材料特殊的力学性质制备强度更高的材料等。可以预见，纳米材料的研究和应用，将对科学技术的发展起重大的推动作用。

习　题

1. 涂料在我们的生活中使用较多，试列举出几种涂料并说明它们的作用。
2. 涂料的固化方式有哪些？它们有什么区别？

3.查阅相关资料，说出502胶水的主要成分是什么？在涂胶之前，应对被黏物体做哪些处理？

4.举例说明塑料的种类、化学成分和用途。

5.橡胶的结构在硫化前后有什么变化？对其性能有哪些影响？

6.举例说明纤维的种类及其来源。

7.什么是复合材料？人们为什么越来越重视复合材料的研究？

8.查阅资料，填写下列汽车配件所用的金属或合金，并解释使用这些材料的原因。想一想，使用合金材料是否一定比金属材料好？

汽车配件	金属或合金	使用原因
电线芯		
汽车外壳		
灯丝		
发动机		
排气管		

9.举例说明合金与金属相比具有哪些优异的性能，为什么？

10.合金主要包括哪些？它们各自具有什么特点。

11.写出泡沫金属的特点及其用途。

12.试举一例，说明形状记忆合金做成什么元件，可以用于自动控制。

13.陶瓷、玻璃、水泥的主要成分、原料及其加工过程是什么？

14.玻璃为什么可以被吹制成不同的形状？

15.电影中暴力场景使用的玻璃为钢化玻璃，这是为什么？钢化玻璃还可以用于哪些方面？

16.影响水泥硬化快慢的因素有哪些？水泥在储存过程中应注意什么？

17.新型无机非金属材料主要包括哪些？举例说明它们具有哪些特点。

扫一扫，获取参考答案

化学实验基础

化学实验是化学教学中培养学生独立操作、观察记录、分析归纳、撰写报告等方面能力的重要环节。实验可使学生对课堂教授的重要理论和概念进行验证、巩固、充实和提高，使学生掌握一定的实验操作技能，养成良好的实验习惯。为使实验安全有序地进行，学生在实验时必须遵守化学实验及化学实验室安全规则，熟悉常见仪器及其正确使用方法。

一、化学实验规则

(1)实验前要认真预习并书写实验预习报告，熟悉实验目的和内容。

(2)学生进入实验室后，必须遵守实验室规则，不得大声说话和任意走动，保持实验室安静和良好的秩序。

(3)学生在实验时必须按照规定的实验方案进行，不得进行本项实验内容以外的其他实验。如要更改实验内容和步骤，必须提前报告老师，经允许后方可进行。

(4)实验前要先检查仪器、药品是否齐全，若有缺损，待补齐后再进行实验。实验时如有仪器损坏要及时报告，听候处理。

(5)实验时要严格遵守操作步骤，仔细观察实验现象，如实进行记录。当自己实验的现象与其他同学不一致时，应以个人实验为准，不得任意更改实验记录。必须养成实事求是的科学态度。

(6)学生在实验时，要爱护仪器，节约药品，保持实验桌和实验室的整齐清洁。废纸、火柴梗等固体废弃物应放入废物箱内，不得随地乱丢。废液要倒入废液缸内，严禁倒入水槽中。实验完毕，要清洗仪器，清除易燃、易爆、有毒的实验残渣。

(7)实验完毕，对得到的数据、观察的现象进行分析，并写成实验报告，完成实验有关的思考题和作业。

(8)实验室内的一切物品，未经老师同意，不得带出实验室。值日生负责打扫实验室，关好水、电和门窗等，经老师批准后方可离开。

二、化学实验室安全守则

(1)在进入实验室前必须熟悉实验室安全守则。

(2)了解实验室中水、电、气总开关的位置,了解消防器材(消火栓、灭火器等)、急救箱、紧急淋洗器、洗眼装置等的位置和正确使用方法,了解安全通道位置。

(3)了解实验室的主要设施及布局,主要仪器设备以及通风橱的位置、开关和安全使用方法。

(4)实验期间,必须穿实验服(过膝、长袖),戴防护镜。长发(过衣领)必须扎起或藏于帽内,不准穿拖鞋。

(5)严禁任意混合各种化学药品,严禁将任何灼热物品直接放在实验台上。

(6)稀释浓硫酸应在不断搅拌时将其慢慢倒入水中,不能反向进行;产生刺激性气味气体或有毒气体的实验必须在通风橱中进行。

(7)取用化学试剂必须小心,在使用有腐蚀性、有毒、易燃、易爆的试剂(特别是有机试剂)之前,必须仔细阅读有关安全说明并遵照执行。

(8)一切废弃物必须放在指定的废弃物收集器内。

(9)使用玻璃仪器必须小心,以免打碎、划伤自己或他人。

(10)实验时不允许嬉闹、高声喧哗,不允许戴耳机边听边做实验。

(11)实验室内禁止饮食。实验后必须洗净双手。

(12)实验室中所有的药品不得携带出实验室。用剩的药品要还给指导老师。

(13)实验后要将实验仪器清洗干净,关好水、电、气开关,做好清洁卫生,指导老师同意后方可离开实验室。

(14)任何有关实验安全的问题,皆可询问指导老师。一旦发生安全事故,必须立即报告,及时处理。

三、实验室事故的处理

(1)火灾。若是乙醚、乙醇和苯等有机物引起着火,应立即用湿布、细砂或干粉灭火器等扑灭,严禁用水扑灭。若遇电器设备着火,必须先切断电源,再用二氧化碳灭火器灭火,不能使用泡沫灭火器。

(2)烫伤。可先用高锰酸钾或苦味酸溶液清洗伤口,再涂抹凡士林或烫伤药膏。

(3)强酸或强碱腐伤。应立即用大量清水冲洗,再用碳酸氢钠溶液或硼酸溶液清洗。

(4)若吸入氯气、氯化氢等气体,可立即吸入少量的乙醇和乙醚的混合蒸气解毒。若因吸入硫化氢或一氧化碳气体而感到不适或头晕,应立即到室外呼吸新鲜空气。

(5)被玻璃割伤时,若伤口内有玻璃碎片,必须把碎片挑出。然后涂抹酒精、红药水,并包扎伤口。

(6)遇到触电事故时,应首先切断电源,然后检查伤员状况,若伤员呼吸停止,则应立即进行人工呼吸。

(7)对伤势较重者,应立即送医院医治。

四、化学实验常用仪器

实验常用仪器如图1所示。

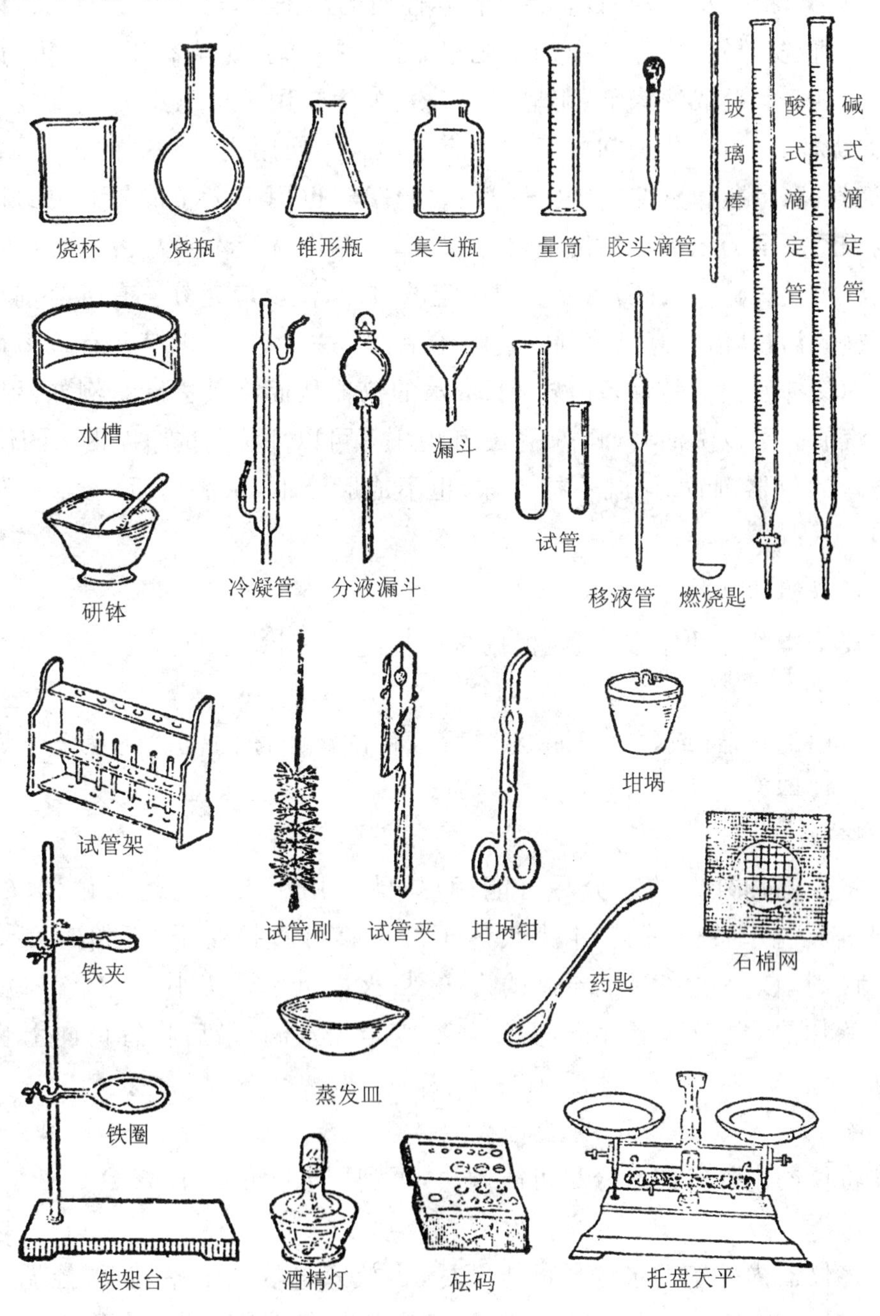

图1　化学实验常用的仪器

（一）仪器的洗涤

洗涤仪器时，应根据实验要求、污物的性质和沾污的程度采取不同的洗涤方法。

可溶性污物可用水刷洗，选用适当的毛刷如试管刷、瓶刷等蘸水刷洗仪器后，再用水冲洗，即可刷去仪器表面黏附灰尘及去除可溶性物质。

有机物、油污以及一些具有特殊化学性质的污染物，可选择适当的洁净剂或化学试剂清洗。最常用的洁净剂是肥皂、合成洗涤剂（如洗衣粉）、去污粉、洗液和有机溶剂等。合成洗涤剂、肥皂、洗衣粉、去污粉用于可以用刷子直接刷洗的仪器，如烧杯、三角瓶和试剂瓶等。洗液多用于不便用刷子洗刷的仪器，如滴定管、移液管、容量瓶和蒸馏瓶等特殊形状的仪器，也用于洗涤长久不用的杯皿器具和刷子刷不下的结垢。用洗液洗涤仪器，是利用洗液本身与污物起化学反应的作用将污物去除。因此，需要浸泡一定的时间，使反应充分。有机溶剂是针对某种类型的污物，借助有机溶剂的溶解作用将其去除，或借助某些有机溶剂能与水混合而又挥发快的特性，冲洗一下带水的仪器从而将其去除。例如，甲苯、二甲苯和汽油等可以洗油垢，酒精、乙醚和丙酮等可以冲洗刚洗净而带水的仪器。

洗净的仪器倒置时，既不挂水珠，也不成股流下，水流出后，器壁应附着一层均匀的水膜。

（二）仪器的干燥

仪器干燥的方法很多，但要根据具体情况，选用具体的方法。

1.晾干

不急用的仪器（或每次实验完毕后），将洗涤干净的仪器倒置于干燥的仪器柜中或仪器架上让其自然晾干。

2.烤干

先将仪器内外壁的水分尽可能倾尽，然后用小火均匀烤干仪器。烧杯、蒸发皿等放置于石棉网上，用小火烤干。试管可直接烤干，开始时要将试管口向下倾斜，以免水滴倒流导致试管炸裂；火焰也不要集中于一个部位，先从底部开始加热，慢慢移至管口，反复数次直至无水滴，最后将管口向上将水汽赶干净。

3.吹干

先将仪器内外壁的水分尽可能倾尽，再利用电吹风吹干。

4.烘干

先将仪器内外壁的水分尽可能倾尽，再放入电热烘干箱烘干（控温 105 ℃左右），仪器放在瓷盘中以防水滴落到已烘热的仪器表面，造成炸裂。注意木

塞、橡皮塞不能与玻璃仪器一同干燥，带实心玻璃塞的仪器和厚壁仪器在烘干时应缓慢升温，且温度不可过高，计量仪器不可用烘箱烘干。

5.有机溶剂快速干燥

急需干燥又不便以加热方式干燥的玻璃仪器，如计量仪器，可采用有机溶剂快速干燥法干燥。将少量易挥发的有机溶剂（如乙醇、丙酮等）加入已经用水洗干净的玻璃仪器中，倾斜并转动仪器，使水与有机溶剂互溶，然后倒出，同样操作两次后再用乙醚洗涤仪器后倒出，自然晾干或用电吹风冷风吹干。

（三）几种仪器的使用

1.容量瓶的使用

容量瓶是用于配制准确的一定物质的量浓度的溶液的一种计量仪器。它是细颈、梨形的平底玻璃瓶，带有玻璃磨口塞，瓶颈上刻有环形标线。在指定温度下，当溶液体积至标线时，所容纳的液体体积等于瓶上标示的体积。容量瓶主要用于配制标准溶液、试样溶液，也可用于将准确容积的浓溶液稀释成准确容积的稀溶液。常用的容量瓶有 10 mL、25 mL、50 mL、100 mL、250 mL、500 mL 和 1000 mL 等规格。

容量瓶在使用前要洗涤干净，洗净的容量瓶内壁应被蒸馏水均匀润湿，不挂水珠，否则要重洗。带玻璃磨口塞的容量瓶在使用前要检查瓶塞是否漏水。检查方法如下：注入自来水至标线附近，盖好瓶塞。左手食指按住瓶塞，其余手指捏住瓶颈标线以上部分，右手指尖托住瓶底边缘，将瓶倒立 2 min，观察瓶塞周围是否有水渗出（可用滤纸查看）；如不漏水，将瓶塞旋转 180°后，再进行上述检查，如不漏水，即可使用，若瓶塞漏水，则该容量瓶不能使用。

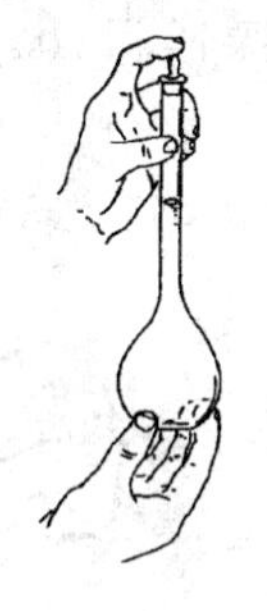
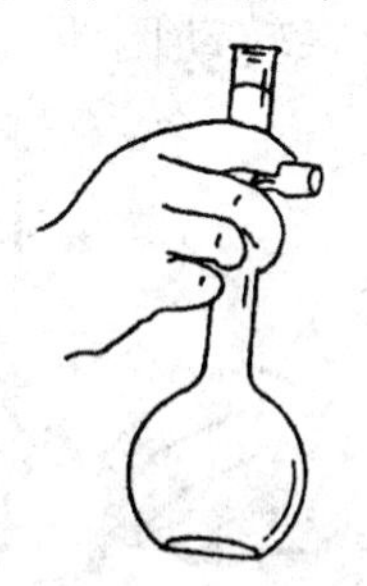
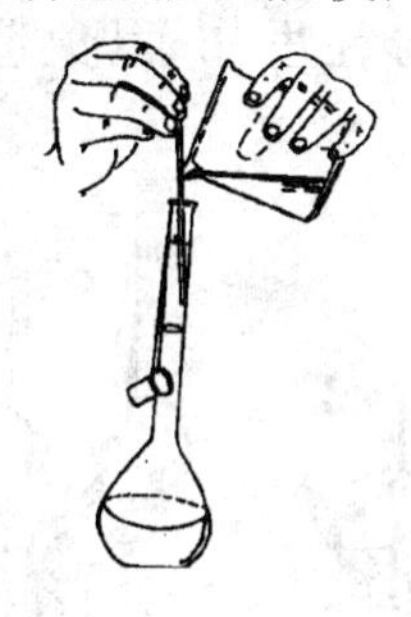

图 2　容量瓶的使用

用容量瓶配制标准溶液或试样溶液时，最常用的方法是：将准确称取的待溶固体物质置于小烧杯中，加水（或其他溶剂）溶解，然后将溶液全部转移至容量瓶中。在转移过程中，用一根玻璃棒插入容量瓶内，玻璃棒的下端靠近瓶颈内壁（标线下方），上部不要碰瓶口，烧杯嘴紧靠玻璃棒，使溶液沿玻璃棒和内壁慢慢流入，要避免溶液从瓶口溢出。待溶液全部流完后，将烧杯沿玻璃棒稍向上提，同时使烧杯直立，使附着在烧杯嘴的一滴溶液流回烧杯中，并将玻璃棒放回烧杯中。注意：勿使溶液流至烧杯外壁以造成损失。

若需用容量瓶把浓溶液定量稀释，可用移液管移取一定体积的浓溶液，置于烧杯中，用少量水稀释后转移至容量瓶中，按上述方法稀释至标线，摇匀，得到准确浓度的稀溶液。

热溶液必须冷至室温后再移入容量瓶中，并稀释至标线，否则会造成体积误差。

不要用容量瓶长期存放溶液，若较长时间使用溶液，则应将溶液转移到磨口试剂瓶中保存。试剂瓶用配好的溶液充分洗涤、润洗后，方可使用。

容量瓶不能放在烘箱内烘干，也不能加热。如需使用干燥的容量瓶，可将容量瓶洗净，用乙醇等有机溶剂洗涤后晾干或用电吹风的冷风吹干。用后的容量瓶应立即用水冲洗干净，如长期不用，磨口处应洗净擦干，并用纸片将磨口隔开。

2.滴定管的使用

滴定管是用于准确测量滴定时放出的溶液体积的量器，它是具有刻度的细长玻璃管，按其用途不同可分为酸式滴定管和碱式滴定管。

带有玻璃磨口旋塞以控制液滴流出的是酸式滴定管（简称酸管），它用于盛放酸性或氧化性溶液。用带玻璃珠的乳胶管控制液滴，下端连有尖嘴玻璃管的是碱式滴定管（简称碱管），它用于盛放碱性溶液。

使用酸式滴定管时左手无名指和小拇指向手心弯曲，轻轻地贴着出口管，用其余的三指控制活塞的转动。注意：不要向外拉旋塞，以免推出旋塞造成漏液；也不要过分往里扣，以免造成旋塞转动困难而不能操作自如。

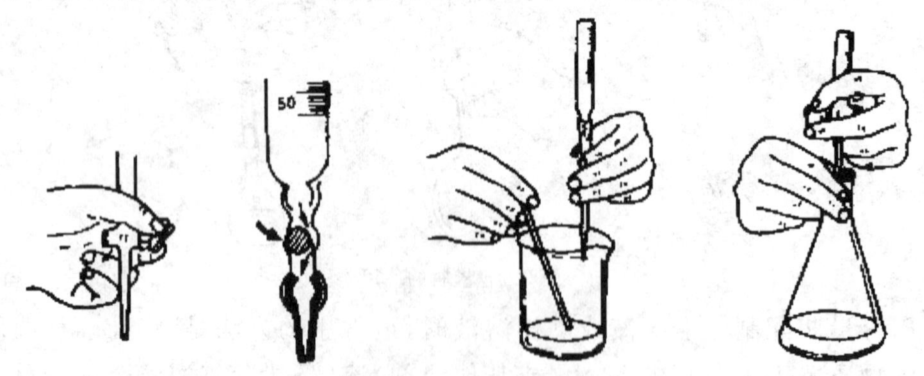

图3 滴定管的使用

使用碱式滴定管时左手无名指与小拇指夹住出口管，拇指与食指在玻璃珠所在部位往一旁捏挤乳腔管，玻璃珠移至一侧，使溶液从玻璃珠旁边空隙处流出。注意：①不要用力捏玻璃珠，也不能使玻璃珠上下移动；②不要捏到玻

璃珠下部的乳胶管，以免空气进入而形成气泡，影响读数；③停止滴定时，应先松开拇指和食指，再松开无名指与小拇指。

滴定操作时，调节滴定管高度，使滴定管伸入烧杯内 1 cm 左右。滴定管下端应在烧杯中心的左后方处，但不要靠壁太近。右手持玻璃棒在右前方搅拌溶液。在左手滴加溶液的同时，搅拌棒应做圆周运动，但不要接触烧杯壁和烧杯底部。当加半滴溶液时，用搅拌棒下端承接悬挂的半滴溶液，不要接触滴定管尖。

滴定前后都要记录读数，终读数与初读教之差就是溶液的体积。读数时应将滴定管从滴定管架上取下，用右手大拇指和食指捏住滴定管上部无刻度处，使其自然垂直，然后读数。无色或浅色溶液读数时，应读弯月面下缘实线的最低点，即视线在弯月面下缘实线最低处且与液面成一水平。对于有色溶液（如 $KMnO_4$ 溶液、碘液等）读数时，可读液面两侧最高点，即视线应与液面两侧最高点水平。注意：初读数与终读数应采用同一标准；读数要读到小数点后第二位，即估计到±0.01 mL。

五、化学试剂的取用

（一）固体试剂的取用

一般块状固体用镊子夹取，粉末状固体用药匙或纸槽。药匙的两端为大小两个匙，取大量固体时用大匙，取少量固体时用小匙（取用的固体要加入小试管中时，也必须用小匙）。使用的药匙，必须保持干燥、洁净。取出试剂后应立即盖紧瓶盖，不要盖错盖子。

（二）从试剂瓶中取用液体试剂

液体试剂通常盛放在细口的试剂瓶中。见光容易分解的试剂，如硝酸银，应盛放在棕色瓶中。每个试剂瓶上都必须贴上标签，并标明试剂的名称、浓度和配制日期等信息。

从试剂瓶中取用液体试剂时，取下瓶塞并将其仰放在台上。用左手的大拇指、食指和中指拿住容器（如试管、量筒等），用右手拿起试剂瓶，注意使试剂瓶上的标签对着手心，倒出所需量的试剂。倒完后，应该将试剂瓶口在容器口上贴靠一下，再使瓶子竖直，这样可以避免遗留在瓶口的试剂腐蚀标签。倒完试剂后，须立刻盖上瓶塞，把试剂瓶放回原处，并使瓶上的标签朝外。

（三）从滴瓶中取用液体试剂

从滴瓶中取用少量试剂时，提起滴管，使管口离开液面。用手指紧捏滴管上部的橡皮胶头，赶出滴管中的空气，然后把滴管伸入滴瓶中，放开手指，吸入试剂，再提起滴管，将试剂滴入试管或烧杯中。

实验一　配制一定物质的量浓度的溶液

实验目的

(1)练习配制一定物质的量浓度的溶液。

(2)加深对物质的量浓度概念的理解。

(3)掌握容量瓶、滴定管的使用方法。

实验原理

配制一定物质的量浓度的溶液时，对一些易溶于水且不易水解的固体试剂，如 KNO_3、KCl、NaCl 等，先算出所需固体试剂的量，并称出所需质量的试剂，置于烧杯中，加入少量蒸馏水搅拌溶解后，再稀释至所需的体积。

若试剂溶解时有放热现象，或加热可促进试剂溶解，应待其冷却后，再移至试剂瓶或容量瓶中，贴上标签备用。

对于液态试剂，如盐酸、硫酸等，配制其稀溶液时，用量筒量取所需浓溶液的量，再用适量的蒸馏水稀释。

实验用品

烧杯、容量瓶(100 mL)、胶头滴管、量筒、玻璃棒、药匙、称量纸、托盘天平、试剂瓶、NaCl(s)、蒸馏水。

实验步骤

一、配制 100 mL 2.0 mol·L^{-1}NaCl 溶液

1. 计算溶质的质量

计算配制 100 mL 2.0 mol·L^{-1}NaCl 溶液所需 NaCl 固体的质量。

计算公式为______________，共需 NaCl 固体________g。

2. 称量

在托盘天平上称量出所需质量的 NaCl 固体。

使用托盘天平时应先检查________是否停在刻度盘中央位置，若不在，则应调节________；称量时，药品放________盘，砝码放________盘。

3. 配制溶液

把称好的 NaCl 固体放入烧杯中，向烧杯中加入 40 mL 蒸馏水，并用玻璃棒搅拌，使 NaCl 固体完全溶解。

将烧杯中的溶液沿玻璃棒转移到容量瓶中，用少量蒸馏水洗涤烧杯 2～3 次，并将洗涤液全部转移到容量瓶中。轻轻摇动容量瓶，使溶液混合均匀。

继续向容量瓶中加入蒸馏水，直到液面距离刻度线 1～2 cm 时，改用胶头滴管逐滴加水，使溶液凹液面下缘恰好与刻度相切。盖好容量瓶瓶塞，反复颠倒、摇匀。

4. 将配制好的溶液转移至试剂瓶中，贴好标签

二、用 2.0 $mol \cdot L^{-1}$ NaCl 溶液配制 100 mL 0.5 $mol \cdot L^{-1}$ NaCl 溶液

1. 计算所需 2.0 $mol \cdot L^{-1}$ NaCl 溶液的体积

计算配制 100 mL 0.5 $mol \cdot L^{-1}$ NaCl 溶液所需 2.0 $mol \cdot L^{-1}$ NaCl 溶液的体积。

计算公式为________________________________，共需 2.0 $mol \cdot L^{-1}$ NaCl 溶液________mL。

2. 量取 2.0 $mol \cdot L^{-1}$ NaCl 溶液的体积

用量筒量取所需体积的 2.0 $mol \cdot L^{-1}$ NaCl 溶液注入烧杯中。

3. 配制溶液

向盛有 2.0 $mol \cdot L^{-1}$ NaCl 溶液的烧杯中加入约 20 mL 蒸馏水，用玻璃棒慢慢搅动，使其混合均匀。将烧杯中的溶液沿玻璃棒转移到容量瓶中。用少量蒸馏水洗涤烧杯和玻璃棒 2～3 次，并将洗涤液转移到容量瓶中，然后加水至刻度。盖好容量瓶瓶塞，反复颠倒，摇匀。

4. 将已配制好的 100 mL 0.5 $mol \cdot L^{-1}$ NaCl 溶液转移至指定的容器中

问题和讨论

(1)将烧杯中的溶液转移到容量瓶中后，为什么要用蒸馏水洗涤烧杯2～3 次，并将洗涤液全部转移到容量瓶中？

(2)在用容量瓶配制溶液时，若加水超过了刻度线，则倒出一些溶液，再重新加水到刻度线。这种做法对吗？如果不对，会引起什么误差？

(3)实验中使用托盘天平称量试剂质量，对配制溶液的浓度会造成什么影响？

(4)实验对 NaCl 试剂有何要求？

(5)如需配制 NaOH 溶液，实验仪器和步骤会有何变化？

实验二　粗食盐的提纯

实验目的

(1)学习提纯粗食盐的原理和方法。

(2)掌握溶解、沉淀、常压过滤、减压过滤、蒸发浓缩、结晶等基本操作。

(3)了解 Ca^{2+}、Mg^{2+}、SO_4^{2-} 等的定性鉴定。

(4)掌握普通漏斗、布氏漏斗、吸滤瓶、蒸发皿、真空泵的使用。

(5)通过粗食盐提纯实验,了解盐类溶解度知识和沉淀溶解平衡原理的应用。

实验原理

粗食盐中含有不溶性和可溶性的杂质(如泥沙和 K^+、Mg^{2+}、SO_4^{2+} 和 Ca^{2+} 等)。不溶性的杂质可用溶解、过滤的方法除去;可溶性的杂质则是向粗食盐的溶液中加入能与杂质离子反应的试剂,使生成沉淀或气体。对于 K^+,利用 KCl 溶解度大于 NaCl,且含量少,蒸发浓缩后,NaCl 呈晶体析出,分离可得 NaCl 晶体。

$$Ba^{2+}+SO_4^{2-}=\!=\!=BaSO_4\downarrow$$

$$Ca^{2+}+CO_3^{2-}=\!=\!=CaCO_3\downarrow$$

$$Ba^{2+}+CO_3^{2-}=\!=\!=BaCO_3\downarrow$$

$$Mg^{2+}+2OH^-=\!=\!=Mg(OH)_2\downarrow$$

$$CO_3^{2-}+2H^+=\!=\!=CO_2\uparrow+H_2O$$

实验用品

烧杯、试管、酒精灯、玻璃棒、胶头滴管、普通漏斗、滤纸、布氏漏斗、吸滤瓶、真空泵、蒸发皿、台秤、粗食盐、精盐、1 mol · L^{-1} $BaCl_2$ 溶液、1 mol · L^{-1} Na_2CO_3 溶液、2 mol · L^{-1} HCl 溶液、pH 试纸、6 mol · L^{-1} HAc 溶液、饱和 $(NH_4)_2C_2O_4$ 溶液、6 mol · L^{-1} NaOH 溶液和镁试剂等。

实验步骤

(1)称取 10 g 粗食盐置于 250 mL 烧杯中,加入 50 mL 蒸馏水,加热搅拌使

其大部分溶解，只剩下少量泥沙等不溶性杂质；然后加入 1 mol · L^{-1} $BaCl_2$ 溶液3 mL，加热 5 min，静止，检验是否沉淀完全（在上层清液中滴加 1 mol · L^{-1} $BaCl_2$ 溶液，不再产生沉淀则沉淀完全）。如沉淀不完全，再滴加 1 mol · L^{-1} $BaCl_2$ 溶液，使沉淀完全。再加热 5 min，常压过滤，将 $BaSO_4$ 沉淀和粗食盐中的不溶性杂质一起除去。

(2)滤液中加入 1 mol · L^{-1} Na_2CO_3 溶液 4 mL 和 2 mol · L^{-1} NaOH 溶液 1.5 mL，使沉淀完全（检验沉淀是否完全的方法同上）。常压过滤，滤液用蒸发皿承接。

(3)滤液中滴加 2 mol · L^{-1} HCl 溶液，使溶液的 pH=6；加热浓缩呈粥状（注意：不可蒸干！），减压过滤，尽量抽干；固体转移至蒸发皿中，在石棉网上加热并小心烘干，然后冷却称重，计算产率。所得产品质量为________ g，产率为________，计算公式为________________________。

(4)产品纯度的检验。

取粗盐和精盐各 1 g，分别用 10 mL 蒸馏水溶解，再分别放入 6 支小试管中，组成 3 组，对比检验其纯度。

SO_4^{2-} 的检验　第一组溶液分别加入 2 滴 1 mol · L^{-1} $BaCl_2$ 溶液，再滴 1 滴 6 mol · L^{-1} HCl 溶液，观察现象并记录。

盛装粗盐溶液的试管中__________，盛装精盐溶液的试管中__________，说明__________，反应式为________________________。

Ca^{2+} 的检验　在第二组溶液中分别加入 2 滴 6 mol · L^{-1} HAc 溶液，再加入 5 滴饱和 $(NH_4)_2C_2O_4$ 溶液，观察现象并记录。

盛装粗盐溶液的试管中__________，盛装精盐溶液的试管中__________，说明__________，反应式为________________________。

Mg^{2+} 的检验　在第三组溶液中分别加入 5 滴 6 mol · L^{-1} NaOH 溶液，再加入 2 滴镁试剂，观察现象并记录。

盛装粗盐溶液的试管中__________，盛装精盐溶液的试管中__________，说明__________，反应式为________________________。

问题和讨论

(1)在除 Ca^{2+}、Mg^{2+} 和 SO_4^{2-} 等时，为什么要先加 $BaCl_2$ 溶液，再加 Na_2CO_3 溶液？能否先加 Na_2CO_3 溶液？

(2)过量的 CO_3^{2-}、OH^- 能否用硫酸或硝酸中和？HCl 溶液加多了可否用 KOH 溶液调回？

(3)加入沉淀剂除 SO_4^{2-}、Ca^{2+}、Mg^{2+}、Ba^{2+} 时，为何要加热？

(4)怎样除去实验过程中所加的过量沉淀剂，如 $BaCl_2$、$NaOH$ 和 Na_2CO_3？

(5)提纯后的食盐溶液在浓缩时为什么不能蒸干？

(6)在检验 SO_4^{2-} 时，为什么要加入盐酸溶液？

实验三　纸上层析分离甲基橙与酚酞

实验目的

(1)了解纸上层析的实验原理。

(2)掌握用纸上层析分离混合物的方法。

实验原理

纸上层析是用滤纸作为支持剂(载体)的一种色层分析方法，这种方法的基本原理主要是：利用混合物中各组分在流动相和固定相间的分配比不同而使之分离。

甲基橙(变色范围是 pH 为 3.1～4.4，颜色为红—橙—黄)与酚酞(变色范围是 pH 为 8～10，颜色为无色—粉红—红)是两种常见的酸碱指示剂，它们在水中和有机溶剂中的溶解度不同，酚酞易溶于酒精而不易溶于水，甲基橙则易溶于水。当有机溶剂沿滤纸流经混合物的点样时，甲基橙和酚酞会以不同的速度在滤纸上移动，酚酞的移动速度快于甲基橙，从而达到分离的目的。

在实验过程中，滤纸起到固定的作用，将点样吸附在滤纸上，中间的滤芯起到毛细管作用，能将有机溶剂吸附扩散。由于扩散剂中使用了氨水，因而甲基橙显黄色。因为酚酞的显色要在较强的碱性条件下，所以，要用碳酸钠溶液使环境变为碱性，才可以观察到红色的色环。

实验用品

甲基橙、酚酞、乙醇、浓氨水、饱和 Na_2CO_3 溶液、圆形滤纸、培养皿、量筒、烧杯、毛细管、电吹风和小喷壶等。

实验步骤

1. 配制甲基橙和酚酞混合溶液

把 0.1 g 甲基橙和 0.1 g 酚酞溶解在 10 mL 60％乙醇溶液中，备用。

2. 配制乙醇和氨水混合溶液

取 10 mL 乙醇和 4 mL 浓氨水充分混合，备用。

3. 准备滤纸

在一张圆形滤纸的中心扎一小孔，用少量滤纸捻成细纸芯，插入小孔内。

4. 点样

在距离圆形滤纸中心约 1 cm 的圆周上，选择三个点，分别用毛细管将甲基橙和酚酞混合溶液在三点处点样，每个点样的直径约 0.5 cm。

5. 展开

将滤纸覆盖在盛有乙醇和氨水混合溶液的培养皿上，如图 2 所示。使滤纸芯与混合溶液接触并放置一段时间，点样会逐渐向外扩散，形成一个黄环。

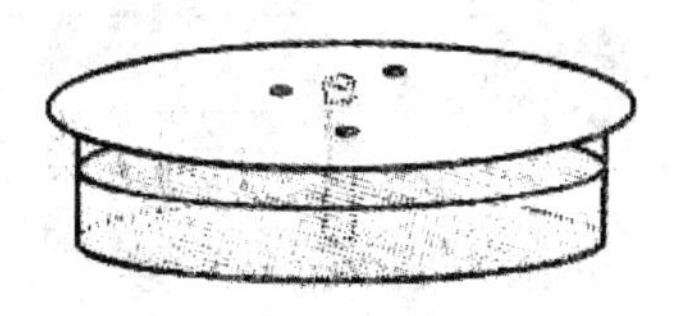
图 4　盛有乙醇和氨水混合溶液的培养皿

6. 显色

待黄环半径扩散到滤纸半径的 1/2 时，取下滤纸，拔除细纸芯。用电吹风将滤纸稍吹干后，喷上饱和 Na_2CO_3 溶液，观察现象并记录。

滤纸上出现________________，说明__________________________。

问题和讨论

如果在滤纸上事先做点样标记，应选用钢笔还是铅笔？为什么？

实验四　氢氧化铝的制备

实验目的

(1) 掌握实验室制备氢氧化铝的方法。

(2) 了解两性氢氧化物的性质。

实验原理

氢氧化铝是典型的两性氢氧化物，$Al(OH)_3$ 既能与盐酸反应，又能与氢氧化钠反应。氢氧化铝可由可溶性的铝盐与碱溶液发生反应而制取，又可由可溶性偏铝酸盐与酸反应制取。

实验用品

试管、试管夹、胶头滴管、2 mol·L^{-1} 氯化铝溶液、6 mol·L^{-1} 氢氧化钠溶液、6 mol·L^{-1} 氨水和 2 mol·L^{-1} 盐酸溶液等。

实验步骤

(1)向装有 2 mL 2 mol・L^{-1}氯化铝溶液的试管中逐滴滴加 6 mol・L^{-1}氢氧化钠溶液，观察现象并记录。

逐滴滴加氢氧化钠溶液，试管中______________________________，
说明____，
反应式为______________________________。

(2)向装有 2 mL 6 mol・L^{-1}氢氧化钠溶液的试管中逐滴滴加 2 mol・L^{-1}氯化铝溶液，观察现象并记录。

逐滴滴加氯化铝溶液，试管中______________________________，
说明____，
反应式为______________________________。

(3)向装有 2 mL 2 mol・L^{-1}氯化铝溶液的试管中逐滴滴加 6 mol・L^{-1}氨水，观察现象并记录。

逐滴滴加氨水溶液，试管中______________________________，
说明____，
反应式为______________________________。

(4)向装有 2 mL 6 mol・L^{-1}氨水的试管中逐滴滴加 2 mol・L^{-1}氯化铝溶液，观察现象并记录。

逐滴滴加氯化铝溶液，试管中______________________________，
说明____，
反应式为______________________________。

(5)向(1)中再逐滴加入 2 mol・L^{-1}盐酸，观察现象并记录。

试管中____，
说明____，
反应式为______________________________。

问题和讨论

(1)上述哪种方法是制备氢氧化铝的最佳方法？为什么？你还能想到其他方法吗？

(2)在步骤(1)和(5)中发生了哪些化学变化？说明了什么本质？

实验五　氯气的制取与性质检验

实验目的

(1)复习氯气的制取原理。

(2)检验氯气的性质。

实验原理

氯酸钾晶体和浓盐酸反应,立即产生氯气。

实验用品

培养皿(直径为 6 cm 或 9 cm)、白纸、胶头滴管、$KClO_3$晶体、浓盐酸、1%硫酸亚铁溶液、1%亚硫酸钠溶液、0.1 mol·L^{-1}碘化钾溶液、1%硫氰酸钾溶液、1%淀粉溶液、氯化钡溶液(盐酸酸化)和鲜橙汁等。

实验步骤

(1)在下衬白纸的培养皿(直径为 6 cm)的不同位置上分别滴加 1%硫酸亚铁溶液、1%亚硫酸钠溶液、0.1 mol·L^{-1}碘化钾溶液、鲜橙汁各 1 滴(液滴彼此分开,围成圆形,在下衬白纸上编号,记清各种液滴的位置)。

(2)在圆心处放置两粒芝麻大小的$KClO_3$晶体,盖好培养皿(直径为 9 cm)。

(3)打开培养皿的上盖,向$KClO_3$晶体滴加 1 滴浓盐酸,立即盖好。观察氯气的生成和各液滴的变化并记录。

可见到培养皿内____。

(4)移走大培养皿,迅速向硫酸亚铁液滴中加 1 滴硫氰酸钾溶液,向硫酸钠液滴中加 1 滴盐酸酸化的氯化钡溶液,向含碘的液滴中加 1 滴淀粉溶液,观察各液滴的颜色变化并记录。

在硫酸亚铁液滴加 1 滴硫氰酸钾溶液后____________________,这是因为____________,反应式为________________________;亚硫酸钠液滴加盐酸酸化的氯化钡溶液后____________________,这是因为____,反应式为________________________________;碘化钾液滴加淀粉溶液后____________,这是因为____________________,反应式为____。

问题和讨论

可否使用次氯酸盐与盐酸反应来制备氯气？

实验六　氯、溴、碘性质的比较

实验目的

验证氯、溴、碘的性质。

实验原理

卤素单质不易溶于水，易溶于四氯化碳、苯、酒精等有机溶剂中，而且在不同溶剂中呈现不同的颜色。氯、溴、碘在四氯化碳中分别呈黄色、橙色和紫红色。

碘与淀粉作用生成蓝色络合物，但氯、溴无此性质。碘离子与淀粉不变蓝色是因为氯和溴都能从碘化钾中把碘置换出来，所以，向含有淀粉的碘化钾溶液中滴加氯水或溴水，溶液都会变成蓝色。

实验用品

试管、新制备饱和氯水、饱和溴水、0.1 $mol \cdot L^{-1}$碘-碘化钾水溶液、0.1 $mol \cdot L^{-1}$碘化钾溶液、0.1 $mol \cdot L^{-1}$溴化钾溶液、四氯化碳和2%淀粉溶液等。

实验步骤

1. 氯、溴、碘的溶解性

取3支试管，分别加入1 mL 氯水、溴水和碘水，观察现象。再分别滴加5滴 CCl_4，边加边振荡试管，静置分层后，观察 CCl_4 层的颜色并记录。

装有氯水的试管中，四氯化碳层出现____色，说明____________________；
装有溴水的试管中，四氯化碳层出现____色，说明____________________；
装有碘水的试管中，四氯化碳层出现____色，说明____________________。

2. 碘与淀粉的反应

取4支试管，分别加入1 mL 氯水、溴水、碘水和KI溶液，再分别滴加2滴淀粉溶液，观察现象并记录。

装有氯水的试管中，滴加淀粉溶液后____，说明____________________；

装有溴水的试管中，滴加淀粉溶液后____，说明________________________；

装有碘水的试管中，滴加淀粉溶液后____，说明________________________；

装有 KI 溶液的试管中，滴加淀粉溶液后____，说明____________________；

以上现象说明可以用____________的反应来判断______________________。

3.氯、溴、碘之间的置换反应

取 3 支试管：

第一支试管加入 1 滴碘化钾溶液、2～3 滴氯水，溶液变为______色，说明_______________，反应式为______________________；再加 2 mL 蒸馏水，滴加 5 滴淀粉溶液，溶液变为______色，这是因为________________________________；

第二支试管加入 3～4 滴溴化钾溶液，再向其中逐滴滴加氯水，试管内溶液变为______色，说明__________________，反应式为__________________________；

第三支试管加入 1 滴碘化钾溶液和 2～3 滴溴水，溶液变为______色，说明_______________，反应式为______________________；再加 2 mL 蒸馏水，滴加 5 滴淀粉溶液，溶液变为______色，这是因为________________________________；

根据上面的实验，可以得出以下结论：____。

问题和讨论

现有 3 个无标签的试剂瓶，分别装有氯化钠溶液、溴化钠溶液和碘化钾溶液，你能用哪些方法将它们鉴别出来？

实验七　几种无机离子的检验

实验目的

掌握几种常见无机离子的鉴定方法。

实验原理

铵离子：加入氢氧化钠溶液并加热，产生的气体遇到湿润的红色石蕊试纸变蓝。

三价铁离子：加入硫氰酸钾溶液变成血红色。

硫酸根离子：加入氯化钡溶液出现白色沉淀，加入稀硝酸后沉淀不溶解。

氯离子：加入硝酸银溶液出现白色沉淀，加入稀硝酸后沉淀不溶解。

实验用品

试管、试管夹、胶头滴管、酒精灯、0.1 mol·L^{-1}三氯化铁溶液、0.1 mol·L^{-1}硫酸亚铁溶液、0.1 mol·L^{-1}硫酸铵溶液、硫氰酸钾溶液、氯化钡溶液、硝酸银溶液、稀硝酸、氢氧化钠溶液和红色石蕊试纸等。

实验步骤

1. 三价铁离子和亚铁离子的检验

取 2 支试管，分别加入 2 mL 三氯化铁溶液和 2 mL 硫酸亚铁溶液，再分别滴加 1～2 滴硫氰酸钾溶液，观察现象并记录。

三氯化铁溶液呈现____色，滴加硫氰酸钾溶液后立即出现____________；硫酸亚铁溶液滴加硫氰酸钾溶液后__________，因此，可以用____________，反应式为____。

2. 铵离子的检验

在试管中加入 2 mL 硫酸铵溶液，向其中滴加几滴氢氧化钠溶液，于酒精灯上加热后，将湿润的红色石蕊试纸放在试管口，观察现象并记录。

湿润的红色石蕊试纸在试管口变为____，同时可嗅到________________，这是因为硫酸铵溶液中的____，反应式为____________________________________。

3. 硫酸根离子的检验

在试管中加入 2 mL 硫酸铵溶液，向其中滴加几滴氯化钡溶液，再滴加稀硝酸，观察现象并记录。

滴加氯化钡后，试管中立即产生__________，滴加稀硝酸______________，这是因为________________，反应式为________________________________。

4. 氯离子的检验

在试管中加入 2 mL 三氯化铁溶液，向其中滴加几滴硝酸银溶液，再滴加稀硝酸，观察现象并记录。

滴加硝酸银后，试管中立即产生__________，滴加稀硝酸______________，这是因为________________，反应式为________________________________。

问题和讨论

现有 3 个无标签的试剂瓶，分别装有氯化铵溶液、三氯化铁溶液和氯化亚铁溶液，试设计实验将它们鉴别出来。

实验八　酸碱中和滴定

实验目的

(1)掌握中和滴定的原理。

(2)初步掌握滴定管的正确操作,学会观察与判断滴定终点。

实验原理

酸碱中和滴定是利用已知物质的量浓度的酸溶液或碱溶液去滴定未知浓度的碱溶液或酸溶液,利用酸碱指示剂指示滴定终点,通过测定完全中和时二者的体积,计算出未知浓度的碱或酸溶液浓度的方法。本实验用已知浓度的盐酸滴定未知浓度的 NaOH 溶液,以测定 NaOH 的物质的量浓度。

实验用品

酸式滴定管、碱式滴定管、锥形瓶、已知浓度的盐酸溶液、未知浓度的 NaOH 溶液和酚酞指示剂等。

实验步骤

(1)把已知物质的量浓度的盐酸注入事先已用该盐酸溶液润洗过的酸式滴定管中,液面至刻度"0"以上,赶出气泡使溶液充满滴定管的尖嘴部分,然后调整滴定管内液面,使其保持在"0"或"0"以下的某一刻度,并准确记下读数,同时把滴定管固定在滴定管夹上。把未知浓度的 NaOH 溶液注入事先已用该溶液润洗过的碱式滴定管中,赶出气泡使溶液充满滴定管的尖嘴部分,然后调整滴定管内液面,使其保持在"0"或"0"以下某一刻度,并准确记下读数,同时把滴定管固定在滴定管夹上。

(2)在碱式滴定管下放一洁净的锥形瓶,从碱式滴定管放出 25 mL NaOH 溶液于锥形瓶中,准确记录碱式滴定管读数,然后滴入 2 滴酚酞试液,溶液立即呈红色。把锥形瓶移到酸式滴定管下,左手调活塞逐滴加入已知物质的量浓度的盐酸溶液,同时右手顺时针不断摇动锥形瓶,使溶液充分混合。当看到加入半滴盐酸时,溶液恰好褪成无色且半分钟内不变回红色时停止滴定,并准确记下酸式滴定管读数,即可求得滴定消耗盐酸的体积。重复测定 3 次,求出滴定消耗盐酸体积的平均值,然后根据有关计量关系,计算出未知浓度的 NaOH

溶液的物质的量浓度。

实验记录：

记录项目 \ 实验次数	1	2	3
HCl 溶液的物质的量浓度/$mol \cdot L^{-1}$			
HCl 初读数/mL			
HCl 终读数/mL			
$V(HCl)$/mL			
盐酸体积的平均值/mL			
NaOH 终读数/mL			
NaOH 初读数/mL			
$V(NaOH)$/mL			
NaOH 体积的平均值/mL			
NaOH 溶液的物质的量浓度/$mol \cdot L^{-1}$			

注意事项

(1)摇瓶时，应微动腕关节，使溶液向一个方向做圆周运动，但是勿使瓶口接触滴定管，溶液也不得溅出。

(2)滴定时左手不能离开旋塞让液体自行流下。

(3)注意观察液滴落点周围的溶液颜色变化。开始时应边摇边滴，滴定速度可稍快(每秒 3～4 滴为宜)，但是不要形成连续水流。接近终点时应改为加 1 滴，摇几下，最后，每加半滴，即摇动锥形瓶，直至溶液出现明显的颜色变化且到达终点。滴定时要始终注意观察滴定反应的进行情况，而不要去看滴定管中溶液的体积。

问题和讨论

如果碱式滴定管没有用待测液润湿，测定结果会偏高还是偏低？若酸式滴定管没有用标准液润湿，则会怎样呢？

实验九　几种有机化合物的鉴别

实验目的

1. 验证醇、醛、酮等的主要化学性质。

2. 掌握醇、醛、酮等的鉴别方法。

实验原理

含羰基的有机化合物与2,4-二硝基苯肼产生沉淀；醛可与托伦试剂发生银镜反应而与酮区别开；具有甲基酮结构的乙醛可发生碘仿反应而与甲醛区别开。

实验用品

试管、温度计、烧杯、电炉、37%甲醛水溶液、40%乙醛、95%乙醇、丙酮、2,4-二硝基苯肼、2% $AgNO_3$ 溶液、5% NaOH 溶液、2%氨水、碘溶液和 2 $mol \cdot L^{-1}$ HCl 等。

实验步骤

1. 与2,4-二硝基苯肼的反应

取4支试管，分别加2,4-二硝基苯肼溶液1 mL，然后分别加乙醇、甲醛、乙醛、丙酮各5滴，振摇试管，观察现象并解释所发生的变化。

加入乙醇的试管中____________，加入甲醛的试管中____________，加入乙醛的试管中____________，加入丙酮的试管中____________，因此，可以用____________来鉴别____________。

2. 与托伦试剂反应

取1支洁净的试管，加入2% $AgNO_3$ 水溶液2 mL和5% NaOH溶液1～2滴，然后逐滴加入2%氨水，振摇，直至新生成的沉淀物恰好溶解，这时得到的溶液即为银氨溶液(托伦试剂)。将新配制的银氨溶液分装在3支洁净的试管中，再分别加入3～5滴甲醛、乙醛、丙酮，振摇(摇匀后不能再摇)后，把试管放在50～60 ℃水溶液中静置几分钟，观察现象并解释所发生的变化。

加入甲醛的试管中____________，加入乙醛的试管中____________，加入丙酮的试管中____________，因此，可以用________来鉴别__________，该反应又被称为__________，反应式为____________________。

3.碘仿反应

取4支试管，分别加入5滴乙醇、甲醛、乙醛、丙酮，再滴加碘溶液10滴，然后分别滴加5%NaOH溶液直到碘的颜色刚好消失，反应液为微黄色。观察现象并解释所发生的变化。

加入乙醇的试管中____________，加入甲醛的试管中____________，加入乙醛的试管中____________，加入丙酮的试管中____________，因此，可以用________来鉴别____________，该反应被称为________，反应式为________________________________。

注意

(1)配制银氨溶液时，切忌加入过量的氨水，否则将生成雷酸银，雷酸银受热后会引起爆炸，也会使试剂本身失去灵敏性。托伦试剂久置后会析出具有爆炸性的黑色氮化银(Ag_3N)沉淀，因此，托伦试剂需在实验前配制，不可贮存备用。

(2)做银镜反应实验时，若试管不干净，则还原生成的银是黑色细粒状，无法形成银镜，因此，试管必须清洗干净。做完银镜反应后，加少许浓硝酸即可将试管中的银镜洗去。

问题和讨论

现有4个试剂瓶，已知分别盛装了乙醇、甲醛、乙醛和丙酮，但试剂瓶上均无标签，你能利用所学知识鉴别出4种试剂吗？合理的鉴别顺序是怎样的？

实验十　食品中的水分测定

实验目的

(1)了解物质含量的测定方法。

(2)掌握分析天平、烘箱、干燥器等相关仪器的使用。

实验原理

食品中的水分一般是指100 ℃左右直接干燥所失去的物质的总量。常压直接干燥法适用于在95～105 ℃干燥不含或含其他挥发性物质甚微的食品。

实验用品

玻璃扁形称量瓶、烘箱、干燥器、分析天平和面粉等。

实验步骤

(1)将洁净的玻璃扁形称量瓶置于95～105 ℃烘箱中,瓶盖斜支于瓶边,加热0.5～1 h,盖好瓶盖;放入干燥器内冷却30 min,精密称量其质量,并重复干燥至恒重m_0。

(2)将面粉加入称量瓶内,使其平铺于称量瓶底,厚度不超过5 mm,称量瓶加盖,精密称取其质量m_1后,置于95～105 ℃烘箱中,瓶盖斜支于瓶边,干燥2 h后,盖好取出,放入干燥器内冷却30 min后精密称量其质量,并重复干燥至恒重m_2。

计算公式:

$$水分(\%)=\frac{m_1-m_2}{m_1-m_0}\times100\%$$

式中:m_0——称量瓶恒量质量(g)

m_1——称量瓶+样品质量(g)

m_2——称量瓶+样品干燥后恒量质量(g)

记录:

m_0=______g,m_1=______g,m_2=______g,面粉中水分含量为________。

问题和讨论

(1)分析天平与托盘天平的称量结果有什么区别?

(2)如果要测定香蕉中的水分含量,用本实验的方法是否合适?

实验十一　实验室制肥皂

实验目的

认识油脂的皂化反应。

实验原理

油脂和氢氧化钠混合加热,水解为高级脂肪酸钠和甘油,前者经加工成型后可制肥皂。

实验用品

烧杯（150 mL、300 mL）、玻璃棒、试管、酒精灯、石棉网、三脚架、猪油（或其他动植物油脂）、40％NaOH 溶液、95％酒精和饱和食盐水等。

实验步骤

（1）向 150 mL 烧杯中加入 6 g 猪油和 5 mL 95％酒精，然后加入 10 mL 40％ NaOH 溶液，用玻璃棒搅拌，使其溶解（必要时可用微火加热）。

（2）把烧杯放在石棉网上（或水浴中），用小火加热，并不断用玻璃棒搅拌。在加热过程中，若酒精和水因蒸发而减少，则应补充，以保持烧杯中溶液的体积不变。因此，可预先配制酒精和水的混合液（1∶1）20 mL，以备随时添加。取出几滴试样放入试管中，再加入 5～6 mL 蒸馏水，加热振荡。静置时，有油脂层分出，说明皂化不完全，可继续滴加碱液。

（3）将 20 mL 热的蒸馏水慢慢加到皂化完全的黏稠液中，搅拌使它们互溶。然后将该黏稠液慢慢倒入 150 mL 热的饱和食盐溶液中，边加边搅拌。静置后，高级脂肪酸钠便盐析（盐析一般是指溶液中加入无机盐，无机盐破坏了溶质的水化膜，而使溶解的物质聚合、沉淀、析出的过程）上浮，待高级脂肪酸钠全部析出、凝固后，过滤收集滤饼，即得肥皂。

（4）取 2 支试管，分别加入 2 滴植物油，向其中一支试管中加 2 mL 水，另一支试管中加 2 mL 肥皂溶液（约 0.2 g 肥皂加 20 mL 蒸馏水，振荡至无明显的肥皂悬浮颗粒），再用力振荡 2 支试管，静置片刻后，第一支试管中＿＿＿＿＿＿＿＿＿＿＿＿＿＿＿＿＿＿，另一支试管中＿＿＿＿＿＿＿＿＿＿＿＿＿，说明肥皂因含有＿＿＿＿＿＿基团而具有＿＿＿＿＿＿＿＿＿＿＿＿＿＿＿作用。

问题和讨论

（1）制备过程中加入酒精起到什么作用？

（2）皂化反应完成后，为什么要将黏稠液倒入饱和食盐溶液中？

（3）肥皂的去污原理是什么？

元素周期表

原子序数 — 92 U — 元素符号，红色指放射性元素

元素名称注*的是人造元素 — 铀

$5f^36d^17s^2$ — 外围电子层排布，括号指可能的电子层排布

相对原子质量（加括号的数据为该放射性元素半衰期最长同位素的质量数）— 238.0

非金属　金属　过渡元素

周期＼族	ⅠA 1	ⅡA 2	ⅢB 3	ⅣB 4	ⅤB 5	ⅥB 6	ⅦB 7	Ⅷ 8	9	10	ⅠB 11	ⅡB 12	ⅢA 13	ⅣA 14	ⅤA 15	ⅥA 16	ⅦA 17	0 18	电子层	0族电子数
1	1 H 氢 $1s^1$ 1.008																	2 He 氦 $1s^2$ 4.003	K	2
2	3 Li 锂 $2s^1$ 6.941	4 Be 铍 $2s^2$ 9.012											5 B 硼 $2s^22p^1$ 10.81	6 C 碳 $2s^22p^2$ 12.01	7 N 氮 $2s^22p^3$ 14.01	8 O 氧 $2s^22p^4$ 16.00	9 F 氟 $2s^22p^5$ 19.00	10 Ne 氖 $2s^22p^6$ 20.18	L K	8 2
3	11 Na 钠 $3s^1$ 22.99	12 Mg 镁 $3s^2$ 24.31											13 Al 铝 $3s^23p^1$ 26.98	14 Si 硅 $3s^23p^2$ 28.09	15 P 磷 $3s^23p^3$ 30.97	16 S 硫 $3s^23p^4$ 32.06	17 Cl 氯 $3s^23p^5$ 35.45	18 Ar 氩 $3s^23p^6$ 39.95	M L K	8 8 2
4	19 K 钾 $4s^1$ 39.10	20 Ca 钙 $4s^2$ 40.08	21 Sc 钪 $3d^14s^2$ 44.96	22 Ti 钛 $3d^24s^2$ 47.87	23 V 钒 $3d^34s^2$ 50.94	24 Cr 铬 $3d^54s^1$ 52.00	25 Mn 锰 $3d^54s^2$ 54.94	26 Fe 铁 $3d^64s^2$ 55.85	27 Co 钴 $3d^74s^2$ 58.93	28 Ni 镍 $3d^84s^2$ 58.69	29 Cu 铜 $3d^{10}4s^1$ 63.55	30 Zn 锌 $3d^{10}4s^2$ 65.41	31 Ga 镓 $4s^24p^1$ 69.72	32 Ge 锗 $4s^24p^2$ 72.64	33 As 砷 $4s^24p^3$ 74.92	34 Se 硒 $4s^24p^4$ 78.96	35 Br 溴 $4s^24p^5$ 79.90	36 Kr 氪 $4s^24p^6$ 83.80	N M L K	8 18 8 2
5	37 Rb 铷 $5s^1$ 85.47	38 Sr 锶 $5s^2$ 87.62	39 Y 钇 $4d^15s^2$ 88.91	40 Zr 锆 $4d^25s^2$ 91.22	41 Nb 铌 $4d^45s^1$ 92.91	42 Mo 钼 $4d^55s^1$ 95.94	43 Tc 锝 $4d^55s^2$ [98]	44 Ru 钌 $4d^75s^1$ 101.1	45 Rh 铑 $4d^85s^1$ 102.9	46 Pd 钯 $4d^{10}$ 106.4	47 Ag 银 $4d^{10}5s^1$ 107.9	48 Cd 镉 $4d^{10}5s^2$ 112.4	49 In 铟 $5s^25p^1$ 114.8	50 Sn 锡 $5s^25p^2$ 118.7	51 Sb 锑 $5s^25p^3$ 121.8	52 Te 碲 $5s^25p^4$ 127.6	53 I 碘 $5s^25p^5$ 126.9	54 Xe 氙 $5s^25p^6$ 131.3	O N M L K	8 18 18 8 2
6	55 Cs 铯 $6s^1$ 132.9	56 Ba 钡 $6s^2$ 137.3	57–71 La~Lu 镧系	72 Hf 铪 $5d^26s^2$ 178.5	73 Ta 钽 $5d^36s^2$ 180.9	74 W 钨 $5d^46s^2$ 183.8	75 Re 铼 $5d^56s^2$ 186.2	76 Os 锇 $5d^66s^2$ 190.2	77 Ir 铱 $5d^76s^2$ 192.2	78 Pt 铂 $5d^96s^1$ 195.1	79 Au 金 $5d^{10}6s^1$ 197.0	80 Hg 汞 $5d^{10}6s^2$ 200.6	81 Tl 铊 $6s^26p^1$ 204.4	82 Pb 铅 $6s^26p^2$ 207.2	83 Bi 铋 $6s^26p^3$ 209.0	84 Po 钋 $6s^26p^4$ [209]	85 At 砹 $6s^26p^5$ [210]	86 Rn 氡 $6s^26p^6$ [222]	P O N M L K	8 18 32 18 8 2
7	87 Fr 钫 $7s^1$ [223]	88 Ra 镭 $7s^2$ [226]	89–103 Ac~Lr 锕系	104 Rf 𬬻* $(6d^27s^2)$ [261]	105 Db 𬭊* $(6d^37s^2)$ [262]	106 Sg 𬭳* [266]	107 Bh 𬭛* [264]	108 Hs 𬭶* [277]	109 Mt 鿏* [268]	110 Ds 𫟼* [281]	111 Uuu 𬬭* [272]	112 Uub 鿔* [285]	……							

镧系	57 La 镧 $5d^16s^2$ 138.9	58 Ce 铈 $4f^15d^16s^2$ 140.1	59 Pr 镨 $4f^36s^2$ 140.9	60 Nd 钕 $4f^46s^2$ 144.2	61 Pm 钷* $4f^56s^2$ [145]	62 Sm 钐 $4f^66s^2$ 150.4	63 Eu 铕 $4f^76s^2$ 152.0	64 Gd 钆 $4f^75d^16s^2$ 157.3	65 Tb 铽 $4f^96s^2$ 158.9	66 Dy 镝 $4f^{10}6s^2$ 162.5	67 Ho 钬 $4f^{11}6s^2$ 164.9	68 Er 铒 $4f^{12}6s^2$ 167.3	69 Tm 铥 $4f^{13}6s^2$ 168.9	70 Yb 镱 $4f^{14}6s^2$ 173.0	71 Lu 镥 $4f^{14}5d^16s^2$ 175.0
锕系	89 Ac 锕 $6d^17s^2$ [227]	90 Th 钍 $6d^27s^2$ 232.0	91 Pa 镤 $5f^26d^17s^2$ 231.0	92 U 铀 $5f^36d^17s^2$ 238.0	93 Np 镎 $5f^46d^17s^2$ [237]	94 Pu 钚 $5f^67s^2$ [244]	95 Am 镅* $5f^77s^2$ [243]	96 Cm 锔* $5f^76d^17s^2$ [247]	97 Bk 锫* $5f^97s^2$ [247]	98 Cf 锎* $5f^{10}7s^2$ [251]	99 Es 锿* $5f^{11}7s^2$ [252]	100 Fm 镄* $5f^{12}7s^2$ [257]	101 Md 钔* $(5f^{13}7s^2)$ [258]	102 No 锘* $(5f^{14}7s^2)$ [259]	103 Lr 铹* $(5f^{14}6d^17s^2)$ [262]

注：相对原子质量录自2001年国际原子量表，并全部取4位有效数字。